"信息化与信息社会"系列丛书编委会名单

编委会主任	曲维枝					
编委会 副主任	周宏仁	张尧学	徐愈			
编委会委员	何德全	邬贺铨	高新民	高世辑	张复良	刘希俭
	刘小英	李国杰	陈小筑	秦海	赵小凡	赵泽良
	文宏武	陈国青	李一军	李琪	冯登国	
编委会秘书	杨春艳	张毅	刘宪兰	刘博	等	

高等学校信息管理与信息系统专业系列教材编委会名单

专业编委会 顾问	(以汉字拼音为序)					
	陈静	陈玉龙	杜链	冯惠玲	高新民	黄梯云
	刘希俭	许善达	王安耕	汪玉凯	王众托	邬贺铨
	杨国勋	赵小凡	周汉华	周宏仁	朱森第	
专业编委会 主任	陈国青	李一军				
专业编委会 委员	(以汉字拼音为序)					
	陈国青	陈禹	胡祥培	黄丽华	李东	李一军
	马费成	王刊良	杨善林			
专业编委会 秘书	闫相斌	卫强				
本书主审	何德全	王贵驷				

普通高等教育"十一五"国家级规划教材

"信息化与信息社会"系列丛书之

高等学校信息管理与信息系统专业系列教材

信息系统安全

林国恩 李建彬 编著

电子工业出版社

Publishing House of Electronics Industry

北京·BEIJING

内 容 简 介

本书作为全国普通高等教育"十一五"国家级规划教材,内容包括信息系统安全基本概念、信息系统安全体系、信息系统安全管理目标、信息系统安全需求、风险管理与控制、风险评估与分析、信息系统安全技术、信息安全标准与法律法规。本书结合目前信息系统安全的教学研究和实践需要,并以网上银行系统为例,介绍了安全信息系统具体实现的过程;此外,本书也介绍了比较新颖的责任追究技术,以及在信息系统安全研究领域中引入"机构组织结构"(Enterprise Architecture)和"信息系统的安全开发生命周期"(Security Considerations in the Information System Development Life Cycle)等与信息管理相关的概念。

本书强调管理手段对信息系统安全的重要性,分析安全技术与安全管理的互动,突出信息管理对安全技术提出的需求及安全技术对信息管理的影响,并把软件工程中的软件生命周期的概念引入信息系统安全领域,从开发过程管理的角度提高安全措施的可信性。

本书着重从实践的角度,对信息系统安全概念、信息系统需求、信息系统的设计(包括安全技术应用和安全管理两方面)、信息系统的实践作概况性介绍,同时尽量采用当前国际信息安全研究领域的最新成果和研究方向,便于读者能够了解信息安全研究的最新动态。

本书主要供计算机专业和信息系统管理专业的本科生和研究生作为信息安全课程的教材使用。同时,本书也适合信息安全管理人员作为参考书在信息系统开发过程中使用。希望读者在阅读本书时,能从管理与实践的角度,重新认识和理解信息安全的概念。

图书在版编目(CIP)数据

信息系统安全 / 林国恩,李建彬编著. —北京:电子工业出版社,2010.3
("信息化与信息社会"系列丛书. 高等学校信息管理与信息系统专业系列教材)
普通高等教育"十一五"国家级规划教材
ISBN 978-7-121-10410-7

I. 信…　Ⅱ. ①林…　②李…　Ⅲ. 信息系统－安全技术－高等学校－教材　Ⅳ. TP309

中国版本图书馆 CIP 数据核字(2010)第 028296 号

策划编辑:刘宪兰
责任编辑:徐云鹏　　　　特约编辑:宋兆武
印　　刷:北京智力达印刷有限公司
装　　订:北京中新伟业印刷有限公司
出版发行:电子工业出版社
　　　　　北京市海淀区万寿路 173 信箱　邮编　100036
开　　本:787×1092　1/16　印张:16.25　字数:410 千字
印　　次:2010 年 3 月第 1 次印刷
印　　数:4 000 册　定价:27.00 元

凡所购买电子工业出版社图书有缺损问题,请向购买书店调换。若书店售缺,请与本社发行部联系,联系及邮购电话:(010)88254888。

质量投诉请发邮件至 zlts@phei.com.cn,盗版侵权举报请发邮件至 dbqq@phei.com.cn。

服务热线:(010)88258888。

作 者 简 介

林国恩，清华大学软件学院教授、博士生导师，信息系统安全（教育部）重点实验室主任，国家自然科学基金委员会"可信软件基础研究"重大研究计划专家指导组成员。1987 年获英国伦敦大学计算机科学一级荣誉学士学位，1990 年获英国剑桥大学博士学位。自 1990 年起，曾经分别在英国伦敦大学和新加坡国立大学任教；曾经是英国剑桥大学 Isaac Newton 学院访问学者，担任过欧洲系统安全学院访问教授、香港政府与新加坡政府信息安全顾问；曾经主持过多项电子银行和电子政务信息系统的安全设计。因在信息系统领域做出的突出成绩，于 1998 年获得由日本工商会（Japanese Chamber of Commerce and Industry）颁发的新加坡基本建设奖（Singapore Foundation Award）。

李建彬，中科院软件所客座研究员，全国信息安全标准化技术委员会（TC260）委员，国家信息安全等级保护安全建设指导专家委员会成员，清华大学信息系统安全（教育部）重点实验室学术委员会委员。1992 年获清华大学计算机科学与技术系学士学位，1995 年获中国地震局分析预报中心理学硕士。长期从事国家重要信息系统网络与信息安全管理工作，在信息安全管理体系、风险评估、等级保护、灾难备份、应急响应等方面有较丰富的实际工作经验和理论水平。目前供职于国家税务总局电子税务管理中心。

总　序

　　信息化是世界经济和社会发展的必然趋势。近年来，在党中央、国务院的高度重视和正确领导下，我国信息化建设取得了积极进展，信息技术对提升工业技术水平、创新产业形态、推动经济社会发展发挥了重要作用。信息技术已成为经济增长的"倍增器"、发展方式的"转换器"、产业升级的"助推器"。

　　作为国家信息化领导小组的决策咨询机构，国家信息化专家咨询委员会一直在按照党中央、国务院领导同志的要求就信息化前瞻性、全局性和战略性的问题进行调查研究，提出政策建议和咨询意见。在做这些工作的过程中，我们越来越认识到，信息技术和信息化所具有的知识密集的特点，决定了人力资本将成为国家在信息时代的核心竞争力，大量培养符合中国信息化发展需要的人才已成为国家信息化发展的一项紧迫需求，成为我国应对当前严峻经济形势，推动经济发展方式转变，提高在信息时代参与国际竞争的优势的关键。2006 年 5 月，我国公布《2006—2010 年国家信息化发展战略》，提出"提高国民信息技术应用能力，造就信息化人才队伍"是国家信息化推进的重点任务之一，并要求构建以学校教育为基础的信息化人才培养体系。

　　为了促进上述目标的实现，国家信息化专家咨询委员会一直致力于通过讲座、论坛、出版等各种方式推动信息化知识的宣传、教育和培训工作。2007 年，国家信息化专家咨询委员会联合教育部、原国务院信息化工作办公室成立了《信息化与信息社会》系列丛书编委会，共同推动《信息化与信息社会》系列丛书的组织编写工作。编写该系列丛书的目的，是力图结合我国信息化发展的实际和需求，针对国家信息化人才教育和培养工作，有效地梳理信息化的基本概念和知识体系，通过高校教师、信息化专家学者与政府官员之间的相互交流和借鉴，充实我国信息化实践中的成功案例，进一步完善我国信息化教学的框架体系，提高我国信息化图书的理论和实践水平。毫无疑问，从国家信息化长远发展的角度来看，这是一项带有全局性、前瞻性和基础性的工作，是贯彻落实国家信息化发展战略的一项重要举措，对于推动国家的信息化人才教育和培养工作，加强我国信息化人才队伍的建设具有重要意义。

　　考虑当前国家信息化人才培养的需求、各个专业和不同教育层次（博士生、硕士生、本科生）的需要，以及教材开发的难度和编写进度时间等问题，《信息化与信息社会》系列丛书编委会采取了集中全国优秀学者和教师、分期分批出版高质量的信息化教育丛书的方式，根据当前高校专业课程设置情况，先开发"信息管理与信息系统"、"电子商务"、"信息安全"三个本科专业高等学校系列教材，随后再根据我国信息化和高等学校相关专业发展的情况陆续开发其他专业和类别的图书。

对于新编的三套系列教材（以下简称"系列教材"），我们寄予了很大希望，也提出了基本要求，包括信息化的基本概念一定要准确、清晰，既要符合中国国情，又要与国际接轨；教材内容既要符合本科生课程设置的要求，又要紧跟技术发展的前沿，及时把新技术、新趋势、新成果反映在教材中；教材还必须体现理论与实践的结合，要注意选取具有中国特色的成功案例和信息技术产品的应用实例，突出案例教学，力求生动活泼，达到帮助学生学以致用的目的，等等。

为力争出版一批精品教材，《信息化与信息社会》系列丛书编委会采用了多种手段和措施保证系列教材的质量。首先，在确定每本教材的第一作者的过程中引入了竞争机制，通过广泛征集、自我推荐和网上公示等形式，吸收优秀教师、企业人才和知名专家参与写作；其次，将国家信息化专家咨询委员会有关专家纳入各个专业编委会中，通过召开研讨会和广泛征求意见等多种方式，吸纳国家信息化一线专家、工作者的意见和建议；再次，要求各专业编委会对教材大纲、内容等进行严格的审核，并对每一本教材配有一至两位审稿专家。

如今，我们很高兴地看到，在教育部和原国务院信息化工作办公室的支持下，通过许多高校教师、专家学者及电子工业出版社的辛勤努力和付出，《信息化与信息社会》系列丛书中的三套系列教材即将陆续和读者见面。

我们衷心期望，系列教材的出版和使用能对我国信息化相应专业领域的教育发展和教学水平的提高有所裨益，对推动我国信息化的人才培养有所贡献。同时，我们也借系列教材开始陆续出版的机会，向所有为系列教材的组织、构思、写作、审核、编辑、出版等做出贡献的专家学者、老师和工作人员表达我们最真诚的谢意！

应该看到，组织高校教师、专家学者、政府官员及出版部门共同合作，编写尚处于发展动态之中的新兴学科的高等学校教材，还是一个初步的尝试。其中，固然有许多的经验可以总结，也难免会出现这样那样的缺点和问题。我们衷心地希望使用系列教材的教师和学生能够不吝赐教，帮助我们不断地提高系列教材的质量。

曲维枝

2008 年 12 月 15 日

序　言

　　日新月异的技术发展及应用变迁不断给信息系统的建设者与管理者带来新的机遇和挑战。例如，以 Web 2.0 为代表的社会性网络应用的发展深层次地改变了人们的社会交往行为以及协作式知识创造的形式，进而被引入企业经营活动中，创造出内部 Wiki（Internal Wiki）、预测市场（Prediction Market）等被称为"Enterprise 2.0"的新型应用，为企业知识管理和决策分析提供了更为丰富而强大的手段；以"云计算"（Cloud Computing）为代表的软件和平台服务技术，将 IT 外包潮流推向了一个新的阶段，像电力资源一样便捷易用的 IT 基础设施和计算能力已成为可能；以数据挖掘为代表的商务智能技术，使得信息资源的开发与利用在战略决策、运作管理、精准营销、个性化服务等各个领域发挥出难以想象的巨大威力。对于不断推陈出新的信息技术与信息系统应用的把握和驾驭能力，已成为现代企业及其他社会组织生存发展的关键要素。

　　根据 2008 年中国互联网络信息中心（CNNIC）发布的《第 23 次中国互联网络发展状况统计报告》显示，我国的互联网用户数量已超过 2.98 亿人，互联网普及率达到 22.6%，网民规模全球第一。与 2000 年相比，我国互联网用户的数量增长了 12 倍。换句话说，在过去的 8 年间，有 2.7 亿中国人开始使用互联网。可以说，这样的增长速度是世界上任何其他国家所无法比拟的，并且可以预期，在今后的数年中，这种令人瞠目的增长速度仍将持续，甚至进一步加快。伴随着改革开放的不断深入，互联网的快速渗透推动着中国经济、社会环境大步迈向信息时代。从而，我国"信息化"进程的重心，也从企业生产活动的自动化，转向了全球化、个性化、虚拟化、智能化、社会化环境下的业务创新与管理提升。

　　长期以来，信息化建设一直是我国国家战略的重要组成部分，也是国家创新体系的重要平台。近年来，国家在中长期发展规划及一系列与发展战略相关的文件中充分强调了信息化、网络文化和电子商务的重要性，指出信息化是当今世界发展的大趋势，是推动经济社会发展和变革的重要力量。《2006—2020 年国家信息化发展战略》提出要能"适应转变经济增长方式、全面建设小康社会的需要，更新发展理念，破解发展难题，创新发展模式"，这充分体现出信息化在我国经济、社会转型过程中的深远影响，同时也是对新时期信息化建设和人才培养的新要求。

　　在这样的形势下，信息管理与信息系统领域的专业人才，只有依靠开阔的视野和前瞻性的思维，才有可能在这迅猛的发展历程中紧跟时代的脚步，并抓住机遇做出开拓性的贡献。另外，信息时代的经营、管理人才和知识经济环境下各行各业的专业人才，也需要拥有对信息技术发展及其影响力的全面认识和充分的领悟，才能在各自的领域之中把握先机。

因此，信息管理与信息系统的专业教育也面临着持续更新、不断完善的迫切要求。我国信息系统相关专业的教育已经历了较长时间的发展，形成了较为完善的体系，其成效也已初步显现，为我国信息化建设培养了一大批骨干人才。但我们仍然应该清醒地意识到，作为一个快速更迭、动态演进的学科，信息管理与信息系统专业教育必须以综合的视角和发展的眼光不断对自身进行调整和丰富。本系列教材的编撰，就是希望能够通过更为系统化的逻辑体系和更具前瞻性的内容组织，帮助信息管理与信息系统相关领域的学生及实践者更好地掌握现代信息系统建设与应用的基础知识和基本技能，同时了解技术发展的前沿和行业的最新动态，形成对新现象、新机遇、新挑战的敏锐洞察力。

本系列教材的宗旨在于体系设计上较全面地覆盖新时期信息管理与信息系统专业教育的各个知识层面，既包括宏观视角上对信息化相关知识的综合介绍，也包括对信息技术及信息系统应用发展前沿的深入剖析，同时也提供了对信息管理与信息系统建设各项核心任务的系统讲解。此外，还对一些重要的信息系统应用形式进行重点讨论。本系列教材主题涵盖信息化概论、信息与知识管理、信息资源开发与管理、管理信息系统、商务智能原理与方法、决策支持系统、信息系统分析与设计、信息组织与检索、电子政务、电子商务、管理系统模拟、信息系统项目管理、信息系统运行与维护、信息系统安全等内容。在编写中注意把握领域知识上的"基础、主流与发展"的关系，体现"管理与技术并重"的领域特征。我们希望，这套系列教材能够成为相关专业学生循序渐进了解和掌握信息管理与信息系统专业知识的系统性学习材料，同时成为知识经济环境下从业人员及管理者的有益参考资料。

作为普通高等教育"十一五"国家级规划教材，本系列教材的编写工作得到了多方面的帮助和支持。在此，我们感谢国家信息化专家咨询委员会及高等学校信息管理与信息系统系列教材编委会专家们对教材体系设计的指导和建议；感谢教材编写者的大量投入以及所在各单位的大力支持；感谢参与本系列教材研讨和编审的各位专家学者的真知灼见。同时，我们对电子工业出版社在本系列教材编辑和出版过程中所做的各项工作深表谢意。

由于时间和水平有限，本系列教材难免存在不足之处，恳请广大读者批评指正。

高等学校信息管理与信息系统
专业系列教材编委会
2009 年 1 月

前　言

21世纪是信息时代，信息系统已成为社会发展的重要战略资源，社会信息化更是被公认为当今世界发展潮流的支柱和核心。信息系统的安全在信息社会中将扮演极为重要的角色，直接关系到国家机关的运作、企业经营和人们的日常生活。信息安全已成为信息社会中个人、企业乃至国家都极为重视的关键领域之一。

与此同时，安全技术也在飞速发展，密码、防火墙、访问控制、数字证书等技术不断革新，让人目不暇接。但这么多的安全技术如何应用到实际环境中，信息系统采用哪种安全技术和控制措施才能符合相关的国家法规和安全标准、满足机构的安全目标，都涉及技术以外的考虑因素。此外，随着人们对信息系统与信息系统安全的了解越趋成熟，信息系统的设计也从技术性问题逐渐变成一个管理领域的问题。因此在系统设计过程中，必须要考虑到机构的业务、目标等关键问题。

一般而言，传统观点认为，信息安全是计算机、通信、物理、数学等领域的交叉学科，但在今天的高度信息化的社会里，信息系统在各行各业及社会不同层面的广泛应用使得信息安全已不再是纯粹技术问题了。信息系统安全已发展成为计算机科学与信息系统管理两大领域中的一个新兴交叉学科。

但目前"信息安全"作为高等院校计算机专业中的一门课程，主要内容以密码学和安全技术为主线，缺少从系统管理角度介绍信息安全的内容。而这些内容对于信息安全专业人员、信息系统管理人员都是必需的。为填补这一信息系统管理角度的真空，本书比较全面系统地介绍了信息安全的全貌。希望读者在阅读本书时，能从管理与实践的角度，重新认识、理解信息安全的概念。

本书强调管理手段对信息系统安全的重要性，分析安全技术与安全管理的互动，突出信息管理对安全技术提出的需求及安全技术对信息管理的影响，并把软件工程中的软件生命周期的概念引入信息系统安全领域，从开发过程管理的角度提高安全措施的可信性。为了更有效地将这些管理问题纳入信息系统的设计考虑之中，本书把"机构组织结构"（Enterprise Architecture）的概念引入信息系统安全开发过程中。此外，本书也把"信息系统的安全开发生命周期"的概念引用到我们的信息系统安全构建方法中，以确保信息系统的设计可以在最早阶段便开始考虑信息安全的问题，分析信息系统的安全需求及实施相应的安全保护措施。

本书着重从实践的角度，对信息系统安全概念、信息系统需求、信息系统的设计（包括安全技术应用和安全管理两方面）、信息系统的实践作概况性介绍，同时尽量采用当前国际信息安全研究领域的最新成果和研究方向，便于读者能够了解信息安全研究的最新动态。

本书力求语言精练，注重内容的条理性、系统性和逻辑性，强调各部分之间的相互关联、前后呼应，希望有助于读者更好地理解和学习信息系统安全的相关理论和思想。全书共 16 章，大致分为 6 个部分。第 1 章为第 1 部分——信息系统安全概论，主要包括信息系统安全的发展历程、信息系统安全基本概念和信息系统安全体系。第 2、3 章构成本书的第 2 部分——信息系统安全需求，内容包括信息系统安全的管理目标和安全需求分析。第 4～7 章构成第 3 部分——信息系统安全管理，内容包括安全管理概述、风险管理与控制、风险分析与评估和安全管理措施。第 8～12 章构成第 4 部分——信息系统安全技术，内容包括网络安全技术、密码技术和安全协议应用、安全检测与审计和比较新颖的责任追究技术。第 13、14 章构成第 5 部分——信息系统安全标准规范与法律法规，内容包括当前的信息系统的相关法律法规及安全标准。第 15、16 章构成第 6 部分——信息系统安全实践，以网上银行系统为例，介绍了安全信息系统具体实现的过程。

本书主要供计算机专业和信息系统管理专业的本科生和研究生作为信息安全课程的教材使用。同时，也适合信息安全管理人员作为参考书在信息系统开发过程中使用。

本书由林国恩教授编著。李建彬研究员参加了教材编写思路的研讨工作，并负责风险评估和安全法律与标准两部分内容的编写。研究生施金洋、葛蒙、李隆璇、游之洋、龚伟和张兰参与了本书的编写和校稿工作。本书内容曾在清华大学软件工程专业本科生和硕士研究生的教学中讲授过。

从事信息安全研究的中国工程院何德全院士和中国信息安全测评中心副主任王贵驷，作为审稿人仔细审阅了书稿，提出了许多宝贵意见，使本书更加完善。大连理工大学李明楚教授、中国科学院赵险峰副研究员、北京信息科技大学王兴芬老师详细阅读了全稿，并提出许多有益的意见，在此谨向他们致以衷心的感谢。

由于编者水平有限，本书不妥甚至错误之处难免，诚盼专家和各位读者不吝指正。

作　者

2009 年 12 月

目　　录

第 1 部分　信息系统安全概论

第 2 部分　信息系统安全需求

第 5 部分　信息系统安全标准规范与法律法规

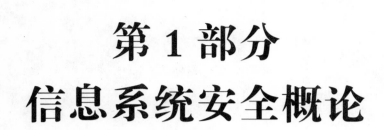

第 1 部分
信息系统安全概论

第1章
信息系统安全概述

　　21 世纪是信息时代，信息系统已成为社会发展的重要战略资源，社会信息化更是被公认为当今世界发展潮流的支柱和核心。而信息系统的安全在信息社会中将扮演极为重要的角色，它直接关系到国家机关的运作、企业经营和人们的日常生活。一般而言，传统观点认为，信息安全是计算机、通信、物理、数学等领域的交叉学科，但在今天的高度信息化的社会里，信息系统在各行各业及社会的不同层面的广泛应用使得信息安全已不再纯粹是技术问题了。要有效地保障信息系统的安全，就需要用新的思维、从新的角度来重新看待、认识、理解信息安全问题。

　　作为本书的第 1 章，将从信息系统和信息安全的发展历程开始，介绍信息安全的相关概念、信息系统安全体系等内容。通过学习和理解这些内容，能够整体地了解什么是信息系统，信息系统的安全问题从何而来，信息系统安全体系如何架构等。

1.1　信息安全简介

1.1.1　信息化与信息系统的发展情况

　　信息安全的目标与计算机的发展密切相关，它并不是一个固定不变的概念，而是伴随着计算机的发展而不断变化的。因此，更多的了解计算机的发展历史将有助于理解信息系统安全目标的演变过程。

　　信息系统（Information System）是以提供特定信息处理功能、满足特定业务需要为主要目标的计算机应用系统。现代化的大型信息系统都是建立在计算机操作系统和计算机网络不断发展的基础上。因此，一直以来，信息安全的问题都受到操作系统和网络安全特征的影响。下面先回顾一下过去数十年来，计算机与操作系统和网络技术的发展，以及它们的安全特征。

　　计算机自 20 世纪 40 年代诞生以来，在不断发展的过程中，经历了四个重要阶段的飞跃，与此同时操作系统也经历了相应的变化。

　　(1) 第一阶段（20 世纪 40 年代中期至 50 年代中期）。计算机由大量的继电器和真空管组成，机器的使用是通过在插接板上连线的方式，来控制其基本功能。50 年代初出现了穿孔卡片，取代了插接板，程序员将程序写在卡片上，再读入计算机。在这一阶段，计算机体积庞大，只能进行基本的数值运算，没有所谓的编程语言（包括汇编语言），更没有操作系统的概念。此时的计算机无法存储信息，功能极其有限，只用于科学计算，在某一时间段内只能运行一个程序，自然不存在所谓的信息安全问题。

　　(2) 第二阶段（20 世纪 50 年代中期至 60 年代中期）。计算机由晶体管组成，除了具备运算功能外，由于采用了磁鼓和磁盘作为辅助存储器，才具有了一定的存储能力。因此，计算机不仅继续用于科学计算，在商业和工程中也开始得到应用。此时的计算机体积变小但成本高，为了降低成本，采用了批处理系统方案。批处理系统是现代操作系统的前身。在这一阶段人们开始批量生产中小型计算机，但这种机器的成本仍然很高；它具备一定的运算能力和存储能力；在某一时间段内，程序员输入一批作业后机器开始处理。这时的计算机，只能采用单用户处理模式，因此除了担心物理安全外，只需考虑作业与作业之间出现数据错写的问题，因此计算机面临的风险和威胁都很有限。

（3）**第三阶段（20 世纪 60 年代中期至 70 年代末）**。计算机开始发展为由集成电路组成，出现了只读存储设备，计算机技术高速发展，由此计算机也进入了产品大规模生产的发展时期，小型机开始崛起。为了降低成本，人们希望能将原来用于科学工程的数值运算功能和用于商业的存储打印功能结合起来。这时，IBM 公司推出了操作系统这一解决思路，希望实现所有的软件都能在所有的计算机上运行。此时的操作系统所实现的关键功能就是"多道程序"和"分时系统"，"分时系统"晚于"多道程序"出现。这两项功能就意味着在同一台机器上，会有多个用户运行着多个进程，分别处理和存储不同的数据。这时的计算机体积进一步变小，成本也大为降低；运行速度和存储能力不断增强，能满足多个用户运行多个程序，处理大量数据。在这一阶段，计算机用户除了考虑物理安全之外，还面临着数据被窃取、用户身份被盗用、不同进程之间的安全影响等问题。在 20 世纪 70 年代出现局域网后，安全问题就变得更为复杂了。

（4）**第四阶段（20 世纪 80 年代中期至今）**。20 世纪 70 年代以后，计算机集成电路的集成度从中小规模迅速发展到大规模、超大规模的水平，微处理器和微型计算机应运而生，各类计算机的性能迅速提高。操作系统也逐渐发展出命令行系统（如 MS-DOS）、图形操作界面系统（如 Windows 系统）、网络操作系统和分布式操作系统。同时，计算机网络也从相对封闭的局域网发展为万维网。小型计算机、通用计算机和专用计算机的需求量急速增加，应用范围也相应扩大。人们不仅可以在同一台机器上多用户执行多进程，还能通过网络远程控制和访问其他机器的文件与数据。通过网络传输的信息量也达到惊人的程度。这时的信息系统所面临的风险和威胁是空前复杂的。信息系统安全这一概念也从最初简单狭窄的物理安全、数据安全扩展到其他更广泛的领域，成为当前所理解的"信息安全"。

今天的计算机无论在体积、界面、计算能力方面都跟 20 世纪 80 年代的计算机有很大差别，但从计算机结构、软件结构及计算模型等方面看来，今天的计算机系统跟 20 多年前的计算机系统的差别并不大。然而，正当计算机系统开始朝着商品化发展时，计算机网络却以更快的速度发展着。廉价的网络设备与网络服务使得网络日益普及，网络服务的渗透也悄然地为大型信息系统的广泛应用创造了前所未有的契机。

网络的发展也对信息安全问题带来很大的冲击。要了解信息安全的内涵，不能不先了解计算机网络技术的发展历程。相比于计算机及操作系统的发展，计算机网络的发展并不完全同步，它也经历了四个阶段。

（1）**第一阶段（20 世纪 60 年代末期到 70 年代初期）**。这一阶段是计算机网络的萌芽阶段，计算机发展则处于第三阶段前期，计算机世界被使用分时系统的巨型机所统治。人们通过只含显示器和键盘的终端设备来使用主机。终端设备很像 PC，但没有它自己的 CPU、内存和硬盘。依靠终端设备，成百上千的用户可以同时访问主机。分时系统将主机时间分成片，给用户分配时间片。因此，终端设备之间无法直接进行通信，所谓的计算机网络还算不上真正意义上的网络。

（2）**第二阶段（20 世纪 70 年代中期到 70 年代末期）**。这一阶段是计算机局域网形成阶段，计算机发展则处于第三阶段后期，分时系统从巨型机逐渐应用于中小型计算机，由此计算机之间相互连接，开始形成一定的层次和组织体系，并慢慢地形成了计算机局域网。

（3）第三阶段（20 世纪 80 年代）。 这一阶段是计算机局部网络发展的成熟阶段，计算机局部网络开始走向产品化、标准化，形成了开放系统的互联网络。为了使计算机之间的通信连接可靠，建立了分层通信体系和相应的网络通信协议，于是诞生了以资源共享为主要目标的计算机网络。由于网络中的计算机之间具有数据交换的能力，使得在更大范围内，计算机之间能协同工作、实现分布处理甚至并行处理。联网用户之间直接通过计算机网络，进行信息交换的通信能力也大大增强。

20 世纪 80 年代初，随着个人计算机（Personal Computer，PC）应用的推广，PC 联网的需求也随之增大，各种基于 PC 互联的微机局域网纷纷出现。这个时期的微机局域网系统的典型结构，是在共享媒质通信网平台上的共享文件服务器，即为所有联网 PC 设置一台专用的可共享的网络文件服务器。每个 PC 用户的主要任务仍在自己的 PC 上运行，仅在需要访问共享磁盘文件时才通过网络访问文件服务器，这体现了在计算机网络中各计算机之间的协同工作。这种基于文件服务器的微机网络对网内计算机进行了分工：PC 面向用户，微机服务器专用于提供共享文件资源。所以这种网络实际上就是一种客户机/服务器模式。

计算机网络系统是非常复杂的系统，计算机之间相互通信涉及许多复杂的技术问题。为实现计算机网络通信，计算机网络采用的是分层解决网络技术问题的方法。但是，由于存在不同的分层网络系统体系结构，基于这些体系结构开发的产品之间很难实现互联。为此，国际标准化组织（ISO）在 1984 年正式颁布了"开放系统互联基本参考模型"OSI 国际标准，使计算机网络体系结构实现了标准化。

（4）第四阶段（20 世纪 90 年代至今）。 这一阶段是计算机万维网的发展阶段。进入 90 年代，计算机技术、通信技术及计算机网络技术得到了迅猛的发展。特别是 1993 年美国宣布建立国家信息基础设施后，全世界许多国家纷纷制定和建立本国的国家信息基础设施，从而极大地推动了计算机网络技术的发展，使计算机网络发展进入了一个崭新的阶段。在 90 年代，全球以美国为主导的高速计算机互联网络（即 Internet）已经成为人类最重要的、最大的通用计算机网络。即使如此，Internet 的发展并没有停下来。美国政府又分别于 1996 年和 1997 年开始，研究发展更加快速可靠的互联网 2（Internet 2）和下一代互联网（Next Generation Internet）。

时至今日，Internet 技术的高度成熟与渗透使得 Internet 成为各种大型分布式信息系统的系统结构的一部分。网络互联、高速计算机网络及移动网络正成为最新一代计算机网络的发展方向。然而，网络的高渗透与普及得益于 Internet 的开放特点，可是信息安全的问题也正因为 Internet 的开放特点而变得越来越严峻。

1.1.2　信息系统安全的发展

从上面的简略介绍可知，随着计算机操作系统和网络的发展，人们所面临的安全问题也在不断变化，信息安全的内涵也相应产生变化。本节将具体地讲述信息安全的发展过程。

（1）单机单用户时期（20 世纪 40 年代至 60 年代中期）。这时还处于最简单的情况，即一台机器、一个用户、一个进程。这种情况下就不存在计算机的安全问题，而只有物理安全的问题。但即使是物理安全，在 60 年代出现中小型机之前，因为计算机体积巨大，用户也不用考虑计算机会被偷走的问题。60 年代初计算机出现了多进程运行的情况，但仍不存在真正意义上的信息安全问题，主要还是物理安全问题。计算机安全只需考虑不同进程的保护、防止进程出错、将一个进程的数据错写到另一个进程的地址空间里。因为只有一个用户，即使一个进程可能在另一个进程里修改复制数据，但因为两个进程属于一个用户，没有偷自己数据的必要，就并不用担心数据泄露的问题。为了防止数据错写，操作系统设定一个进程就只能在一个地址空间里写读，超出了规定地址的进程时会被自动终止。因此这时的计算机安全考虑比较简单。

（2）单机多用户时期（20 世纪 60 年代末至 80 年代末）。从 60 年代末开始，大型机和分时系统开始应用。此时情况是在同一台机器上多用户运行多进程，共用文件系统、CPU 等资源。因此，人们开始担心这些文件系统、CPU 的安全，除了仍然存在进程干扰数据错写的问题之外，还担心一个用户会偷看、复制或篡改另一个用户的数据。

在 20 世纪 90 年代初，大学里所有教师、学生都共用一个服务器，来做实验、设计考试题目、交作业论文等，这就很容易产生安全问题。例如，一个学生可能会利用文件系统的漏洞到老师的文件夹里偷看考试题目。为了应对这一情况，这一阶段的安全保护措施主要是把所有数据的保护职责交给了机器，由操作系统来保护数据。操作系统进行用户身份认证和访问控制，它知道所有用户的权限、能访问的文件范围及使用 CPU 的时限（以前由于 CPU 资源紧张，对每个用户有使用 CPU 时间的限制）等。

此时的信息安全采取集中式管理，由操作系统来具体实现，因此，信息安全就相当于是计算机安全。

（3）多机多用户时期（20 世纪 80 年代末至今）。在 80 年代出现计算机网络后，一般情况变成了多台机器上多用户的多进程之间的交互与访问，还出现了由多台机器构建而成的分布式系统，此时安全问题就更加复杂。例如，在 90 年代的网上银行系统里，银行用户利用便携式计算机，通过 Internet 网络连上银行的业务服务器，进行网上银行转账查询等操作。当连上网上银行业务服务器后，便携式计算机成了整个网上银行系统的一部分，也就变成网上银行服务信息系统的一个外延模块。但便携式计算机和网上银行服务软件系统分属于不同的主体（Subject），这就是新出现的安全问题。由于出现多台机器分由不同的人员或组织管理，而这些管理人员或组织相互之间并不信任，所以就出现了新的安全问题。

在以上的网上银行系统的案例中，服务器、数据库及账户、金额、用户密码等关键数据由银行进行管理并负责，用户密码及安装在个人计算机上的客户端等由客户自己管理并负责。在进行网上银行交易时，银行要认证用户身份、确认用户权限，然后再执行用户要求；银行还要对所有访问网上银行的用户进行访问控制，不能让用户随意访问业务数据库以修改关键数据，如账户金额等。同时，用户也会担心银行的系统不安全，怕账户数据丢失或者被篡改，面临着财务损失的风险。

当前，正是由于计算机网络和分布式系统的发展，机器由不同的人员或组织进行分布式管理，机器之间的交互、网络上传输的数据量越来越庞大，对人们的影响也越来越巨大，因此信息安全的内涵大为扩充，已经不仅是计算机安全、信息技术的问题，而是扩展为组织安全、业务安全等管理问题。

1.1.3　安全需求的来源

如 1.1.2 节所说，由于计算机安全管理从集中式的 OS（Operating System）处理，变成了多系统多组织的分布式管理；各组织所用的大型分布式信息系统的功能也不仅限于 20 世纪 60 年代的数值运算和存储打印，因此，信息系统在实际应用中就会面临着千差万别的情况。

同时，信息系统的存在的意义主要是为了支持机构达到其管理目标和业务运营，关键还在于为其业务运行和机构目标服务，在构建信息系统过程中所考虑的各种因素也必须以此为核心。因此，在进行实际的信息系统构建时，技术人员都需进行相应的安全需求分析。信息系统的安全需求是根据信息系统要满足的安全目标而来的，而安全目标又是由其机构和业务的管理目标而来的。

在进行安全需求分析时，先根据数据自身性质（Information Type）确定其安全需求。当安全保护措施被破坏（如数据被篡改、非法获取）时，信息系统和拥有该信息系统的机构将遭受不同程度的负面影响。安全需求分类，就是根据数据安全保护被破坏时所造成的影响对数据进行分类。这是安全需求分类的概念，但如何具体保障安全需求呢？

一般而言，信息安全的理论研究涉及如机密性、完整性、真实性、抗抵赖性等基本属性。安全需求的目标，就是要确保信息系统有足够的保护措施以达到这些基本属性，所以这些基本属性也称为"安全目标"。但这些理论上的定义却不一定能满足实际需要。

机构一般需要从自身的实际情况考虑，在安全风险与系统成本之间做出平衡。因此，不同的组织机构（甚至在同一组织机构的不同部门）都会因为业务特点对某些安全属性更为重视。所以，从属于不同机构的信息系统就很可能有不一样的安全目标。例如，一般企业的电子商务系统和国家部门的电子政务系统之间的安全需求就有很大的区别。信息系统的不同部分又有不一样的安全目标，例如，在信息系统中，业务处理子系统会更关注于业务连续性，而数据库系统会关注于数据的机密性，子系统之间的数据传输部分又会关注于完整性和不可抵赖性。

因此，在构建一个安全信息系统之前，首先，要分析机构对于安全的理解是怎样的，机构的领导者和管理人员希望信息系统能满足机构的哪一方面的安全需求；然后，才能谈安全标准、安全技术等概念的具体实现。

可是，机构的管理人员一般不一定是安全专家或技术专家，那么，如何来获取和分析他们对于安全的需求呢？如何让来自不同领域的人员对信息系统所要实现的安全目标达成共识呢？如何在构建设计信息系统的过程中，对于每一个安全需求是否得到实现和评估效果进行跟踪呢？这些疑问促使信息系统研究者和设计者去寻求一种工具，这种工具将便于他们理解机构的业务目标、信息需求、技术环境现状、解决方案等信息，以实现安全信息系统的建构。

针对这需要，利用企业体系结构（Enterprise Architecture，EA）这个信息管理领域的概念来解决管理人员与技术人员的沟通问题。作为一个信息管理的工具，EA 提供一个抽象描述企业信息体系的多视角的框架，能更有效地把信息安全的问题引入这个多视角的框架里，让不同部门的人员沟通、了解并得到更符合实际需要的分析。本书利用了 EA 这一方法来进行安全需求的获取和分析，EA 的相关内容将在第 3 章中具体讲述。

1.1.4　信息系统安全问题的困境

在了解信息系统的构建过程之前，还需要了解当前信息系统在安全方面所面临的困境。当前大部分的信息系统一般采用分布式的实现结构，因此本节主要讲述分布式系统的安全问题。分布式系统的安全问题至少包括以下四种情况。

（1）监听和篡改。分布式系统内的数据易受监听和篡改，主要是因为现代网络的开放性和缺少集中式的管理。网络的开放性的原因包括网络媒质的物理开放和网络传输协议标准的开放。这些开放性导致数据很容易被不怀好意的人员拦截、窃听，或者被嵌入其他数据以破坏其完整性。

另外，非集中式管理是指在分布式系统中不同的机器通常从属于不同的管理人员，并且常常应用不同的身份认证机制和安全策略，并且不同的服务器之间也无法保证绝对的信任关系。

（2）假冒身份和擅自泄露信息。由于采取非集中式管理，不同的机器有不同的管理人员、身份认证机制和安全策略，因此，用户在登录分布式系统时，可以较轻易地假冒身份或者泄露信息。

（3）程序模块运行在不同机器上，因此信息必须在开放网络间传输。原因是分布式系统在概念上是软件进程的分布，其物理前提是构成系统的大量机器的分布。以网上银行为例，其用户模块在个人 PC 上，业务处理应用模块在银行服务器中，数据库在数据服务器上。因此，各项进程分布在多台机器上，信息通过网络来传输，这就加剧了安全隐患。

（4）系统资源由特定的服务器（Dedicated Server）管理。数据资源、系统资源都由特定的服务器管理，如邮件、数据库等，通过网络使用这些数据也带来很多安全问题。又如，身份认证服务由特定的服务器通过开放的网络提供，这样就会身份认证的机制在一台机器上开始，但却在另一台机器上进行验证，跟身份认证相关的敏感信息就不可避免地需要在开放的网络上传输，从而带来非常棘手的安全问题。同样的问题也存在于数据存储服务过程中，即数据存储在一台机器上，又由另一台机器上的进程来处理。

基于以上的问题和原因，便可知道，单纯依靠操作系统的安全措施是不够的。在理想情况下，分布式系统需要对所有的网络数据包进行加密，每一个交易客户端都需要与服务器端进行双向的身份认证（Two-way Authentication）。分布式系统的安全问题需要强有力的安全保护策略，这与传统的操作系统的保护很不一样。

简单来说，在开放式系统中，安全需求包括：信息不能被恶意篡改，不能向未经授权方泄露信息，信息传输双方的身份认证可信。要满足这些安全需求，信息系统所实行的安全措施仍基于"加密"和"签名"。一般来说，这些密码模块在身份认证、密钥交换、安全数据交换中的使用，从而确保信息系统安全措施有效地提供基本的安全服务（机密性、身份认证、完整性、不可抵赖性）。然而，必须再三强调的是，这四个方面并不等于安全本身，而仅仅是安全的服务。正如之前解释的，很多现实的信息系统往往针对性地只满足一部分的安全属性。因为在实际情况下，信息系统的安全需求是一个管理与技术需求的平衡。这个平衡的判断在很大程度上受到机构的治理（Governance）、业务、成本与风险等因素的影响。

正是由于当前的分布式系统存在这样的安全问题，有效的安全措施需要由机构多方面获取和分析安全需求，并基于风险考虑来建构和实施能够满足组织和系统安全需求的信息系统。

1.2　信息系统安全基本概念

可以预见将来会有越来越多的信息系统被应用于各种单位、机构中。无论是电子政务、电子商务或者其他业务信息系统，一般都会通过互联网进行分布式的信息交换。可以说，基于网络的新一代大型信息系统必将得到越来越广泛的应用。1.1 节从信息系统及信息安全的发展历史、安全需求的来源，以及当前所面临的安全问题等方面，对信息系统和信息安全做了概括性描述。为了能更清晰有序地理解信息安全的概念，本节将进一步介绍安全、信息安全、信息系统、分布式系统、信息系统安全等几个基本概念。

1.2.1　信息安全的相关概念

本节主要探讨信息系统安全所涉及的三个概念：安全、信息安全、信息系统安全。

（1）安全。首先，我们探讨什么是安全？国家标准（GB/T 28001）对"安全"给出的定义是"免除了不可接受的损害风险的状态"，也就是防备危害和其他损害。例如，国家安全是指保护主权、资产、资源和人民安全的多层次系统。这只是广义上的概念性的安全，与安全相对应的，是风险、威胁这两个定义。不同的机构会面临不同的风险和威胁，因此，安全具有不同的具体含义。

（2）信息安全。相对于安全而言，信息安全是一个更为具体的概念，也是在计算机出现之后才特别受到广泛重视的一个概念。由于信息安全在政府和企业系统的普遍重视，众多国内外的标准化组织都把信息安全纳入其标准体系中。然而在不同的标准体系中，信息安全却有不尽相同的定义。这在某程度上也印证了之前提到的问题，就是"安全"没有绝对的定义，而且受环境与业务等因素的影响。

例如，根据美国国家安全系统委员会（Committee on National Security Systems,

CNSS）所发布的标准，定义："信息安全（Information Security）就是保护信息及其关键要素，包括使用、存储以及传输信息的系统和硬件"。CNSS 信息安全概念的基础是 CIA，即机密性（Confidentiality）、完整性（Integrity）、可用性（Availability）。

再如，根据 ISO/IEC 27000:2005《信息安全管理体系原理与术语》中对"信息安全"（Information Security）定义为"保护、维持信息的机密性、完整性和可用性，也可包括真实性、可核查性、抗抵赖性、可靠性等性质"。

从具体的需求分析，信息安全则可以涉及物理安全、操作安全、通信安全、系统安全、网络安全、数据安全、安全管理等多个方面的概念。

（3）信息系统安全。然而，以上所提及的信息安全的几个概念等都是理论上的定义，在现实的工程应用中这些理论上的概念与机构的实际需求还可能存在较大的差距。信息系统安全是一个更为具体的实际概念，因为信息系统是为实现不同业务目标的应用系统。因此，在理解信息系统安全时，必须从机构的组织层面、从应用角度来理解。信息系统安全的最终目标还是为了支持、促进所属机构的长远发展，因此在评价信息系统是否安全时，需要考虑以下几个问题：信息系统是否满足机构自身的发展目的或使命要求？信息系统是否能为机构的长远发展提供安全方面的保障？机构在信息安全方面所投入的成本与所保护的信息价值是否平衡？什么程度的信息系统安全保障在给定的系统环境下能保护的最大价值是多少？信息系统如何达到有效地实现安全保障？等等。

机构的安全目标一般是指：信息系统遵守了国家的相关安全法律法规，遵循了行业内的相关标准，能确保机构运转正常，能持续性地提供给支撑业务所需的服务功能。也就是说，信息系统所提供的功能提高了业务的竞争力，能为机构的长远发展提供安全保障和支持，同时，从成本效益角度分析来看，在安全方面所投入的成本与所防范的风险威胁上是平衡的。

为了深入理解信息系统安全与信息安全的差异，下面将对信息系统进行更具体的介绍，信息系统的特征决定了信息系统安全需要考虑的主要内容。

1.2.2 信息系统概述

信息系统是以提供特定信息处理功能、满足特定业务需要为主要目标的计算机应用系统。现代化的大型信息系统都是建立在计算机操作系统和计算机网络不断发展的基础上的，典型的信息系统都属于分布式系统中的一种。一般而言，分布式系统的定义是"一个硬件或软件组件分布在网络计算机上，通过消息传递进行业务处理和操作协调的系统"。这个简单的定义基本覆盖了所有网络化的信息系统。同一个网络中的计算机可能在空间上存在一定距离，可能在同一栋楼或同一个房间，但也有可能位于不同的五大洲上。一般而言，分布式系统具有以下几个典型特征。

（1）物理分布。同一个信息系统内，不同的硬件、软件和固件会被布置在不同的计算机上，大型的信息系统的这些计算机会被部署在不同的物理地点。这是分布式系统的一个最基本的特征。

当不同计算机面临物理分布的情况时，进程间进行必需的通信交互、数据传输、信息管理、时间同步时，就会面临诸多安全问题。

（2）环境多变。大型的信息系统会由于机构的业务不同而被部署在不同的位置和环境下，因此，分布式信息系统会面临应用环境不同的现状。例如，信息系统或者其中的某一部分，在应用于税务电子政务时，作为网上办税的客户终端可能被布置在公众办税大厅中；当被用做存储公众的税务信息的数据中心时，可能被放在实现物理保护的安全机房里。分布式信息系统由于机构业务和要实现的功能不同，应用于不同的环境，则会面临不同的安全问题。

比如，尝试考虑输入信息的完整性问题。当信息系统位于公众办税大厅时，理论上在办税大厅的任何人都有可能利用客户终端输入一些数据。如果对于数据输入功能没有进行授权和限制，那么这种情况下的数据完整性问题就要比位于安全机房并实现了门禁管理的信息系统的情况要更多地加以关注。

由此可见，即使是同一套信息系统，当部署在不同的环境中时，就会面临不同的风险威胁。因此，机构需要针对信息系统的具体情况分析其安全需求，并做出相应的安全策略和保护措施。

（3）分布式管理。一般而言，信息系统的不同机器都有可能由不同的组织或人员管理。由于是分布式管理，因此无法确保每个机器上的输入都受到同样适当的授权和限制的保护。

具体来说，如果分布式信息系统内的不同机器是由不同的组织或人员管理，这些管理者都会在他们所管理的计算机内采取不同的具体安全策略与机制来限制和约束数据输入功能。例如，对于由部门 A 负责的计算机，相应的安全管理制度要求是："必须要经过部门负责人批准后，才能由专门负责信息数据输入的工作人员进行相关操作；在输入的同时，需要有两名以上的人员进行监督；输入和修改的数据要有具体的日志记录以便事后进行责任追究。"与此同时，部门 B 所负责的计算机没有实行与部门 A 相同的安全策略，并且部门内部共用一个公开的计算机用户名和用户密码，也没有安排专人负责输入，也没有监督和事后追究的措施。很明显部门 B 的管理缺乏适当的授权、限制和监督。因此，如果部门 A 的机器需要依靠部门 B 的人员在部门 B 的机器上做数据输入，即使部门 A 采用了更强的安全保护也是于事无补的。

可见，信息系统的分布式部署就可能产生相应的分布式管理的问题，而不同的管理就有可能会有宽严程度不一的管理措施，在管理要求不高的部门内，就会存在对信息输入的授权、监督和追究所缺乏的安全漏洞。

与此相应的是，分布式管理也存在责任追究的问题。正是由于不同的管理可能会有宽严程度不一的管理要求，在有些管理要求不高的部门，由于缺乏对于信息输入的授权和监督，缺少相关的日志文档记录，自然就很难实现对事后的责任追究。

1.2.3　大型网络信息系统的安全挑战

以上简要介绍了信息系统由于自身的分布式特征所面临的安全挑战。然而，信息系统安全又不仅限于此。当前的信息系统多为大型信息系统，也多用于支撑和促进大型机构的业务运作与长远发展。例如，政府部门、学校、大型企业等，这种应用也就意味着大型信息系统所面临的安全挑战并非仅仅是信息系统本身的安全挑战和风险，它也可以影响到整个机构的管理与运作。

因此，信息系统安全的构建和管理应从业务运营乃至机构管理的角度来看待这一问题。从这些角度看安全问题的本质，除了之前提到的业务风险外，还需要考虑以下几个主要的风险因素：法律风险、财务风险和商誉风险。

（1）法律风险。试用电子银行系统或电子政务等现实例子来理解法律风险的问题。当信息系统用于支持电子银行或电子政务时，信息系统必定会在业务处理过程中收集一些必要的用户或客户信息。一般来说，用户都不会太担心这些信息会被泄露或者滥用，因为一般的银行服务或政务服务都有相关的法律保护用户的权益。通常法律条文会要求服务机构的信息系统妥当地保护用户信息，以确保用户的隐私不会泄露。一旦这些信息被泄露后，用户或客户就可以依据相关的法律追究拥有信息系统的机构的责任。可见机构所面临的风险并非是信息系统本身的安全风险，也不是纯粹技术上的风险，而是机构需要承担的法律责任。因此，在当前这个越来越重视个人隐私的环境下，威胁会导致机构遭受损失，甚至会由于系统漏洞而面临法律风险。在作者曾经参与过的多个电子银行和电子政务安全信息系统项目里，从其实践的经验便明确地告诉我们，绝大部分的机构领导对系统安全的首要目标就是确保信息系统提供的电子服务能依从相关的法律法规要求，避免承担日后可能面对的法律责任。

（2）财务风险。财务风险仍然是从机构的管理角度来看待这一问题的。以上市公司的信息系统为例，上市公司的年度或季度财务报表在正式公布之前，在公司内都属于机密数据，因为一旦在正式公布之前泄露给外界，便很可能造成公司股价极大的波动，可能使得公司遭受极大的财务风险。

（3）商誉风险。商誉风险是指，如果机构的信息系统存在一些风险或面临挑战，会对机构本身的业务信誉或名声造成一定的影响。仍以网上银行为例，假设某一银行的网上银行系统存在漏洞被黑客攻击，造成了客户账上的金额被盗窃或者转移。这时银行一般有两种处理办法可以选择：一是承认网上银行系统本身存在漏洞，银行需要为客户的损失承担责任，并由银行来赔偿客户财产上的损失。如果信息系统面临这样的黑客威胁，银行就必然面临着财务风险。二是银行会选择尽可能证明网上银行系统不存在安全漏洞的问题，坚持是客户自己对银行账号管理不善或者错误操作等原因导致自己的财产损失。如果银行长期这么做，这家银行的商誉就必定受到很大的影响。因此，特别是对用于电子商务系统的机构而言，信息系统的安全挑战中也面临着商誉风险。

由此可见，从机构层面来看，信息系统所面临的安全风险，并不是单纯几个抽象理论的安全属性，而是实实在在的与机构目标相关、为机构业务服务、实现机构利益的过程中所面临的风险。工程人员在构建信息系统的过程中，切不可忘了这一前提。

1.3　信息系统安全体系概述

以上内容概述性地介绍了信息系统和信息安全的相关历史和概念及现状。为了更深入系统地了解信息系统安全的基本概念，本节主要介绍信息系统安全体系的概念及组成，这将有助于从技术、管理、标准、法规等方面来理解信息系统安全。

1.3.1 信息系统安全体系

机构为了实现其管理目标，需要构建和部署符合机构发展需要的信息系统。信息系统需要符合机构在业务、信息、解决方案及技术等方面多个维度的目标。其中，安全目标是技术方面的目标之一。为了实现安全目标，信息系统需要部署与安全相关的物理组件和逻辑组件。而这些与安全相关的组件便构成了常见的信息系统安全体系（Information Systems Security Architecture，ISSA）。

一般而言，ISSA 主要包括四个方面：

- 信息系统安全技术体系；
- 信息系统安全管理体系；
- 信息系统安全标准体系；
- 信息系统安全法律法规。

图 1-1 所示的信息系统安全体系框架显示了这几个方面的关系。这一框架将有助于信息系统安全的全面实现，完整的信息系统安全体系应围绕着以上四个方面展开。具体而言，即以法律法规作为安全目标和安全需求的依据；以标准规范体系作为检查、评估和测评的依据；以管理体系作为风险分析与控制的理论基础与处理框架；以技术体系作为风险控制的手段与安全管理的工具。

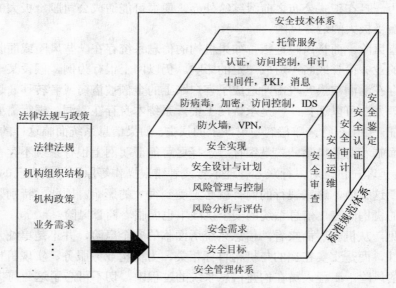

图 1-1　信息系统安全体系框架

在接下来的几节中将逐一介绍这几个与安全相关的体系，以及它们在构建安全信息系统时的相互关系。

1.3.2　信息系统安全技术体系

信息系统安全技术体系是对实现安全信息系统所采用的安全技术的构建框架，包括：信息系统安全的基本属性，信息系统安全的组成与相互关系，信息系统安全等级划分，信息系统安全保障的基本框架，信息系统风险控制手段及其技术支持等。

从具体的应用软件构建划分，信息系统安全技术体系分为传输安全、系统安全、应用程序安全和软件安全。一个常见的理解是信息系统安全技术体系的角度。根据所涉及技术的不同，可将信息系统安全技术体系粗略地分为以下几项技术：

- 信息系统硬件安全；
- 操作系统安全；
- 密码算法技术；
- 安全协议技术；
- 访问控制管理；
- 安全通信技术；
- 应用程序安全；
- 身份识别和认证管理技术；
- 入侵监测技术；
- 防火墙技术等安全信息系统的构建技术。

这些技术都是构建安全信息系统的必要模块，而且必须合理有序地连接起来，形成一个支撑安全信息系统的技术平台。

图 1-2 所示的信息系统安全技术体系框架，可以帮助了解这些安全模块在实际构建安全信息系统时它们之间的相互关系。

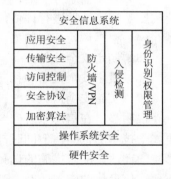

图 1-2　信息系统安全技术体系

1.3.3　信息系统安全管理体系

一个机构的信息系统安全管理体系，是从机构的安全目标出发，利用机构体系结构这一工具分析并理解机构自身的管理运行架构，并纳入安全管理理念，对实现信息系统安全所采用的安全管理措施进行描述，包括信息系统的安全目标、安全需求、风险评估、工程管理、运行控制和管理、系统监督检查和管理等方面，以期在整个信息系统开发生命周期内实现机构的全面可持续的安全目标。其中，机构体系结构将在第 3 章详细介绍，信息系统开发生命周期将在第 16 章详细介绍。

信息系统安全管理体系范围广阔，主要包括以下内容：

- 安全目标确定；
- 安全需求获取与分类；
- 风险分析与评估；
- 风险管理与控制；

安全实现
安全设计与计划
风险管理与控制
风险分析与评估
安全需求
安全目标

安全管理体系

图1-3　信息系统安全管理体系

- 安全计划制定；
- 安全策略与机制实现；
- 安全措施实施。

信息系统安全管理体系框架图如图 1-3 所示。

信息系统的构建主要基于安全目标和风险。因为作为一套为机构业务提供服务的信息系统，在它的构建过程中，工程人员首先要考虑信息系统在安全方面需要满足哪些安全目标，然后再分析评估所面临的风险。因此，信息系统安全管理体系要建构在安全目标和风险管理的基础之上。

信息系统安全管理体系各组成部分的关系具体如下：

（1）信息系统的安全目标由与国家安全相关的法律法规、机构组织结构、机构的业务需求等因素确定；

（2）将安全目标细化、规范化为安全需求，安全需求再按照信息资产（如业务功能、数据）的不同安全属性和重要性进行分类；

（3）安全需求分类后，要分析系统可能受到的安全威胁和面临的各种风险，并对风险的影响和可能性进行评估，得出风险评估结果；

（4）根据风险评估结果，选择不同的应对措施和策略，以便管理和控制风险；

（5）制定安全计划；

（6）设定安全策略和相应的实现策略的机制；

（7）实施安全措施。

很明显，在信息系统安全管理体系的组成部分里，有很多的管理概念与管理过程并不属于技术的范畴，但同时却是选择技术手段的依据。例如，信息资产的重要性、风险影响的评估、应对措施的选择等问题，都需要机构的最高管理层对机构的治理、业务的需要、信息化的成本效益、开发过程管理等问题上做出管理决策。所以，从机构目标的角度看，信息安全管理并不是单纯的技术管理，它也涉及整个机构长远发展的管理（Administration）。

在本书中，由于篇幅所限，安全管理主要围绕着安全需求和风险两个关键概念进行阐述，分别在第 2～7 章中介绍相关的信息系统安全管理的内容。

1.3.4　信息系统安全标准体系

标准是技术发展的产物，它又进一步推进技术的发展。完整的信息系统安全标准体系，是建立信息系统安全体系的重要组成部分，也是信息系统安全体系实现规范化管理的重要保证。

信息系统安全标准体系是对信息系统安全技术和安全管理的机制、操作和界面的规范，是从技术和管理方面以标准的形式对有关信息安全的技术、管理、实施等具体操作进行的规范化描述。

除了安全标准体系能对信息安全的技术、管理、实施进行规范之外，国家及行业的相关安全标准规范也明确地规定了安全的根本目标和安全需求。因此，机构在构建信息系统之前，必须先明确机构的安全目标和安全需求，确保将要实现的信息系统安全特性真正地符合机构的目标，此时，国家法律法规和标准规范就将作为制定目标和需求的依据。信息系统安全标准体系框架如图 1-4 所示。

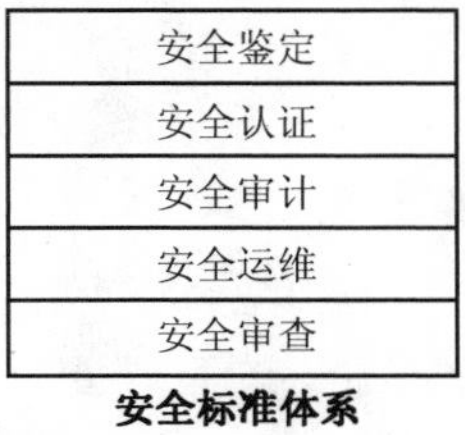

| 安全鉴定 |
| 安全认证 |
| 安全审计 |
| 安全运维 |
| 安全审查 |

安全标准体系

图 1-4　信息系统安全
标准体系框架

1.3.5　信息系统安全法律法规

信息系统安全法律法规是信息系统安全体系中极为重要的组成部分，也是信息系统安全必须遵循的基线。

为了控制机构保密和安全风险，了解一个机构的法律责任和道德义务至关重要。现代社会中，法律诉讼案件极为常见，为了避免刑事惩罚，降低民事责任所带来的财务损失，机构所构建的信息系统在设计、实施和管理上必须遵守机构所在国家的信息安全相关的法律法规，以及相关国家标准和行业标准。

因此，信息安全从业人员必须理解当前的法律环境，及时了解出台的相关法律、规则。只有符合法律规定和标准要求，适当地使用信息技术和信息安全技术，才能使信息系统为实现机构的首要目标起到积极作用。

信息系统安全法律法规的具体内容将在第 5 部分"信息系统安全标准规范与法律法规"中的第 13、14 章详细介绍。

1.4　小结

前面从技术、管理、标准、法律法规等四个体系介绍了信息系统安全体系的各组成部分和作用。至此，信息系统安全体系可以通过一个包含以上四个体系的整体框架来描述、理解。

图 1-1 所示的是信息系统安全体系框架，深入理解这一框架，将有助于信息系统安全的全面实现。完整的信息系统安全体系应围绕着以上四个方面展开。具体而言，即以法律法规作为安全目标和安全需求的依据；以标准规范体系作为检查、评估和测评的依据；以管理体系作为风险分析与控制的理论基础与处理框架；以技术体系作为风险控制的手段与安全管理的工具。

作为本书的第 1 章，本章从信息系统和信息安全的发展历程开始，让读者了解信息安全的相关概念、信息系统安全体系等内容。通过学习和理解这些内容，我们能够整体地了解什么是信息系统，信息系统的安全问题从何而来，信息系统安全体系大致如何。本章也简要介绍了本书的目标、范围和阅读对象，这也便于读者能对本书有全面的认识。

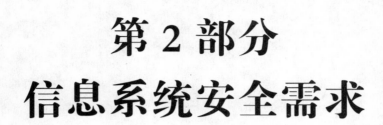

第 2 部分
信息系统安全需求

第 2 章
信息系统安全的管理目标

信息系统的建立往往是一个机构为完成某项使命而进行信息化的一项建设工作。因此，整个信息系统的核心目标，就是完成机构所赋予的使命。

信息系统本身的应用功能和组织机构的使命是密切相关的，因此，整个组织机构的信息、管理和业务是相互融合的。组织机构是一个广泛的概念，比如，一个学校、一个政府机关或一个企业都是一个组织机构。从目前信息化的进程来讲，一个组织机构的发展优势与竞争力，在很大程度上取决于这个组织机构的信息化进程和信息化水平；而组织机构的可持续发展优势，则在很大程度上受到这个组织机构所拥有的信息系统的安全水平和安全程度的影响。

对于一个组织机构的信息系统，由于在技术上不存在万无一失的绝对安全，所以，在运行之中的安全信息系统也都要实施一定的管理手段，达到符合机构和业务要求的安全保护。一般来说，信息系统所追求的安全目标主要有四个方面。

（1）保护信息免受各种威胁的损害。一个机构所拥有的信息系统、所处理的各种信息，应该通过信息安全措施达到万无一失。但是完全的万无一失是不可能的，任何安全的技术都不可能保证信息的绝对安全，而且采用各种安全技术还需要考虑保护成本的问题，所以需要通过适当的管理手段来减少外部威胁对信息系统所产生的损害。

（2）确保业务连续性。业务连续性本身是一个很大的课题，它与信息系统的连续性存在一定的差别，但也受到信息系统连续性的影响。信息系统的连续性一般是从技术角度理解的，也就是要确保网络畅通、系统高效运转、业务系统正常处理等。比如，恶意攻击事故的发生，信息系统遭受损害，这对各个部门的信息系统都是严峻的考验。当信息系统的数据受到破坏或网络中断时，整个信息系统也可能因此而瘫痪。在信息系统受到恶意攻击的情况下，如何保证业务的连续性是一个重要课题。因此，信息系统安全管理的目标是确保不要因为安全事故而使机构的业务发生中断，这是信息安全管理中一个很重要的目标。

（3）业务风险最小化。机构在设计用以支撑业务的信息系统时，需要深入考虑信息系统安全事故可能导致的业务风险。例如，机构业务可能因为安全事故导致重要商业秘密（如生产成本、项目报价、产品设计参数等）的泄露而产生巨大风险。另外，类似的安全事故也可能导致机构面临违反相关法律的风险。因此，信息系统安全设计需要充分考虑这些管理层与业务部门的需要，这也是信息系统安全管理所考虑的问题之一。

（4）投资回报和商业机遇最大化。机构一般都会通过信息化建设来维持自身的长远利益，保持竞争优势。机构可以通过不同的业务信息系统来分析业务情况，并随时为业务发展的机会做好准备。但机构的管理决策往往需要考虑成本与回报的平衡。因此，在设计信息系统时，机构不仅要通过信息安全管理措施来控制业务风险，另外也要确保安全措施建设成本的合理性。也就是说，需要在业务回报、业务风险与建设成本之间做出平衡。

这四方面的目标是相辅相成的。从信息系统的信息保护，到业务的连续性的保障，到业务风险有效管理，直到最终达到组织机构的战略目标，从而实现投资回报和业务机遇最大化。任何一个机构在规划业务时，都必须考虑业务回报和目标规划回报。如果信息系统没有安全保障，整个机构的业务也就不可能得到有效的保障，整个机构的战略目标也就难以实现。当整个机构的业务目标不能实现时，这个机构就很难长期生存下去。因此，信息系统的安全对于一个机构的信息系统而言是至关重要的。

然而，信息系统不可能达到绝对安全，信息安全的问题也不能单纯依靠技术手段来解决。一个实际有效的做法是从风险的角度处理安全的问题。机构先从管理的角度分析信息系统的风险，通过综合手段控制风险，并建立有效机制处理系统的剩余风险。一般来说，综合手段都建立在技术的基础上，并通过管理手段（如人员管理、物理环境管理、操作过程管理等）来控制系统环境和系统可能面对的风险。

2.1　管理目标概述

在管理学中，管理是指通过计划、组织、领导、控制等环节来协调人力、物力、财力等资源，以期有效达成机构目标的过程。在《管理的体系认证 ISO/IEC 9000:2000》的定义中，管理是指挥和控制机构的协调活动。机构的任何活动的协调，任何资源的调用，都属于管理的范畴。

管理的过程，首先需要确定目标，使机构能够完成特定的使命。比如，对于一个企业，其目标是赢利。要达到这个目标，就必须有相应的资源，包括各方面的人力、物力、财力等资源。这些资源如何来组织，如何来使用，就需要通过领导、组织、控制等环节来组织、利用、协调这些资源。只有管理好整个机构目前所拥有的和将来会拥有的内部资源，以及可以依靠的各种外部资源，才能达到这个机构所期望的目的，即其业务战略目标。这个过程就是管理。

信息安全管理也是管理的一种，具备管理的一般概念、一般内涵、一般外延，其管理的对象就是信息安全。因此，信息安全管理，就是指通过计划、组织、领导、控制等各个环节来协调各方面的人力、物力、财力等资源，以期有效地达到机构信息安全目标的活动，最大限度地保证信息系统的安全。

2.1.1　政策需要

信息安全的管理对于国家来说是一件非常重要的事情。因此，国家的最高领导明确提出，信息安全与政治安全、经济安全、文化安全一起构成了国家安全的重要组成部分。

在安全技术上，我们国家与西方发达国家的差距越来越小；但是，在安全管理和安全意识上，我们与西方发达国家的差距有越来越大的趋势。从多年的信息安全实践上看，我们国家在信息安全上的落后，很多情况下都是信息安全管理上的落后。盲目地追求最新的安全技术并不能对信息系统的安全保障带来显著的效果，必须通过正确的安全管理和安全意识上的学习和进步，才能最大限度地保证信息系统的安全。

2.1.2　业务需要

信息安全的管理对于一个组织机构来说也具有重要意义。例如，一个企业为了信息安全，购买了许多防火墙、入侵检测系统、防病毒及密码产品，但仅仅这几个产品远远不能保证这个机构的安全。如果这个机构不能通过信息安全管理系统，把安全管理的手段有效地利用起来，这机构将永远不能达到安全的目标。

一个最简单的例子是用"户名"和"口令"的管理。很多机构在制定安全策略时，要求口令的设置至少 8 位，要求字母和数字都要有，但是这样的要求却常常导致很多公务繁忙或年纪较大的人员记不住复杂的口令。由于设置密码以后记不住，他们很可能会把口令写在纸条上并贴在计算机显示屏上，这时攻击者根本就不需要什么高深的手段，只通过利用张贴在屏幕上的信息就能轻易地进入机构的业务信息系统。这样一件简单的小事，就导致整个机构的信息安全保护受到严重的破坏。因此，即使有再好的安全策略、再好的技术手段，但是没有一个良好的管理手段，机构也则很难达到信息安全的目标。俗话说"三分技术，七分管理"，虽然这不是一个绝对的量化，但也确实说明了管理因素对于信息安全的重要性。

2.2　信息系统安全需求的依据

信息系统的安全需求，通常可以分为国家层次、机构层次及业务相关层次需求等。不同的层次有着不同的特点。例如，信息安全的国家宏观层次，需要有政府制定的相应的信息安全的战略方针，需要有依据战略方针制定的各项政策，如等级保护、风险评估、灾难恢复和应急响应等。

信息安全的国家宏观层次，也需要有体现客观规律、社会利益和国家意志的法律和规范，例如，等级保护规范需要把等级保护作为法律层面工作的信息安全条例和信息安全法规等。同时，国家也需要在宏观层次制定各种标准来指导技术和管理行为。

而落实到一个组织机构上，按照国家的有关标准，对应国家的信息安全战略，机构需要制定自己的信息安全策略。然后，根据信息安全策略信息安全的整个活动服务于机构的目标。机构的信息安全策略中将会有很多对应的规章制度，例如，如果企业的总体策略里有一条规定"接入网络的终端需要定期查杀病毒"，那么，企业就需要有相应的《企业病毒防治办法管理规定》。

2.2.1　国家法律

从宏观的角度，信息化有不断网络化、国际化、社会化的特点。由于信息化有通过网络互连、互通、互操作的特点，因此，如果没有强力度的全局安全意识，仅依靠局部的安全措施是难以发挥信息化应有的效率和效益的。而国际化的特点，就更需要有效处理网络全球化、威胁无国界和攻击者不分国籍等问题所需要的应对措施。社会化的特点需要有政府行为来导向与约束。宏观信息安全是信息化社会有序健康运作的保证，它推动了技术的不断发展，促进了人才培养，并且提高了有效整合信息的能力。

信息系统安全有一个"木桶原理"，即整个信息系统安全的能力取决于系统中安全防护能力最弱的一块。因此，局部安全的保证并不代表全局安全的保证。这问题在网络化的信息系统里尤其突出，所以需要依靠国家层面和宏观层面上的推动。

目前，各政府单位与企业机构都在根据业务需要推动信息化和电子政务或电子商务建设。这本来是组织机构内部的事情，但是如果一个国家机构内部的信息系统一旦发生安全问题，导致信息泄露和国家秘密被窃取，这个行为就上升到国家安全的层次。因此，虽然信息化是企业内部的事情，但是信息化过程中出现的安全问题，就是国家层面的问题。所以在宏观层面上，信息安全体现了社会、国家的利益和意志。

例如，电子银行系统的问题，如果没有足够的控制措施，电子银行系统一旦受到恶意攻击时，其影响很可能导致整个银行的资产素量（asset quality）变坏和业务运营陷入瘫痪。如果国家级的银行或多家银行同时受到影响，那么电子银行系统的安全问题就变成一个国家的银行体系的问题，也就是所谓的金融安全的问题。因此，国家需要制定相应的监管措施，以确保银行为提升业务水平而建设的电子银行系统在其设计与开发过程中充分了解信息系统的风险，并有足够的安全管理措施。

2.2.2　机构政策

作为拥有和使用信息系统的各类机构，首先，需要根据机构信息化的安全保障需求来制定相应的安全策略，并把这些安全策略具体地描述为详尽的管理规章；同时，也要制定管理规章的制度要求，从而严格规范地贯彻执行策略、规章、制度。

没有对人员和技术的有效安全管理，系统的效率和效益就难以发挥出来。由于各个行业和机构都有反映其行业和业务特色的安全需求，因此，每个机构都需要针对其信息安全需要，制定相关的机构政策。一般来说，机构的信息安全政策的特点如下：

- 人操作技术的规范尺度；
- 发挥人的因素和技术因素的桥梁；
- 把单薄的零星技术和人的因素结合起来的强力黏合剂。

机构的安全政策作为一个体系，把各方面的因素有效地衔接起来，以发挥集体的作用、团队的作用、协同作业的作用，才能最大限度地发挥整个信息安全的优势。

2.2.3　业务策略

业务策略，是指组织机构根据自身的特点及安全需求，结合特定业务的行业领域知识而制定的信息安全实施规范。下面通过一个实际案例来理解这一点。

例如，一个税务信息系统的策略制定过程具体如下：

（1）一个税务部门根据税收业务的发展需要，制定整个税务系统的总体策略和信息安全保障的总体框架。

（2）根据这个框架，建立信息安全的管理体系。

（3）根据这个管理体系，分步骤实施多个信息安全管理的项目，如边界防护、数据安全防护、桌面防护等。

（4）根据这个防护体系，有计划地对人员进行培训，即对从事信息安全管理的专业人员和从事信息化管理的 IT 运营人员（业务人员及个别领导干部），都进行相应的、符合部门要求的信息安全培训，提升部门人员的信息安全意识。

完成这个整个过程，可以逐步达到整个税务系统信息安全管理的目标，做到在信息安全管理工作中有法可依，有章可循，有制度可以规范人的行为。

2.2.4　责任追究

责任追究的目的，是为在相关事件或者行为发生后证明谁为该事件或行为负责。因此，需要对该事件或行为进行的证据进行收集、维护，收集的证据的特点是不可辩驳且可以被证实的，从而在后续需要认定该事件或行为的责任方时有效地使用该证据。

责任追究中一个非常重要的因素就是证据。责任追究包括证据的生成、证据的记录，以及在需要进行判别责任方的时候对于证据进行恢复与验证。例如，在一个分布式交易系统里，责任追究主要强调两点：一是交易发送方的不可否认机制，该机制主要解决发送方是否生成了特定消息及生成的时间等问题；二是交易指令传递的不可否认机制，主要解决接收方是否收到了特定的数据消息和收到的时间等问题。责任追究也依赖于可信第三方，这是由于裁定结果的人员需要认定纠纷双方所提交的证据。一般来说，可信第三方需要提供密钥证明、身份证明等功能。可信第三方一般是中立并且是被各方信任的机构，在应用环境中，政府及其代理机构是担任可信第三方的最合适的机构，在某些特定环境中，私人机构也可以承担可信第三方的角色。

任何完善的系统都需要人的操作，而很多系统安全问题的发生都是由人员的错误造成的。针对内部作弊问题的责任追究就是为了约束人的行为，对造成系统安全威胁的人员进行责任的认定与追究，从而将安全问题对系统的危害降到最低。正是因为如此，当前电子政务和企业系统对责任追究都有非常迫切的需求。

2.3　小结

本章介绍了信息系统安全的管理目标，指出了信息系统所追求的安全目标的四个主要方面：保护信息免受各种威胁的损害；确保业务连续性；保证业务风险的最小化，以及投资回报和商业机遇的最大化。基于信息系统所追求的安全目标，本章首先分别从政策需要和业务需要的角度对管理目标做了概述，然后从机构政策、业务策略、责任追究方面简述了管理目标相关安全需求的依据。

第 3 章
信息系统安全需求分析

安全需求源于安全目标。针对安全的管理目标主要是政策需求和业务需求。获取和分析安全需求通常是从国家法律、机构政策、业务策略和责任追究等方面出发，而这些都是管理层需要考虑的内容。安全信息系统构建的最终目标，就是要求最终所实现的信息系统完全满足管理层的要求。但管理层所考虑的目标和安全信息系统具体实现这两者之间的描述方式并不相同，因为管理目标是由非技术方的管理人员所关注和提出的，而信息系统构建和设计则主要由安全专家和技术人员进行。因此，就需要将安全需求从管理角度的描述"转化"为技术性的描述，以便于安全专家和技术人员进行安全信息系统的具体实现。

不同国家、不同行业的机构，所遵循和采取的标准和转化方法也有所不同。在安全信息系统构建的过程中，可以参考一些国外比较成熟的标准，如美国 NIST 所推行的 FIPS—199（Standards for Security Categorization of Federal Information and Information Systems-199）。FIPS—199 主要介绍了对美国联邦政府信息系统进行安全需求分类和技术性描述。本章 3.1 节将会简要地介绍 FIPS—199 进行安全需求分析的方法，即根据安全属性和安全影响来描述安全需求。通过这一方法将管理目标"转化"为可实际操作的技术性要求。

机构的信息化发展通常要考虑业务的需要来建设不同的信息系统。同一个机构内的不同业务往往需要不同的信息系统来支持。因此，机构的信息系统都不是独立存在的，每个信息系统都会与机构内其他信息系统进行交互而相互影响。因此，在构建安全信息系统时，机构除了要考虑新系统的安全问题，也应考虑该系统可能会直接或间接影响到其他系统。整合周边环境问题的方法就是建立一个机构层面的安全架构。如果不从机构的角度看，即使新部署的系统可能是局部最优的，但也有可能在一定程度上给机构的总体环境引进弱点。如果不考虑机构环境，新部署的系统就有可能损害机构内部的其他系统。由于信息系统可能与其他的机构内部系统有业务或数据的依赖关系，从而加剧了危害的后果。

此外，机构的信息系统是为机构的具体业务服务的。不同机构有不同的业务目标，因此，安全管理需要从不同角度获取不同的安全需求，以构建与安全需求相符合的信息系统。3.2 节主要从机构层面考虑，利用 EA 方法，从不同视角（业务、信息、解决方案、技术）来分析安全信息系统构建的基础和目标，获取机构层面的和针对业务的安全需求。在对从机构层面获取安全需求有了初步了解后，本书又引入 SDLC 概念，简要介绍安全信息系统的开发构建过程。

3.1　系统安全需求

系统安全需求分析是构建安全信息系统的基础。系统安全需求分析是指针对安全的目标，对信息系统中可能存在的风险及潜在影响进行分析，并以此为依据对信息及信息系统进行安全分类，从而利用不同的安全技术制定保护措施来应对风险。以下简单介绍经常采用的方法。

首先，是明确安全的目标。正如之前解释的，安全目标要因应机构的情况而定，首要考虑业务对数据的依赖和相关法律法规的要求。例如，在 FIPS—199 安全需求分类方法中，安全目标的关键就是实现安全的三大要素：

（1）机密性。维护对信息访问和公开经授权的限制，包括保护个人隐私和私有的信息。机密性的缺失是指信息的非经授权的公开。

（2）完整性。防止信息不适当的修改和毁坏，包括保证信息的不可抵赖性和真实性。完整性的缺失是指信息未经授权的修改和毁坏。

（3）可用性。保证信息及时且可靠的访问和使用。可用性的缺失是指信息或信息系统的访问或使用被中断。

然后，基于针对数据的安全目标，分析可能存在的风险对于组织和个人的潜在影响。目前，在国际上得到广泛应用的 FIPS—199 标准把潜在影响分别定义为三个级别。需要再次强调的是：这个关于潜在影响级别的定义必须是和每一个给定的组织具体相关的。

针对每一个安全属性，作为一个仅供参考的指导原则，潜在影响可以简单地分为三个级别：

（1）低（Low，L）。预期的机密性、完整性或可用性可能的缺失只能对机构营运、机构的财产和个人产生有限的负面影响。具体来说，上述有限的负面影响包括但不限于以下内容：导致完成任务能力的退化及机构能够履行其主要职能的明显减少；导致对机构资产较少的破坏；导致较少的经济损失；导致对个人较少的伤害。

（2）中（Moderate，M）。预期的机密性、完整性或可用性可能的缺失只能对机构营运、机构的财产和个人产生严重的负面影响。具体来说，上述严重的负面影响可以是指：导致完成任务能力的明显退化及机构能够履行其主要职能的重大减少；导致对机构资产较大的破坏；导致较大的经济损失；导致对个人较大的伤害，但不包括生命的丧失或者严重的危害生命的伤害。

（3）高（High，H）。预期的机密性、完整性或可用性可能的缺失造成对机构营运、机构的财产和个人产生灾难性的负面影响。具体来说，上述灾难性的负面影响可以是指：导致完成任务能力的剧烈退化及机构无法履行其一个或多个主要职能；导致对机构资产严重的破坏；导致严重的经济损失；导致对个人灾难性的伤害，包括生命的丧失或者严重的危害生命的伤害。

例如，一般的银行储蓄系统处理的数据都包括：银行账号、账户结余、存款记录、提款记录和客户的提款机口令等。基于 FIPS—199 的安全属性及这些属性对银行系统的安全影响，大概得出表 3-1 所列的安全需求情况。

表 3-1　安全需求情况

	机　密　性	完　整　性	可　用　性
银行账号	M	H	M
账户结余	M	H	M
存款记录	L	H	L
提款记录	L	H	L
提款机口令	H	H	M

最后，根据可能存在的风险对组织和个人的潜在影响的级别，对信息及信息系统的

安全进行分类。一是进行信息类型的安全分类。信息类型的安全分类可以同时关联用户信息和系统信息，并且包含能够被应用到电子或非电子格式的信息。二是建立一个合适的信息类型安全分类需要针对特定的安全类型，确定对每一个安全目标的潜在影响。

例如，一般性的信息类型的安全分类的表达如下：

{（机密性，影响），（完整性，影响），（可用性，影响）}

在上述表达式中，"影响"的值可以取：

- 低（Low，L）；
- 中（Moderate，M）；
- 高（High，H）；
- 不适用（Not Applicable，NA）。在常见的应用系统里，通常"不适用"只针对机密性。

例1　一个机构在它的 Web 服务器上管理公开信息。那么，对于这个公开信息类型，首先，机密性的缺失并没有什么潜在的影响，因为公开的信息没有保密的需求，机密性在公开信息类型中并不适用；其次，对于完整性的缺失是一个 Moderate 的影响；再次，对可用性的缺失也是一个 Moderate 的影响。这种类型的公开信息的安全分类表述如下：

{（机密性，NA），（完整性，M），（可用性，M）}

例2　在以上例子的分类只适用于该实例，因为安全分类跟信息所涉及的业务有关。例如，如果公开的信息是网上证券交易系统提供的最新股票报价的话，完整性和可用性便非常重要，它们的机构与业务的影响都非常的高。这种类型的公开信息的安全分类表述如下：

{（机密性，NA），（完整性，H），（可用性，H）}

以上介绍了信息类型的安全分类，在此基础上，也可以用同样的概念与原则对信息系统的安全进行分类。一般来说，确定信息系统的安全分类需要更多的分析，必须考虑信息系统中所处理的所有信息类型的安全分类。

对于一个信息系统，FIPS—199 的三大安全目标同样适用。然而，它们应该采用的潜在影响的赋值，必须是所有信息系统中的信息类型的安全分类时确定的信息类型潜在影响的最高值。以下是一般性的信息系统的安全分类的表述如下：

{（机密性，影响），（完整性，影响），（可用性，影响）}

信息系统安全分类的表达跟以上介绍的信息类型的安全分类差不多，在上述表达式中"影响"的值可以取：

- 低（Low，L）；
- 中（Moderate，L）；
- 高（High，H）。

这里值得注意的是，跟信息类型的分类不一样，在进行信息系统安全分类时，"不适用"不能再赋值于任何信息系统的安全目标。因为对整体的信息系统保护而言，对于机密性、完整行、可用性的威胁都有最低的潜在影响，其目的就是出于保护对系统级别的处理功能和影响信息系统操作的信息的基本要求。一个简单的解释是：可以考虑系统内管理员的系统登入口令。无论如何这个口令的保护都是必需的，因此，这信息的机密性就不可能是"不适用"，所以存储这个口令的系统也就不可能有"不适用"的机密性赋值了。

3.2 安全信息系统的构建过程

3.2.1 安全信息系统构建基础与目标

目前，各种机构对于信息安全都越来越重视，基于网络的新一代大型信息系统也得到越来越广泛的应用，但与此相应的，是信息系统面临着越来越严峻的安全现状和威胁。一般而言，大型网络信息系统面临着两方面的安全挑战。

1．机构内的信息技术环境威胁

由于机构的信息系统都会在一个给定的信息技术环境中运作，信息系统的安全设计一般都会对它置身其中的环境做出某些物理、控制、威胁等方面的假设，因此，机构内的信息技术环境与信息系统假设的环境是否匹配往往是很多安全漏洞的来源。例如，机构一般会希望能规划设计一个与周边信息技术环境整合的信息系统。一般来说，整个信息系统的建设都是由业务驱动的，但这一规划设计过程经常会因为技术人员和业务人员之间沟通不畅而失败。由于这个沟通上的问题，如果信息系统的设计是由业务管理人员主导的，那么信息系统跟周边的信息技术环境的整合就很容易出现问题。但由此所面临的安全问题，就是信息系统不能肯定其信息技术环境是否安全地满足它的运作要求。

2．信息系统的系统安全管理问题

随着一个机构的业务不断扩大和处理数据的增多，机构的信息系统变得越来越庞大而日趋难以管理，这就需要由具有专业技能的管理人员来实现安全管理。对机构而言，信息系统是受业务驱动并为业务提供服务的。因为业务运作对信息系统的依赖性，机构的业务管理者都不可避免地要求信息系统有一定的服务质量（水平）保证（Service Level Agreement，SLA），其中，相当重要的部分的质量是属于安全保障（Security Assurance）。信息系统的安全质量需要机构管理层的积极参与才能得到应有的保障。管理层在信息安全管理问题上可以发挥不同层面的作用，例如，机构管理者确定信息系统安全的含义，业务管理者判断业务承受风险的能力，系统安全管理者制定风险控制措施与管理策略等。

信息系统存在的意义关键是为其业务目标和机构目标服务，在构建信息系统过程中所考虑的各种因素也必须以此为核心。信息系统的安全需求是根据信息系统要满足的安全目标而来的，而安全目标又是由其机构和业务的管理目标而来的。下面举例来说明其中的道理。

一般而言，信息安全的理论研究涉及以下基本属性：机密性、完整性、可用性、真实性、可核查性、抗抵赖性、可靠性等。安全需求的目标就是要确保信息系统有足够的保护措施以达到这些基本属性，所以这些基本属性也称为安全目标。但这些理论的定义又不一定能满足实际需要。

机构一般需要从自身的实际情况考虑，在安全风险与系统成本之间做出平衡。因此，

不同的机构（甚至在同一机构的不同部门）都会因为业务特点而只对某些安全属性更重视。所以，从属于不同机构的信息系统就很可能有不一样的安全目标。比如，一般企业的电子商务系统和国家部门的电子政务系统之间的安全需求就有很大的区别；信息系统的不同部分又有不一样的安全目标。

因此，在构建一个安全信息系统之前，首先要分析机构对于安全的理解是怎样的，机构的领导者和管理人员希望信息系统能满足机构哪一方面的安全需求，然后才能谈安全标准、安全技术等概念的具体实现。

然而，机构的管理人员一般不一定是安全专家或技术专家。那么，如何来获取和分析他们对于安全的需求呢？如何让来自不同领域的人员对信息系统所要实现的安全目标达成共识呢？如何在构建设计信息系统的过程中，对于每一个安全需求是否得到实现和评估效果进行跟踪呢？这些疑问促使信息系统研究者和设计者去寻求一种工具，这种工具将便于他们理解机构的业务目标、信息需求、技术环境现状、解决方案等信息，以实现安全信息系统的建构。

针对这需要，可以利用机构体系结构（Enterprise Architecture，EA）这个信息管理领域的概念来解决管理人员与技术人员之间的沟通问题。作为一个信息管理的工具，EA提供了一个抽象描述机构信息体系的多视角的框架，能更有效地把信息安全的问题引入这个多视角的框架里，让不同部门的人员沟通、了解并得到更符合实际需要的分析。本书利用 EA 方法来进行安全需求的获取和分析。3.2.2 节先具体介绍 EA 的概念。

3.2.2　机构体系结构

本节先解释机构体系结构的定义，再介绍机构体系结构在信息系统安全的作用，最后介绍机构体系结构的多层面结构与概念框架。

机构体系结构（Enterprise Architecture，EA），也可译为"组织架构"或者"企业架构"。这是在信息管理领域开始受到广泛重视的一个概念，也是用于帮助机构理解其自身的构造及运作方式的一种管理工具。EA 一般用于机构应对日益增长的复杂性，优化机构所拥有的技术资源。从安全角度考虑，EA 的建立有助机构深入地了解和认识机构内部的每一个子系统、子系统之间乃至与其他机构之间的交互和安全影响，例如，系统间信息数据流的输入/输出情况的安全影响。

通过 EA 的管理框架，机构可以合理有序地把安全考虑加入信息系统开发生命周期（System Development Life-Cycle，SDLC）里，在整个 SDLC 过程中进行机构内信息系统的安全目标分析、安全风险评估、安全保护等级确认、安全保护措施选择、安全区域职责划分、安全事故处理、安全责任追究时，可以提供更全面、切实的参考。

机构在信息化建设与管理中，在为信息系统实现安全保护和风险管理进行资金提供和计划决策时，至少涉及三个不同的决策群体或参与建设的团队：

- 信息安全管理负责人和专业人员；
- 信息技术管理负责人和专业人员；
- 非技术的业务管理者和专业人员。

机构在建构信息系统、讨论资金投入、评估信息安全保障措施的成本效益时，都需要这三个团队对信息安全形成一致的认识。但是，不同领域的专业人员会从自身所处的角度出发去考虑，一般很难达成共识。因此，机构信息化建设与信息系统安全管理的工作非常需要一种管理工具来促进各方面人员在信息系统安全问题上的沟通，同时，通过在一个机构内通用的系统体系框架作为信息系统安全需求的共识磋商的平台，以达到把各方面的需求都统一到这一个框架中。

EA 是一种基于机构业务目标，对信息系统进行构建和改进的方法和管理工具。因此，机构在设计或对现有系统进行升级更新时，都可以利用 EA 对已有的信息系统进行分析。

目前在大型企业和政府部门等管理领域内，EA 是一种比较成熟的管理工具。国外很多跨国企业和政府机关例如，微软的 MS.EA 和美国联邦政府的 Federal EA 等，已经投入大量资源来开发结合自身情况的 EA 框架。EA 作为一个管理工具而言，对信息安全研究有以下优点：

（1）EA 是一个比较成熟的管理概念与工具，国外企业和政府机关已经获得比较广泛的应用，在我国也开始有一些应用。

（2）EA 的多层面兼顾了业务与技术发展问题。一个典型的 EA 具有业务（Business Architecture）、信息（Information Architecture）、解决（Solution Architecture）、技术（Technology Architecture）等四个层面结构，这个多层面的特点兼顾了业务与技术的发展。同时，在很多企业，实现 EA 架构的过程也是企业内部信息系统的重构过程，由首席信息官（Chief Information Office，CIO）来负责，这一实际设计有助于考虑信息安全的技术与管理问题及业务与安全的整合。

（3）EA 本身的重要作用。在国际上，经过十几年的实践，EA 已经是一个很成熟的方法论体系，欧美国家的一些企业都把 EA 架构能力作为评估企业信息化成熟度的核心要素。可以预计，在不久的将来，中国的政府部门及企业也会逐步采用和推广 EA 体系结构，达到合理有序、不断提升自己的信息化水平的目的。因此，在进行信息安全管理分析时，采用 EA 这一方法体系非常重要。

上面介绍了机构体系结构的定义和机构体系结构对信息系统安全的作用，下面解释机构体系结构的多层面结构与概念框架。EA 既是大型机构进行改革的一个系统性过程，也是一种方法论，在应用 EA 于信息安全领域时，着重从 EA 体系框架的多层架构/视角进行分析和探讨。EA 包含四层架构，这四层体系结构也可视为对机构信息化的四种视角。

（1）业务体系结构（Business Architecture）。业务体系结构是对业务功能的架构性描述，定义了机构内部所有业务系统的结构和内容，包括系统处理的信息和提供的服务功能。

（2）信息体系结构（Information Architecture）。信息体系结构是对通过数据模型实现信息功能的架构性描述，定义了机构内部所需要和使用的信息结构（包括相互依赖关系），涉及机构信息的结构和用途。根据机构的战略、战术和业务方面的要求，机构可对信息体系结构加以调整。

（3）解决方案体系结构（Solution Layout Architecture）。解决方案体系结构是对业务应用系统的解决方案和功能的架构性描述，是关于软件系统、指导机构的体系结构类型的重要决策集合。

（4）信息技术体系结构（Information Technology Architecture）。 信息技术体系结构是对信息技术的基础设施和功能的架构性描述，定义了整个信息系统中的技术环境和基础结构的平台，包括网络、操作系统、数据库、存储器、处理器、安全基础建设、系统运维等技术模块。信息技术体系结构是 IT 人员较为熟悉的部分。

EA 的总体体系框架把这四个结构（业务体系结构、信息体系结构、解决方案体系结构和信息技术体系结构）系统有序地关联在一起。通过这个体系框架，可以更清晰地把一个视角的考虑确定为另一个视角的需求。例如，EA 可以让技术人员明白，信息技术体系结构的建设目标是机构为获取商业利润、实现机构目的的产物。这意味着，即使是信息技术体系结构也不是纯粹的技术问题。

这四个视角的体系结构是信息安全需求的主要来源方向，也是信息安全的最终目标和落脚点。

在描述机构体系结构时，一般采用框架（Framework）的概念来实现。框架是一种详细地表述体系结构的模式，也可视为一种通用语言，可以用来开发 EA，也可用来管理、设计、描述 EA。EA 体系框架与具体机构设置和具体技术可以分开考虑，因此，EA 体系框架的概念可以适合各种领域。

目前，比较通用的框架主要有开放组织体系结构框（The Open Group Architecture Framework，TOGAF），Zachman 框架（Zachman Enterprise Architecture Framework），扩展性组织架构框架（Extended Enterprise Architecture Framework，E2AF），组织架构计划（Enterprise Architecture Planning，EAP），联邦政府组织架构框架（Federal Enterprise Architecture Framework，FEAF），集成架构框架（Integrated Architecture Framework，IAF），信息管理的技术体系结构框架（Technical Architecture Framework for Information Management，TAFIM）等。对 EA 及体系框架有浓厚兴趣的读者可查询相关资料以便深入了解。

前面介绍了机构体系结构的定义和机构体系结构在信息系统安全的作用，也解释了机构体系结构的多层面结构与概念框架。下面介绍机构体系结构在信息系统安全领域里的一些具体安排应用。再后是对 EA 的具体应用领域和方法的介绍。

1. EA 信息系统开发生命周期（Security Considerations of SDLC，SC of SDLC）中各阶段的应用。

EA 在 SDLC 的各阶段中都有具体应用，但最主要影响的范围还是在前期。

（1）初始阶段。 便于管理人员的理解，获得高层管理者的支持和人力物力的支持，所有涉项人员形成安全共识；提出信息系统的预期目标，并在 SDLC 中各阶段都关注其实现情况。

（2）需求分析阶段。 进行安全目标分析和安全需求分析。启动立项以及之前的安全需求分类，是构建信息系统过程中最重要的阶段。很多信息系统构建失败的原因是需求不完整或不正确，因此，通过 EA 将对业务和业务需求有更深刻的了解。安全需求是由机构体系结构四个层次的需求提取汇集而来的，分别是业务需求、信息需求、解决方案需求、信息技术需求。这些需求共同决定了信息系统的安全需求。

（3）系统设计阶段。 利用框架描述目前信息系统，包括所面临的问题、安全分类、集成方式等信息。从信息技术体系结构这一层面的分析对系统的设计和实现尤其重要，将关系到新的信息系统的设计和实现。具体需要了解的内容或领域包括：网络，系统和网络管理环境，基础应用程序，物理安全环境。

此外，在 SDLC 各阶段还需提供管理层易于理解的和基于业务考虑的风险评估审计报告。

2．EA 在风险管理、识别、评估和控制中的应用。

（1）风险管理、识别中的应用。 信息安全管理负责人和专业人员、信息技术管理负责人和专业人员，以及非技术的业务管理者和专业人员，这三个团队是设计信息系统的关键人员。在进行有效的风险管理之前，这三个团队的管理者，首先，必须了解机构运作的薄弱环节之所在；其次，是了解机构的信息如何处理、存储和传输，以及机构提供用于信息安全风险管理的资源。只有这样，才能制定出合理的安全战略防御计划和进行风险识别管理。

在评估信息资产价值时，设计者需要确定信息资产的相对价值，以体现其相对重要性，这也需要从机构的任务或机构目标出发。例如，怎样才能使资产带来最大效益？能使机构利润最大化？这些问题都不是信息安全部门所知道的信息，需要业务部门、财务部门的参与和合作。

（2）风险控制中的应用。 从 EA 的不同视角出发，在选择风险控制的实施手段时进行可行性分析，包括成本/效益分析、技术可行性分析、政策可行性分析、机构可行性分析、运作可行性分析，这也是 EA 的具体应用。例如，针对安全风险对业务影响的判断的问题，在识别威胁并划分防御处理优先级别时，也需要统计人员或财务人员的参与，务求在业务风险与信息系统建设成本之间取得平衡的理智判断。在这个问题上，使用 EA 的目的是评定选择、估计成本、考虑选择的相对优势，以及衡量各种控制方案的效益。

3．全面的信息安全战略规划和机构信息安全体系结构的设计。

如图 3-1 所示，EA 也可以应用到机构的信息安全战略规划和信息安全体系结构的设计过程中。

4．机构改革和人力资源管理。

EA 可以应用到机构改革和人力资源管理方面。利用 EA，机构可以选择或设计一种基于机构安全考虑的机构设置和人员编制，进行机构改革，以达到对信息安全的管理机制、管理模式的支持。不同的企业，其安全需求程度、侧重点不同，必将影响其实现信息安全规划的机制、方式。在决定信息安全机构设置后，再决定其中的角色设定和职责任务。在聘用信息安全专家或者对信息安全职位进行招聘信息介绍时，可利用 EA 将职位需求信息设计成易于为各方理解的通用描述。信息安全要将员工的招聘、雇用、考核等纳入安全考虑，这也需要人力资源部门的理解和支持。

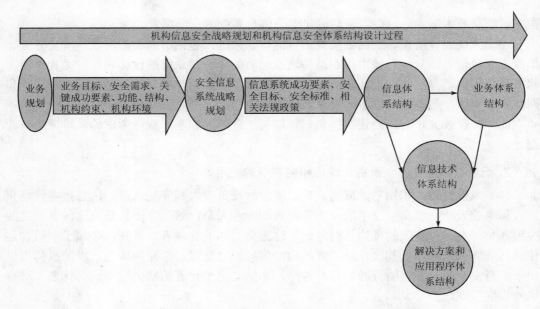

图 3-1　信息安全战略规划和信息安全体系结构的设计过程

最后，来总结一下机构体系结构在信息系统安全领域的一些重要影响。

首先，EA 把管理和业务的考虑合理有序地引入信息系统安全设计中，通过 EA 的总体框架，明确地提出信息系统的安全并不是一个单纯的技术问题，而制定信息系统安全目标的依据是管理的目标和业务需求。

其次，信息系统的设计和管理都应基于业务考虑，并有明确的安全目标：某一信息系统的运行要符合机构业务发展的需求，提高业务竞争能力，并且在防范风险的投入成本与盈益是平衡的。所谓的安全目标，是指安全的信息系统并不是单纯地要满足安全的理论定义的要求，而是为了机构的利益不受损害这一根本的安全目标，来进行设计和管理。

再次，组织机构设计大型信息系统时，要考虑组织自身的结构，信息系统要与现有的组织机制相对应。以税务信息系统为例，税务从业务上分为几个部门，则信息系统在设计时也可按照业务角度设计；在机构里，内部信息系统也应按具体部门功能的区别分为后勤、仓库存储、业务、采购等子系统。在信息系统设计的同时，要启动相应的管理制度和操作规范的制定工作，以确保有组织管理层面的基础。

因此，采用 EA 将对信息系统的构建和改进产生非常重大的影响，本章主要关注 EA 对信息系统安全的影响。

3.2.3　安全信息系统开发概述

安全信息系统的设计过程引入并遵循信息系统开发生命周期（Information System Development Life Cycle，ISDLC）进行。除此之外，还特别在设计过程中引入安全考虑，因此，又可视为"信息系统安全开发生命周期"（Information Security Considerations of SDLC，ISC of SDLC）。ISDLC 的具体内容参见第 16 章。

第 16 章主要参考了国外广泛采用的 NIST SP800—64——《信息安全开发生命周期中的安全考虑指南》。该指南介绍了把安全纳入信息系统开发生命周期的所有阶段（从初始阶段到最终处理阶段）的框架。本节主要结合安全需求分析，概述安全信息系统的设计过程。

引用 NIST SP800—64 的《指南》作为参考，SDLC 基本上可分为六个主要阶段。各阶段的安全措施与步骤如图 3-2 所示。

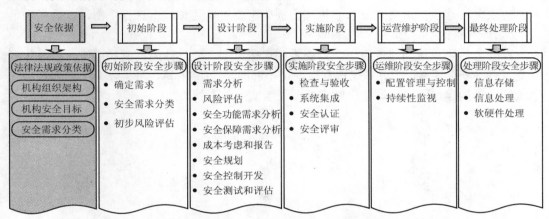

图 3-2　SDLC 六个主要阶段的安全措施与步骤

安全需求分析在信息系统设计初期进行，为了满足这些安全需求开发初期是从安全需求分析开始的。如之前解释的，安全需求是依据机构管理层对法律、治理、业务、成本等问题的综合考虑后的判断。当管理层确定了信息系统安全的含义与定义，并给予相应的资源支持后，开发团队便以此为核心考虑对信息系统安全需求进行全局的深入分析。SDLC 的各阶段都要有相应的安全考虑，因此，SDLC 的安全措施与步骤可视为安全需求的具体实现。

进行安全需求分类，则是源于之前的安全依据阶段的结果：安全需求要遵循国家的法律法规政策要求，要有利于机构业务目标的实现，是机构安全目标的细化结果，是通过利用 EA 分析后归类而得来的。在信息系统构建的初始阶段，各种安全目标和安全需求被确定后，将在各阶段具体实现和满足。

3.3　小结

经过以上对信息系统安全需求的介绍，可以总结出一些实际的、有用的安全信息系统构建原则。

在初始阶段和设计阶段，为了确保信息系统的安全属性真正达到设计时确定的安全目标，安全设计可以参照以下几个设计原则：

- 需要对应用系统进行风险分析；
- 确认安全风险并将安全需求具体化；
- 通过在应用中实现安全机制来满足安全需求；

- 安全机制被正确地设计。

在实施阶段至最终处理阶段，安全设计可以参照以下几个设计原则：

- 需要正确地实施安全机制；
- 需要正确地配置安全属性；
- 需要正确地使用和管理安全属性；
- 针对信息系统的安全管理有清晰的安全目标；
- 安全管理包括对安全需求的管理，例如，要对风险和成本进行平衡，以确保满足管理目标。

在安全信息系统构建过程中，需要遵循这些原则采取具体的机制和措施，以求达到安全目标和安全需求。但是，仅仅有原则是不够的，在第 16 章，将具体介绍如何在信息系统的具体构建过程使用这些原则来开发安全的信息系统。

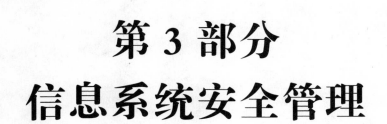

第 3 部分
信息系统安全管理

第 4 章
信息系统安全管理概述

信息系统的建立往往是一个机构为完成某项使命而进行信息化的一项建设工作。因此，整个信息系统的核心目标，就是完成机构所赋予的使命。一个机构的信息系统安全管理体系是从机构的安全目标出发，利用机构体系结构这一工具分析并理解机构自身的管理运行架构，从中加入安全管理理念，对实现信息系统安全所采用的安全管理措施进行描述，包括信息系统的安全目标、安全需求、风险评估、工程管理、运行控制和管理、系统监督检查和管理等方面，以期在整个信息系统开发生命周期内实现机构的全面可持续的安全目标。信息系统安全管理体系包含范围广，主要包括以下内容：

- 安全目标确定；
- 安全需求获取与分类；
- 风险分析与评估；
- 风险管理与控制；
- 安全计划制定；
- 安全策略与机制实现；
- 安全措施实施。

很明显，在信息系统安全管理体系的组成部分中，有很多的管理概念与管理过程是在技术考虑以外的，但却是选择技术手段的依据。例如，信息资产的重要性、风险影响的评估、应对措施的选择等问题，都需要机构的最高管理层对机构的治理、业务的需要、信息化的成本效益、开发过程管理等问题上做出管理决策。所以，从机构目标的角度看，信息安全管理并不是单纯的技术管理，也涉及整个机构长远发展的管理。

在管理学中，管理是指通过计划、组织、领导、控制等环节来协调人力、物力、财力等资源，以期有效达成机构目标的过程。在《管理的体系认证 ISO/IEC 9000:2000》的定义中，管理是指挥和控制机构的协调活动。机构的任何活动的协调、任何资源的调用，都属于管理的范畴。

管理的过程首先需要确定目标，使机构能够完成特定的使命。比如，对于一个企业，其目标是获得赢利。要达到这个目标，就必须有相应的资源。这些资源如何来组织，如何来使用，就需要通过领导、组织、控制等环节，来组织、利用、协调这些资源。只有管理好整个机构目前所拥有的和将来会拥有的内部资源，以及可以依靠的各种外部资源，才能达到机构所希望达到的目的——业务战略目标。这个过程就是管理。

信息安全管理也是管理的一种，其管理的对象就是信息安全。因此，信息安全管理，是指通过计划、组织、领导、控制等各个环节来协调各方面的资源，以期有效地达到机构信息安全目标的活动，最大限度地保证信息系统的安全。

4.1　信息系统安全管理概述

4.1.1　信息系统安全管理

信息系统安全管理本身是一个庞大的概念，理解信息系统安全管理的概念需要从管理的角度和安全的角度来进行。在管理学中，管理是指通过计划、组织、领导、控制等环节来协调人力、物力、财力等资源，以期有效达成组织目标的过程。信息安全管理也是管理的一种，具备管理的一般概念、内涵、外延，其管理对象就是信息安全。因此，信息安全管理，是指通过计划、组织、领导、控制等环节来协调人力、物力、财力等资源，以期有效达到组织信息安全目标的活动。

信息系统安全管理包含了几个关键词：信息、安全和管理。从管理的角度来看信息安全，首先需要理解管理的概念。对管理（Management）的通俗理解是：任何一种管理活动都必须由以下五个基本要素构成。

- 谁来管？回答由谁管的问题，谁来执行这个管理，即管理主体。
- 管什么？回答管什么的问题，管理对象是谁，即管理客体。
- 怎么管？回答如何管的问题：管理流程、管理制度、管理方法。
- 靠什么管？回答在什么情况下管的问题：需要的组织环境或条件。
- 管得怎么样：回答管理成效问题，如何评价管理流程和管理体系是否符合组织的业务战略目标，即考核管理能力和效果。

上述问题都涉及一些宏观管理的需要。例如，一般来说，管理主体与管理客体的认定都需要有法律的依据或者法律赋予的权力和责任。同样，管理的方法需要通过标准的制定使得安全管理更规范和有效。落实管理、考核管理效果的工作还需要机构的配合，按实际需要建立专责部门来执行安全管理的相关任务。

信息安全管理通常分为宏观管理和微观管理，如图 4-1 所示。信息安全宏观管理包括四个层次，

（1）需要政府制定的相关的信息安全战略方针，就信息安全提出宏观的方向、任务、目标；

（2）需要依据战略方针制定的各项政策（等级保护、风险评估、灾难恢复、应急响应、信息安全学科设置），政策制定是瞄准方向、完成任务、达到目标的方法。

（3）需要体现客观规律、社会利益和国家意志的法律和规范（等级保护规范、把等级保护作为法律层面的工作、信息安全条例、信息安全法规），法规对机构和个人的行为进行限制、约束，即确认管理主体和管理客体的义务与责任。

（4）需要制定各种标准来指导技术和管理行为，用标准来规范行为和技术。

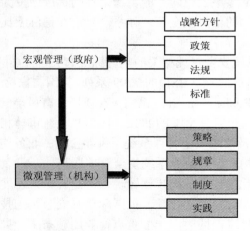

图 4-1　信息安全管理的条件

　　在微观管理层次，拥有和使用信息系统的机构必须为信息安全管理创造相应的微观管理条件，包括：

- 根据机构的信息化使命所需的安全保障来制定安全管理策略；
- 通过管理规章把策略具体化、明确化；
- 建立制度确保相关规章能有效地执行；
- 制定并实践管理过程的规定，以达到规范化的贯彻信息安全管理的策略、规章、制度。

　　图 4-1 所示的战略方针、政策、法规标准都属于宏观管理的范畴；从国家的层面来讲，关于信息安全管理战略方针与政策的问题，已在第 2 章解释了。由于信息安全的管理对于国家来说是一件非常重要的事情，因此，我们国家的最高领导明确指出，信息安全与政治安全、经济安全、文化安全一起构成了国家安全的重要组成部分。本节将逐一介绍宏观管理的几个问题。

　　微观管理层次的问题一般属于机构内部管理的范畴，常常通过机构内部建立的信息安全管理体系来解决。在 4.2 节将进一步解释机构的信息安全管理体系的重要概念和建设方法。

4.1.2　信息系统安全管理标准

　　标准是在一定范围内获得最佳秩序，对活动或其结果规定共同的和重复使用的规则、导则或特性的文件。该文件须经协商一致认定并由一个公认的机构批准。

　　信息系统安全标准是我国信息系统安全保障体系的重要组成部分，也是政府在信息安全领域进行宏观管理的重要依据。国际上有很多标准化组织在信息系统安全方面制定了许多标准，但是信息安全标准事关国家安全利益，任何国家都不会过分地相信和依赖别人，总要通过自己国家的组织和专家制定出自己可以信赖的标准来保护国家的利益。因此，很多国家在充分借鉴国际标准的前提下，都建立了自己的信息安全标准化组织，并针对自身的实际情况与需要来制定本国的信息安全标准。

　　近年来，国际 ISO/IEC 和西方一些国家开始发布和改版一系列信息安全管理标准，信息安全管理标准已经从零星的、随意的、指南性的标准演变为层次化、体系化、覆盖信息安全管理全生命周期的信息安全管理体系。目前在国际上比较热门的信息系统安全管理标准如图 4-2 所示。

　　目前，国际上信息系统安全管理相关的热门标准有 ISO/IEC 的国际标准 17799、13335 等。在西方国家，有英国标准协会（BSI）的 7799 系列，美国国家标准和技术委员会（NIST）的特别出版物（Special Publication, SP）系列；在我国，有风险管理、灾难恢复的国家政策。同时，还有与信息安全管理交叉的 ITIL、同信息系统审计相关的信息和相关技术的控制目标（CoBIT），以及信息安全管理系统、风险管理、业务连续性和灾难恢复等方面的国际、国家、组织机构和企业信息系统安全管理标准。

　　我国信息安全标准化工作虽然起步比较晚，但是近年来发展较快，从 20 世纪 80 年代开始，我国积极采用国际标准转化了一批国际信息安全基础技术标准，制定了一批符合中国国情的信息安全标准。同时，一些重点行业还颁布了一批信息安全的行业标准，为我国信息安全技术的发展做出了很大的贡献。

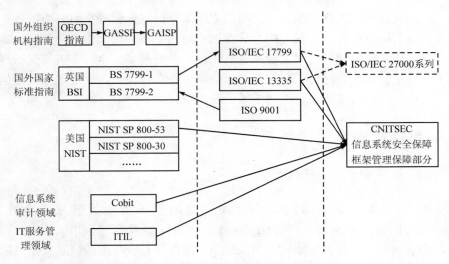

图 4-2　信息系统安全管理的热门标准

4.1.3　信息系统安全法规

　　法律赋予政府行政与执法的权利，同时也规范了每一个公民的社会行为，从而有效保障社会公众的生活与财产安全。信息安全保障也不例外，也需要相关的法律法规作为依据。

　　从 20 世纪 80 年代开始，世界各国陆续加强了计算机安全的立法工作。我国为了适应信息化的发展，国家及有关部门在国家宪法之下也陆续不断地制定颁布了一系列的相关法规，例如：

- 《中华人民共和国计算机信息系统安全保护条例》；
- 《商用密码管理条例》；
- 《中华人民共和国电信条例》；
- 《计算机信息系统国际联网保密管理规定》；
- 《互联网信息服务管理办法》；
- 《计算机信息系统安全专用产品检测和销售许可证管理办法》等。

　　国家及有关部门并对诸如《中华人民共和国刑法》等部分传统的法规进行了适应信息化发展的一些修订、补充。这些法律确立了信息系统安全保障的要求，也明确了对信息资产的入侵或破坏等行为的法律责任。这些法律也往往成为信息系统的安全需求与安全控制措施设计的依据。

4.1.4　信息系统安全组织保障

　　为保护国家安全、维护国家的利益，各国政府对信息安全非常重视，指定政府有关机构主管信息安全工作。这些组织是信息安全保障的一个重要组成部分，主要工作是针对与信息安全相关的立法、政策制定、执法与教育推广等宏观需要创造条件。

　　为了加强对信息化工作的领导，我国成立了国家信息化领导小组，由国务院领导亲自任组长，中央国家机关有关部委的领导参加小组的工作。国家信息化领导小组为强化计算机网络安全工作的领导，对工业和信息化部、公安部、安全部、国家保密局等部门在信息系统安全管理方面进行了职能分工，明确了各自的责任，对于保障我国信息化工作的正常发展，保护信息的安全起到了重要的作用。

4.2　信息系统安全管理体系

4.2.1　信息系统安全管理理论

　　当今最为通用的信息系统安全管理理论是基于风险的信息安全管理体系（Risk-Based Information Security Management System）。风险是与生俱来的，只要机构需要依靠信息系统来维持业务运作，机构就必须面对信息系统带来的信息安全风险。从机构的角度来讲，因为需要成本与效益的考虑和密码技术的缺陷，一个机构的信息系统不存在万无一失的绝对安全，因此，可以争取到的安全都是相对的。其实，这个相对安全的概念也包括信息系统以外的其他安全，如交通安全、电力安全，都是这样的。同样，也不可能要求机构能达到百分之百的信息安全。然而，在没有绝对安全的前提下，信息系统可以追求的就是基于风险控制的安全管理。

　　对于一个基于风险的信息安全管理体系来说，整个信息安全管理的基本概念就是基于"信息资产"与"风险管理"的信息安全。信息系统安全建设的宗旨之一，就是在综合考虑成本与效益的前提下，通过恰当、足够、综合的安全措施来控制风险，使残余风险降低到可以接受的程度。因此，信息安全通常是基于风险管理的，它是整个信息安全管理的核心，是一个主线。按照我们国家确定的国家层的信息安全管理和信息安全保障总体框架，整个信息安全保障工作就是以信息资产管理（Information Asset）为核心，以保障信息资产安全为前提。

　　因此，在信息系统安全管理工作上，强调基于风险的管理，不能忽视保护，也不要过度保护。例如，很明显不会为了保护一件 50 元钱的东西而在家里添置一个价值 10 万元的保险柜；同样道理，也不可能花 50 元钱的成本来保护价值 100 万元的财产。所以机构的安全管理必须综合考虑各种风险因素，找到一个合适的风险控制的措施来降低风险，使得降低后的残余风险达到机构可以接受的程度。

　　在介绍信息系统安全管理体系之前，为了读者更好掌握基于风险的信息安全管理的理论，必须先介绍几个跟风险有密切关系的关键概念。

　　（1）资产（asset）。维持机构业务与运作所需的重要信息，也是信息系统安全重点要保护的对象。

　　（2）威胁（threat）。由于信息资产的使用可以对机构的业务和运作构成重大影响，站在机构对立面的组织或个人可能为了业务竞争或个人利益而想方设法盗窃或损害机构的信息资产。这些可能破坏信息资产价值的途径、做法都是资产的威胁。

　　（3）漏洞（vulnerability）。由于信息系统的实现、配置和操作环境的特点，不是所有的威胁都能成功损害信息系统的资产；如果这些环境特点被攻击对手所掌握并加以利用而成功损害机构的信息资产，很明显这样的信息系统就存有安全漏洞。也就是说，攻击对手的威胁是利用系统的安全漏洞达到损害机构信息资产价值的目的。

（4）风险（risk）。安全威胁的可能性与系统漏洞的存在令机构面临信息资产受损害的安全风险。

（5）影响（impact）。不同的信息资产与不同的损害将对机构产生不同程度的负面影响；因此，风险可以对机构产某种程度的影响。

（6）控制措施（control measures）。机构采用适当的措施把风险控制在可以接收的程度。

（7）残余风险（residue risk）。基于成本考虑，风险不可能完全消除，剩下可以接受的为残余风险。

（8）限制（constraint）。即使是可以接受的残余风险也需要加以约束，以防因为一个子系统的小问题而引发另一个子系统失控的情况，并确保机构能对安全事故做出快速反应。

一般来说，基于风险的信息安全管理体系在分析风险后，都会利用一系列的安全技术措施来控制风险，以达到信息安全的目标。这是整个信息安全保障的过程。因此，信息安全保障的两大要素就是管理因素和技术因素，而且安全技术和安全管理必须并重。我们国家在 2003 年发布的信息安全保障框架中最重要的一个原则，就是必须保证管理和技术并重。然而，在这两个因素之外还有一个常被忽略的因素，就是人的因素，人参与了管理也使用了技术。人的因素，必须通过必要的安全提升和技术培训工作来解决，通过教育、考核、奖惩使得人的因素在整个信息安全管理的过程中找准他的位置，做好他的事情，发挥他的作用。本章主要解释信息安全管理体系，将在第 5 章介绍包括人员管理的一些管理措施；本书的第三部分将详细介绍基于安全技术的风险控制手段。

基于以上解释的风险概念，接下来介绍信息系统安全管理的方法。信息系统安全管理是用来实现和维护信息系统安全目标的过程，以到达满足整个机构对信息安全工作的总体目标。因此，信息安全管理的功能包括：

（1）确定机构 IT 安全目标、政策和策略；

（2）确定机构 IT 安全要求；

（3）标志和分析对机构内信息资产的安全威胁；

（4）根据信息系统的实际操作环境，进一步标志和分析威胁所带来的安全风险；

（5）实现合适的风险控制措施以降低或转移信息系统可能面临的风险；

（6）监督风险控制措施的实现和运作；

（7）制定和实现安全意识大纲，以及对事故的检测和反应。

至此，对风险的概念和安全管理的方法有了一定的认识；然而，从安全管理的理论过渡到安全管理的实践却充满挑战。如何合理有序地落实这些信息安全管理的功能，是机构在信息化过程中必须面对的难题。而管理过程当中所牵涉的政策、制度、部门、人员与技术领域等，都是非常烦琐和复杂的。针对这个问题，西方国家提出了信息安全管理体系的概念，并制定了信息安全管理体系标准。下面详细介绍信息安全管理体系的概念和功能。

4.2.2　信息系统安全管理的基础模型

目前，通用的信息系统安全体系的方法都来源于质量管理的模型。很明显，信息系统的安全也是信息系统质量的一个考虑因素。要了解当前的信息系统安全管理的基本概念，必须先知道质量管理的模型的概念，以及信息系统安全管理如何从质量管理演变而来。

第二次世界大战后，美国国防部汲取第二次世界大战中军品质量优劣的经验和教训，决定在军火和军需品订货中实行质量保证，即供方在生产所订购的货品中，不但要按需方提出的技术要求保证产品实物质量，而且要按订货时提出的且已订入合同中的质量保证条款要求去控制质量，并在提交货品时提交控制质量的证实文件。这种办法促使承包商进行全面的质量管理，取得了极大的成功。

1978 年以后，质量保证标准被引用到民品订货中来，英国贸易和工业部（DTI）推动制定了一套质量保证标准——BS 5750。随后欧美很多国家，为了适应供需双方实行质量保证标准并对质量管理提出的新要求，在总结多年质量管理实践的基础上，相继制定了各自的质量管理标准和实施细则。

通过广泛协商，ISO 于 1987 年发布了世界上第一个质量管理和质量保证系列国际标准——ISO 9000 系列标准。该标准的诞生是世界范围质量管理和质量保证工作的一个新纪元，对推动世界各国工业企业的质量管理和供需双方的质量保证，促进国际贸易交往起到了很好的作用。

ISO/TC176 分别于 1994 年和 2000 年对 ISO 9000 质量管理标准进行了两次全面的修订。ISO 组织颁布的 ISO 9000:2000 系列标准有四个核心标准：

- ISO 9000:2000 质量管理体系基础和术语；
- ISO 9001:2000 质量管理体系要求；
- ISO 9004:2000 质量管理体系业绩改进指南；
- ISO 19011:2002 质量和（或）环境管理体系审核指南。

参照质量管理体系，英国的 BSI 提出了信息安全管理标准 BS 7799 系列，即 1nformation Security Management – Part 1: Code of Practice for Information Security Management; Part 2: Specification for Information Security Management Systems。现在熟悉的信息安全管理方法的若干重要概念都是当时在 BS 7799 中提出的，这包括之前提到的基于风险的安全概念的两个基础概念：

（1）风险评估。评估信息安全漏洞对信息处理设备带来的威胁和影响及其发生的可能性。

（2）风险管理。以可以接受的风险的确认来控制排除可能影响信息系统的安全风险或将其带来的危害最小化的过程。

目前国际流行的信息安全管理体系（ISMS），即 ISO/IE 17799 及 ISO 27001，也是从 BS 7799 演变出来的。

ISO 27000 系列是目前我们国家所倾向采用的安全管理体系。27000 系列开始于 2005 年，由 ISO SC27 WG1 小组推出。ISO 27000 系列包括 6 个标准，如表 4-1 所示。

表 4-1　ISO 27000 系列

00	原则和术语		
01	要求	04	管理度量
02	控制措施	05	风险管理
03	实施指南	06	认可要求

ISO 27000 整个标准的结构如图 4-3 所示。

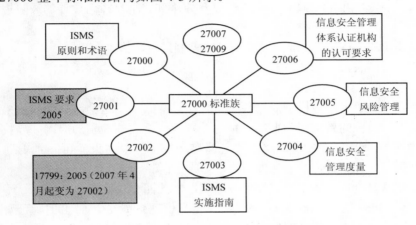

图 4-3　ISO 27000 整个标准的结构

4.2.3　信息系统安全管理过程

信息安全管理体系（Information Security Management System，ISMS）是机构整体管理体系的一个部分，是机构在整体或特定范围内建立信息安全方针和目标，以及完成这些目标所用方法的体系。基于对业务风险的认识，信息安全管理体系包括建立、实施、操作、监视、复查、维护和改进信息安全等一系列的管理活动，并且表现为机构结构、策略方针、计划活动、目标与原则、人员与责任、过程与方法、资源等诸多要素的集合。目前在国际上最受到广泛采纳的信息安全管理体系是 ISO 和 IEC 联合推出的 ISO/IEC 17799 及 ISO/IEC 27001 标准。

信息安全管理体系是质量管理的一种，也是机构的整体管理的一部分。一个高效的信息安全管理体系跟其他的管理过程一样，必须因应机构内外环境的变更而做出相应的改变。因此，目前最受广泛应用的信息安全管理体系也都采用了管理学里的 PDCA（Plan-Do-Check-Act）管理过程方法来达到不断自我完善的目的。管理学里的 PDCA 周期是一个问题解决过程（Problem-Solving Process）的动态模型，这个模型一般使用于业务过程改进（Business Process Improvement）的问题上。在管理学里，PDCA 是一个包含如下四个阶段的周期：

（1）规划阶段（Plan）。确立业务目标以及为达到目标而设计的过程与措施。

（2）实施阶段（Do）。实现新设计的过程与措施。

（3）检查（Check）。检查新设计的过程与措施的使用效果，并跟预期的目标作比较。

（4）处置（Act）。经过检查后，决定是否可以继续使用这个新设计。如果新实现的过程与措施的效果跟预期的目标有差别，分析这些差别的原因并寻找原来规划阶段设计的业务过程有什么地方需要做出调整。处置阶段结束后再回到规划阶段重复 PDCA 的周期，直到业务效果达到预期的目标为止。

PDCA 周期的过程改进模型可以应用到信息系统安全管理的工作中。那么，把 PDCA 原来的四个阶段套用到信息安全管理体系里就成了以下的四个阶段的周期：

（1）规划阶段（Plan）。确立安全目标以及为达到安全目标而设计的风险控制过程与措施。

（2）实施阶段（Do）。实现新设计的风险控制过程与措施。

（3）检查（Check）。检查新设计的风险控制过程与措施的使用效果，并跟预期的目标作比较。

（4）处置（Act）。经过检查后，决定是否可以继续使用这个新设计。如果新实现的风险控制过程与措施的效果跟预期的目标有差别，分析这些差别的原因并寻找原来规划阶段设计的业务过程有什么地方需要做出调整。处置阶段结束后再回到规划阶段重复 PDCA 的周期，直到业务效果达到预期的目标为止。

因此，信息安全管理体系的过程可以通过以下的四个阶段进行：

（1）规划（Plan i.e. Establish the ISMS）。定义信息系统安全管理的执行范围和政策，执行风险评估，对风险评估处理做出决定，选择控制措施。

（2）实施（Do i.e. Implement, Operate the ISMS）。执行风险评估处理计划，执行控制，执行培训提高安全意识（Security Awareness Training），将信息系统安全管理放到操作使用中。

（3）检查（Check i.e. monitor, review the ISMS）。执行监控进程，执行定期检查，检查剩余风险和可接受的风险，内部审计，检查改进是否达到目标。

（4）处置（Act i.e. Maintain and Improve the ISMS）。决定新实现的风险处理计划与控制措施是否可以满足安全需求，分析需要改进的地方，矫正性和预防性的活动，传达结果。

4.2.4　信息系统安全管理体系的建立

ISO 27001 是建立和维护信息安全管理体系的标准，它要求应该通过 PDCA 的过程来建立 ISMS 框架。其重点关注的问题包括：确定体系范围，制定信息安全策略，明确管理职责，通过风险评估确定控制目标和控制方式。新信息安全管理体系一旦建立，机构应该按照 PDCA 周期来实施、维护和持续改进 ISMS，保持体系运作的有效性。此外，ISO 27001 非常强调信息安全管理过程中文件化的工作，ISMS 的文件体系应该包括安全策略、适用性声明（选择与未选择的控制目标和控制措施）、实施安全控制所需的程序文件、ISMS 管理和操作程序，以及组织围绕 ISMS 开展的所有活动的证明材料。

ISO 27001 由安全管理要求（Security Management Requirements）组成，安全管理要求又具体分为过程方法要求和安全控制要求两种。

（1）过程方法要求（Methodological Requirements）：机构根据业务风险要求而建立、

实施、运行、监视、评审、保持和改进文件化的信息安全管理体系规定。

（2）安全控制要求（Security Control Requirements）。为机构选择可以满足自身信息安全环境要求的控制措施而提供的一个最佳实践集，当然，机构也可以根据自身的特定要求对安全控制措施进行补充。

其中，ISO 27001 的过程方法要求基于 PDCA 的过程方法设计。因此，ISMS 的建立过程主要包括：

- 制定信息安全方针；
- 定义 ISMS 的范围；
- 进行风险评估；
- 进行风险管理与控制；
- 选择要实施的控制目标及方法；
- 准备适用性声明。

确定 ISMS 的范围（Scope）是实施 ISO 27001 认证项目最关键的前提条件，只有在明确实施范围之后，整个项目各阶段的活动才能有秩序、有控制地进行。通常范围的确定有两种情况：一种是将整个机构都纳入 ISMS 的范围之内；另一种是只针对个别单位或部门。如果是整个机构的话，它的好处是界限分明、统一管理、利于长期发展，也利于与其他管理体系（如 ISO 9001、ISO 14001 等）有效融合，最终形成企业统一的文化。但它的前提是，管理层必须充分授权，并且有一个权威机构（或人员）来统一协调组织各个部门之间的事务。如果 ISMS 的范围只针对个别部门或单位的话，它的优点是范围小、可控性强、易于操作和实施，在实施过程中积累的经验教训，可以为以后扩大范围到其他部门甚至整个组织而汲取。不过，这种方式要求实施 ISMS 的部门独立性很强，与机构的其他部门关系不一定紧密，而且，容易引发机构整体发展的不均衡。

信息安全实质上是风险管理的问题，风险管理是围绕信息安全风险而展开的评估、处理和控制活动。其中，风险评估更是建立信息安全管理体系的先决条件，是 PDCA 中 Plan 阶段最关键的一项活动。基于风险评估，机构可以对当前的信息安全状况有一个系统全面的了解，找出潜在问题，分析原因，判断严重性和影响，并以此来确定机构自身在信息安全建设方面的需求。BS 7799 标准明确提出，机构所有选择控制目标和控制的举动，都应该根据由风险评估而导出的真实需求而来。图 4-4 描述了关于风险及相关要素之间的关系，这种关系构成了风险管理的理论基础。

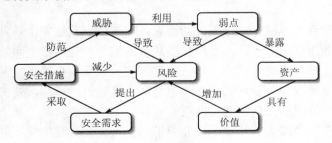

图 4-4 风险及其相关要素的区别

风险评估得出结果，意味着组织真正掌握了自身的信息安全需求，接下来最关键的就是对症下药，制定并实施有效的风险处理计划。风险处理计划可以是分阶段、分层次的，组织在制订计划时应该优先考虑与关键业务最紧密相关的信息系统环境。不过，无论优先顺序如何考虑，组织都有必要有计划地实施以下事务：

- 制定信息安全管理策略；
- 组建信息安全管理组织；
- 建立信息安全运行流程；
- 执行信息安全管理体系；
- 改进信息安全管理体系。

ISO 27001 的过程方法要求基于 PDCA 的过程方法设计，而安全控制要求则包括以下 11 项。

（1）物理环境安全。安全区域、设备安全。

（2）信息资产管理。资产责任、资产分类。

（3）采购开发安全。信息系统的安全要求、应用层数据处理的安全要求、基于密码的控制、系统文件的安全、开发和支持过程中的安全、技术脆弱性管理。

（4）运行维护安全。操作程序和职责、第三方服务、系统规划和验收、防范恶意和移动代码、备份、网络安全管理、介质处置、信息的交换、电子商务、监视。

（5）访问控制安全。访问控制的业务要求、用户访问管理、用户职责、网络访问控制、操作系统访问控制、应用和信息访问控制、移动计算和远程工作。

（6）人员安全管理。任用前、任用中、任用后。

（7）安全组织结构。内部组织、外部各方。

（8）安全事件管理。报告信息安全事件和弱点、信息安全事故和改进的管理。

（9）业务持续管理。业务连续性管理的信息安全方面。

（10）信息安全方针。信息安全方针文件、信息安全方针的评审。

（11）符合性。符合法律要求、符合安全策略和标准及技术符合性、信息系统审核考虑。

安全控制要求的问题在本书的第 4 部分将做详细解释，符合性的一些具体问题将在本书的第 5 部分介绍。

4.3　小结

信息系统安全管理本身是一个庞大的概念，理解信息系统安全管理的概念需要从管理的角度和安全的角度来进行。本章解释了从管理的角度理解信息系统安全的问题，解释了信息系统安全管理也是管理的一种；而且，信息系统安全管理也是质量管理的一个特例。因此，信息系统安全管理的基础模型是从质量管理的模型演变出来的。本章也介绍了信息系统安全管理的一些宏观与微观的条件。本章重点解释了基于风险的信息系统安全管理概念，在这个概念的基础上，介绍了信息系统安全管理体系的基础模型、管理过程和管理体系的建立方法。

第 5 章
信息系统安全风险管理与控制

本章将对信息系统存在的缺陷进行阐述，并在此基础上介绍风险管理的概念及风险管理的内容。本章也将解释风险管理过程的主要步骤，包括对象确立、风险评估、风险控制和审核批准。由于风险评估的概念比较复杂，其过程也较其他的步骤烦琐，因此，本章重点介绍风险管理中的对象确立、风险控制手段和审核批准的内容。风险评估以及作为风险评估的主要手段的风险分析，将会在第 6 章中详细介绍。

5.1 信息系统的安全缺陷与限制

机构管理的一个基本原则是通过提高效率与成本效益来保持竞争力。在这个前提下，信息系统安全的目标不可能是简单地追求绝对安全。在实际机构环境内，除了技术缺陷导致信息系统不可能达到绝对安全外，效率与效益的考虑也使得机构管理者意识到追求绝对安全是不应该的。

对于基于风险的信息系统安全理论来说，整个信息系统安全的基本概念就是"信息资产"与"风险管理"。信息系统安全建设的宗旨之一，就是评估信息系统面临的安全风险，并在综合考虑成本与效益的前提下，通过恰当的综合安全措施来控制风险，使残余风险降低到可以接受的程度。在这里，残余风险是指已采用的安全措施所不能控制或避免的风险；残余风险的存在通常是出于信息系统建设过程中的成本与现实考虑导致的。

因此，在信息系统安全管理的工作上，要强调基于风险的管理，不能忽视保护，也不要过度保护。所以机构的安全管理必须综合考虑各种风险因素，找到一个合适的风险控制的措施来降低风险，使得降低后的残余风险达到机构可以接受的程度。

此外，信息系统的安全缺陷与所面临的威胁是与机构信息化的特征有密切关系的。例如，信息化的低成本特征、无疆界特征、开放性特征和信息化的匿名性特征，这些特征都使得信息系统的环境复杂多变，并且必须面对成本的限制。因此，信息系统安全充满了挑战。

由于机构的信息化建设都必须面对上述的实际考虑，建设与运营的网络化信息系统可能因此存在着系统设计缺陷、隐含于软硬件设备的缺陷、系统集成时带来的缺陷，以及某些管理薄弱环节等缺陷与限制。这些问题的存在，将使处于复杂环境的信息系统潜藏着若干不同程度的安全风险，而使机构的信息资产有可能遭到破坏。

当信息系统中拥有对机构极为重要的信息资产时，信息系统安全建设尤其重要，但同时也充满挑战。可是，人们的认识能力和实践能力是有局限性的，所以信息系统存在脆弱性是很难完全避免的。因此，信息系统的价值及其存在的脆弱性，使信息系统在现实环境中，总要面临各种人为的与自然的威胁，比如：

- 自然灾害；
- 误操作和安全生产事故；
- 病毒、蠕虫，以及网络攻击；
- 由于信任体系不完善，借助信息化手段进行欺诈；
- 因内部因素而造成的信息、数据的修改和丢失，以及内部泄密；
- 因外部因素造成信息、数据的泄露、篡改和丢失；
- 采用安全防范措施尚不到位的高端技术。

5.2　信息系统安全风险管理

所谓"天有不测风云，人有旦夕祸福"，风险也是个传统概念。风险管理作为商业机构的一种管理活动，起源于 20 世纪 50 年代的美国。当时美国一些大公司发生的重大损失使公司高层决策者开始认识到风险管理的重要性。其中，一次是 1953 年通用汽车公司在密歇根州的一个汽车变速箱厂因火灾导致重大的资产损失，并成为美国历史上损失最为严重的 15 起重大火灾之一。

信息系统安全风险管理是把风险管理工作纳入整个信息系统安全管理中。信息系统安全风险管理的目的，是运用科学的方法和手段，系统地分析网络与信息系统所面临的威胁及其存在的脆弱性，评估安全事件一旦发生可能造成的危害程度，提出有针对性的抵御威胁的防护对策和整改措施。并为防范和化解信息安全风险，或者将风险控制在可以接受的水平，从而最大限度地为保障网络和信息安全提供科学依据。（国信办[2006]5 号文件）

5.2.1　风险管理与风险评估的概念

正如之前解释的，安全概念源于风险。在信息化建设中，建设与运营的信息系统，由于可能存在的系统设计缺陷、隐含于软硬件设备的缺陷、系统集成时带来的缺陷，以及可能存在的某些管理薄弱环节，尤其是当信息系统中拥有极为重要的信息资产时，都将使得处于复杂环境的网络与信息系统潜藏着若干不同程度的安全风险。

任何信息系统都会有面临安全风险的可能。信息安全建设的宗旨之一，就是在综合考虑成本与效益的前提下，通过安全措施来控制风险，使残余风险降低到可接受的程度。所以，人们追求的所谓安全信息系统，实际上是指信息系统在实施了风险评估并做出风险控制后，仍然存在的残余风险但可被接受的信息系统。因此，信息系统安全的建设，必须运用信息系统安全风险评估的思想和规范，对信息系统开展全面、完整的安全风险评估。

一般来说，基于风险的信息系统安全管理体系在分析风险后，都会利用一系列的安全技术措施来控制风险，以达到信息系统安全的目标。依据风险评估结果制定的信息安全解决方案，可以最大限度地避免盲目追求安全而浪费资源，从而使机构在信息安全方面的投资获得最大的收益。

同时，风险管理过程中所产生的风险评估报告，可以让机构不断深入地发现系统建设中的安全隐患，提出有针对性的解决方法，及时采取符合经济效益的安全保障措施，来消除安全建设中的盲目乐观或盲目恐惧。机构可以因此而提高系统安全的科学管理水平，进而全面提升信息系统的安全保障能力。

因此，风险管理和风险评估是信息系统安全的基础性工作。信息系统安全中的风险评估是传统的风险理论和方法在信息系统中的运用，是科学地分析和理解信息与信息系统所面临的安全风险，并在风险的减少、转移和规避等风险控制方法之间做出决策的过程。风险评估将导出信息系统的安全需求，所有信息安全建设都应该以风险评估为起点。

风险评估的结果是风险管理决策的依据，实际的风险评估工作甚至可以成为有关机构对信息系统进行评估、检查，乃至对信息系统相关部门进行绩效考核的有效手段，但其直接目的仍是为了管理安全风险。只有在正确、全面地了解和理解安全风险后，才能决定如何管理安全风险，从而在信息安全的投资、信息安全措施的选择、信息安全保障体系的建设等问题上做出合理的决策。

进一步说，持续的风险评估工作可以成为检查信息系统本身乃至信息系统拥有单位的绩效的有力手段，风险评估的结果能够供相关主管单位参考，并使主管单位通过行政手段对信息系统的立项、投资、运行产生影响，促进信息系统拥有单位加强信息安全建设。

从构建信息系统的实际考虑出发，风险管理也是等级防护的具体体现。一般来说，信息安全建设的基本原则应当是：必须从实际出发，坚持风险等级防护和突出重点。风险管理正是这一原则在实际工作中的具体体现。从理论上讲，绝对安全的信息系统并不存在，实践中也不可能做到绝对安全，风险总是客观存在的。安全是风险与成本的综合平衡。盲目追求安全和回避风险是不现实的，也不是等级防护原则所要求的。要体现等级保护的原则，就必须正确地评估风险，从实际出发、突出重点，以便采取科学、客观、经济和有效的措施。

5.2.2　风险管理与风险评估的基本要素

风险管理的基本要素包括：资产、威胁、脆弱性和风险。图 5-1 所示是国际标准 ISO/IEC 13335-1:2004（Information Technology – Security techniques – Management of Information and Communications Technology Security – Part 1: Concepts and Models for Information and Communications Technology Security Management）中描述的安全风险管理要素的关系：在安全事件中，威胁利用了脆弱性，对资产进行破坏，导致了一些后果；这个安全事件的发生不是百分之百一定发生的，而是有一定的概率，从而形成了一定的安全风险。这些安全风险确定了保护的要求，信息系统安全建设需要根据保护要求来构造保护措施，通过落实综合的保护措施来降低或转移、规避风险，把风险控制在可接受的水平。

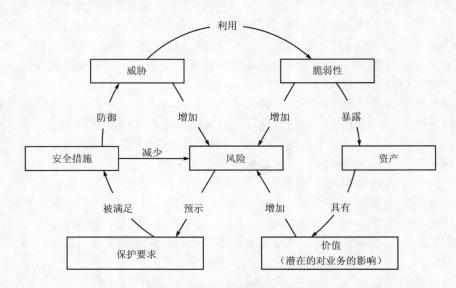

图 5-1　ISO/IEC 13335 描述的安全风险管理要素的关系

我们国家的安全标准也有类似的规范。图 5-2 所示是国家标准的信息安全评估规范里涉及的一些相应的要素，并明确了这些要素在风险管理过程中存在的相互关系。

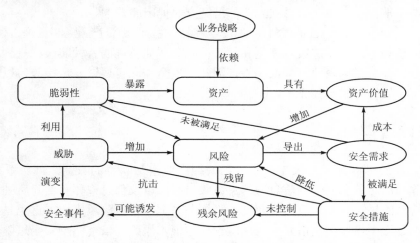

图 5-2　国家标准的信息安全管理规范里涉及的一些相应的要素

在图 5-2 中，方框部分的内容为风险评估的基本要素；椭圆部分的内容是与这些要素相关的属性。风险评估围绕着基本要素展开，同时需要充分考虑与基本要素相关的各类属性，包括：

（1）业务战略。一个单位通过信息化要来实现的工作任务。

（2）依赖度。一个单位的使命对信息系统和信息的依靠程度，业务战略的实现对资产具有依赖性，依赖程度越高，要求其风险越小。

（3）资产。通过信息化建设积累起来的信息系统、信息、生产或服务能力、人员能力和赢得的信誉等；资产是有价值的，组织的业务战略对资产的依赖程度越高，资产价值就越大。

（4）价值。资产的重要程度和敏感程度。

（5）威胁。一个单位的信息资产的安全可能受到的侵害。威胁由多种属性来刻画。威胁的主体（威胁源）、能力、资源、动机、途径、可能性和后果。

（6）脆弱性。信息资产及其防护措施在安全方面的不足和弱点。脆弱性也常常被称为弱点或漏洞。脆弱性是未被满足的安全需求，威胁利用脆弱性危害资产。资产的脆弱性可以暴露资产的价值，资产具有的弱点越多则风险越大。

（7）风险。风险是由威胁引发的，资产面临的威胁越多则风险越大，并可能演变成安全事件。风险用意外事件发生的可能性及发生后可能产生的影响两种指标来衡量。风险是在考虑事件发生的可能性及其可能造成的影响下，脆弱性被威胁所利用后所产生的实际负面影响。风险是可能性和影响的函数，前者指威胁源利用一个潜在脆弱性的可能性，后者指不利事件对组织机构产生的影响。

（8）残余风险。采取安全防护措施提高了防护能力后，仍然可能存在的风险。残余风险是未被安全措施控制的风险。有些是因为安全措施不当或无效，需要加强才可控制的风险；而另一些则是在综合考虑了安全成本与效益后未去控制的风险；残余风险应受到密切监视，因为它可能会在将来诱发新的安全事件。

（9）安全需求。风险的存在和对风险的认识导出安全需求。安全需求是为保证单位的使命能够正常行使，而在信息安全防护措施方面提出的要求。

（10）安全防护措施。这是对付威胁，减少脆弱性，保护资产，限制意外事件的影响，检测、响应意外事件，促进灾难恢复和打击信息犯罪而实施的各种实践、规程和机制的总称。安全措施可抵御威胁，降低风险，因此，安全需求可通过安全措施得以满足，但需要结合资产价值考虑实施成本。

5.3　风险管理

风险管理是机构管理者权衡保护措施的经济成本与获得的收益之间关系的一个过程。风险管理的对象主要包括信息与信息系统自身，以及信息载体和信息所处的环境。进行风险管理的最终目的，就是要在这种平衡关系下，将风险最小化，这也是在信息系统生命周期过程中需要实施信息安全风险管理的根本原因。信息系统安全风险管理是信息系统安全保障工作中的一项基础性工作，它贯穿于信息系统生命周期的整个过程。

如图 5-3 所示，信息系统安全风险管理的内容和过程包括：对象确立、风险评估、风险控制和审核批准。

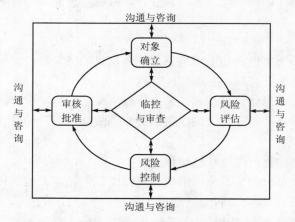

图 5-3　信息系统安全风险管理的内容和过程

对象确立是信息系统安全风险管理的第一步，其目的是为了明确信息系统安全风险管理的范围和对象，以及对象的特性和安全要求。对象确立的主要内容，是根据信息系统的业务目标和特性确定风险管理对象。

如图 5-4 所示，对象确立的内容包括：风险管理准备、信息系统调查、信息系统分析和信息安全分析四个步骤。风险管理准备阶段的任务是制定信息系统的风险管理计划；然后是信息系统调查阶段，针对信息系统的业务目标、业务特性、技术特性和管理特性作深入而全面的调查；信息系统调查的结果可以用信息系统分析的依据，从而分析信息系统的体系结构和关键要素；基于系统分析的结果，再对信息系统做初步的安全分析，以了解信息系统的安全环境和安全要求。最后，从这些分析结果确立信息系统的风险管理对象。表 5-1 中总结了对象确立过程的相关文档。

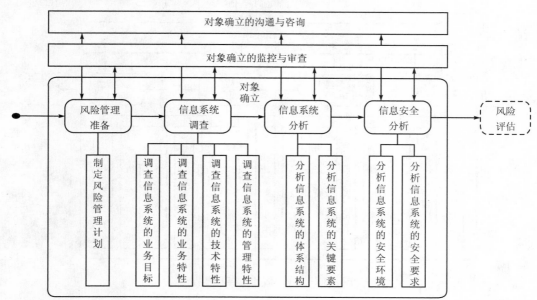

图 5-4　对象确立的内容和过程

表 5-1　对象确立过程的相关文档

阶　　段	输 出 文 档	文 档 内 容
风险管理准备	《风险管理计划书》	风险管理的目的、意义、范围、目标、组织结构、经费预算和进度安排等
信息系统调查	《信息系统的描述报告》	信息系统的业务目标、业务特性、管理特性和技术特性等
信息系统分析	《信息系统的分析报告》	信息系统的体系结构和关键要素等
信息安全分析	《信息系统的安全要求报告》	信息系统的安全环境和安全要求等

　　风险评估是信息系统安全风险管理的第二步。在确立风险管理对象之后，风险评估针对确立的风险管理对象所面临的风险进行识别、分析和评价。风险评估的内容和过程如图 5-5 所示。关于风险评估更详细的内容参见第 6 章。

　　风险控制是信息安全风险管理的第三步。风险控制的目的是依据风险评估的结果，选择和实施合适的安全措施。风险控制方式主要有规避、转移和降低三种方式。

　　如图 5-6 所示，风险控制的过程主要包括：现存风险判断、控制目标确立、控制措施选择和控制措施实施四个步骤。在完成风险评估工作后，风险控制工作先针对评估结果判断信息系统面临的风险是否可以接受。如果风险被判断为可以接受的话，现存风险判断报告的结果必须得到进一步的审核批准。反过来，如果风险被判断为不可以接受的话，那么风险控制阶段必须从技术层面、组织层面和管理层面，分析风险控制需求，并确立风险控制目标。然后，在已确立的风险控制目标基础上，选择风险控制方式与风险控制手段，制定风险控制计划，并实施已选择的风险控制措施。表 5-2 中总结了风险控制过程的相关文档。最后，风险控制阶段产生的结果必须得到进一步的审核批准。

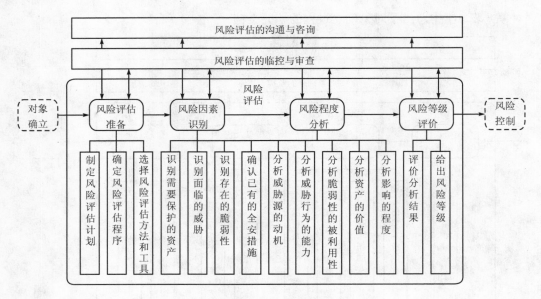

图 5-5　风险评估的内容和过程

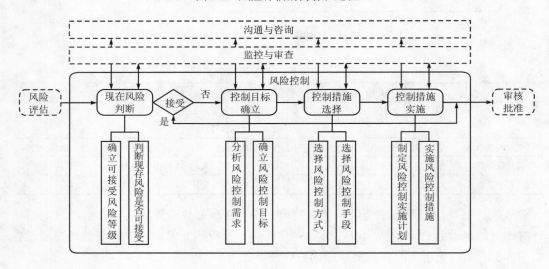

图 5-6　风险控制的内容和过程

表 5-2　风险控制过程的相关文档

阶　　段	输 出 文 档	文 档 内 容
现存风险判断	《风险接受等级划分表》	风险接受等级的划分，即把风险评估得出的风险等级划分为可接受和不可接受两种
	《现存风险接受判断书》	现存风险是否可接受的判断结果
控制目标确立	《风险控制需求分析报告》	从技术层面（物理平台、系统平台、通信平台、网络平台和应用平台）、组织层面（结构、岗位和人员）和管理层面（策略、规章和制度），分析风险控制的需求

续表

阶　段	输　出　文　档	文　档　内　容
控制目标确立	《风险控制目标列表》	风险控制目标的列表，包括控制对象及其最低保护等级
控制措施选择	《入选风险控制方式说明报告》	选择合适的风险控制方式（包括规避方式、转移方式和降低方式），并说明选择的理由，以及被选控制方式的使用方法和注意事项等
控制措施选择	《入选风险控制措施说明报告》	选择合适的风险控制措施，并说明选择的理由，以及被选控制措施的成本、使用方法和注意事项等
控制措施实施	《风险控制实施计划书》	风险控制的范围、对象、目标、组织结构、成本预算和进度安排等
控制措施实施	《风险控制实施记录》	风险控制措施实施的过程和结果

审核批准是信息系统安全风险管理的第四步。审核批准包括审核和批准两部分：审核是指通过审查、测试、评审等手段，检验风险评估和风险控制的结果是否满足信息系统的安全要求；批准是指机构的决策层依据审核的结果，做出是否认可的决定。

审核既可以由机构内部完成，也可以委托外部专业机构来完成，这主要取决于信息系统的性质和机构自身的专业能力。批准一般必须由机构内部或更高层的主管机构的决策层来进行。

如图 5-7 所示，审核批准阶段包括：审核申请、审核处理、批准申请、批准处理和持续监督五个步骤。这阶段从受理审核申请开始，申请方需要提交申请书和审核材料，审核材料主要包括风险评估过程和风险控制过程的输出文档。在同意受理申请后，审核机构开始处理审核工作，审核处理内容包括审查、测试和专家鉴定，并在最后形成审核结论。然后，把审核报告提交到批准申请。如果批准申请获得受理的话，批准处理步骤便可以开始，并在最后做出批准决定。批准决定书的内容一般包括批准范围、对象、意见、结论和有效期等。获得通过的批准需要受到持续的监督。表 5-3 总结了审核批准过程产生的相关文档。

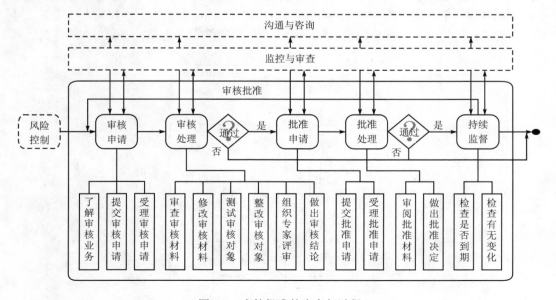

图 5-7　审核批准的内容与过程

表 5-3　审核批准产生的相关文档

阶　段	输　出　文　档	文　档　内　容
审核申请	《审核申请书》	审核的范围、对象、目标和进度要求，以及申请者的基本信息和签字等
	《审核材料》	风险评估过程和风险控制过程输出的文档、软件和硬件等结果
	《审核受理回执》	同意受理、补充材料的要求和提交时间（如果需要）、审核的进度安排和收费标准，以及审核机构的名称和签章等
审核处理	《审查结果报告》	审查的范围、对象、意见和结论（是否通过），以及审查人员的名字和签字等
	《测试结果报告》	测试的范围、对象、意见和结论（是否通过），以及测试人员的名字和签字等
	《专家鉴定报告》	鉴定的范围、对象（极其基本情况）和结论，以及专家名单和签字等
	《审核结论报告》	审核的范围、对象、意见、结论（是否通过）和有效期，以及审核机构的名称和签章等
批准申请	《批准申请书》	批准的范围、对象和期望，以及申请者的基本信息和签字等
	《批准受理回执》	同意受理、补充材料的要求和提交时间（如果需要），以及批准机构的名称和签章等
批准处理	《批准决定书》	批准的范围、对象、意见、结论（是否通过）和有效期，以及批准机构的名称和签章等
持续监督	《审核到期通知书》	到期的时间和重新申请的要求，以及审核机构的名称和签章
	《批准到期通知书》	到期的时间和重新申请的要求，以及批准机构的名称和签章等
	《机构变化因素的描述报告》	机构及其信息系统变化因素的列表、说明和安全隐患分析等
	《环境变化因素的描述报告》	信息安全相关环境变化因素的列表、说明和安全隐患分析等

如图 5-3～图 5-7 所示，整个风险管理过程都需与跟机构内的相关人员有充分的沟通与咨询。图 5-8 所示突出了咨询与沟通在整个风险管理过程的作用，即为信息系统安全风险管理主循环的四个步骤（对象确立、风险评估、风险控制和审核批准）中相关人员提供了沟通和咨询的机制与方法。表 5-4 列出了在风险管理过程当中相关人员的咨询与沟通方式。

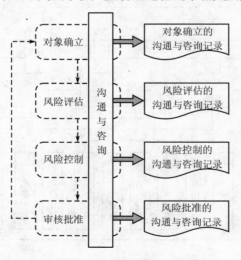

图 5-8　咨询与沟通在整个风险管理过程的作用

表 5-4　咨询与沟通的方式

方　式		接　受　方				
		决　策　层	管　理　层	执　行　层	支　持　层	用　户　层
发出方	决策层	交流	指导和检查	指导和检查	表态	表态
	管理层	汇报	交流	指导和检查	宣传和介绍	宣传和介绍
	执行层	汇报	汇报	交流	宣传和介绍	培训和咨询
	支持层	培训和咨询	培训和咨询	培训和咨询	交流	培训和咨询
	用户层	反馈	反馈	反馈	反馈	交流

　　沟通为机构内外所有直接参与风险管理的人员提供交流途径，以保持他们之间的协调一致，共同实现安全目标。咨询为机构内外所有与风险管理相关的人员提供学习途径，以提高他们的风险意识、知识和技能，相互配合实现安全目标。表 5-5 介绍了机构内外所有直接参与风险管理的相关人员的角色与责任。

表 5-5　信息安全风险管理相关人员的角色和责任

层　面	信　息　系　统			信息安全风险管理		
	角色	内外部	责　任	角色	内外部	责　任
决策层	主管者	内	负责信息系统的重大决策	主管者	内	负责信息安全风险管理的重大决策
管理层	管理者	内	负责信息系统的规划，以及建设、运行、维护和监控等方面的组织和协调	管理者	内	负责信息安全风险管理的规划，以及实施和监控过程中的组织和协调
执行层	建设者	内或外	负责信息系统的设计和实施	执行者	内或外	负责信息安全风险管理的实施
	运行者	内	负责信息系统的日常运行和操作			
	维护者	内或外	负责信息系统的日常维护，包括维修和升级			
	监控者	内	负责信息系统的监视和控制	监控者	内	负责信息安全风险管理过程和结果的监视和控制
支持层	专业者	外	为信息系统提供专业咨询、培训、诊断和工具等服务	专业者	外	为信息安全风险管理提供专业咨询、培训、诊断和工具等服务
用户层	使用者	内或外	利用信息系统完成自身的任务	受益者	内或外	反馈信息安全风险管理的效果

　　此外，图 5-3～图 5-7 所示了，整个风险管理过程都需要在机构内建立的监控与审查基础上进行。图 5-9 所示为监控与审查功能在整个风险管理过程的作用。

　　如图 5-9 所示，监控与审查同样也贯穿于信息系统安全风险管理的整个过程，对信息系统安全风险管理主循环的四个步骤（对象确立、风险评估、风险控制和审核批准）进行监控和审查。监控是监视和控制，一是监视和控制风险管理过程，即过程质量管理，以保证过程的有效性；二是分析和平衡成本效益，即成本效益管理，以保证成本的有效性。审查是跟踪受保护系统自身或所处环境的变化，以保证结果的有效性。表 5-6 总结了监控与审查形成的相关文档。

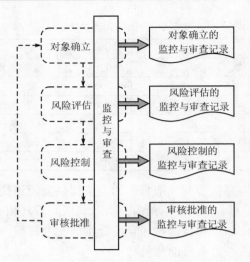

图 5-9　监控与审查在整个风险管理过程的作用

表 5-6　监控与审查形成的相关文档

过　　程	输 出 文 档	文 档 内 容
对象确立	《对象确立的监控与审查记录》	对象确立过程中监控和审查的范围、对象、时间、过程、结果和措施等
风险评估	《风险评估的监控与审查记录》	风险评估过程中监控和审查的范围、对象、时间、过程、结果和措施等
风险控制	《风险控制的监控与审查记录》	风险控制过程中监控和审查的范围、对象、时间、过程、结果和措施等
审核批准	《审核批准的监控与审查记录》	审核批准过程中监控和审查的范围、对象、时间、过程、结果和措施等

5.4　信息安全风险控制手段

　　对于基于风险的信息系统安全理论来说，信息系统安全建设的宗旨之一，就是评估信息系统面临的安全风险，并在综合考虑成本与效益的前提下，通过恰当的综合安全措施来控制风险，使残余风险降低到可接受的程度。所以，人们追求的所谓安全信息系统，实际上是指信息系统在实施了风险评估并做出风险控制后，仍然存在的残余风险可被接受的信息系统。

　　一般来说，基于风险的信息系统安全管理体系在分析风险后，都会利用一系列的安全技术措施来控制风险，以达到信息系统安全的目标。依据风险评估结果来制定的信息安全解决方案，可以最大限度地避免盲目追求安全而资源浪费，从而使机构在信息安全方面的投资获得最大的收益。

　　风险控制的过程主要包括：现存风险判断、控制目标确立、控制措施选择和控制措施实施四个步骤。风险控制阶段必须从技术层面、组织层面和管理层面，分析风险控制需求，并确立风险控制目标。然后，在已确立的风险控制目标基础上，选择风险控制方式与风险控制手段，制定风险控制计划，并实施已选择的风险控制措施。

　　风险控制手段一般包括：策略（Policy）、保护（Protection）、检测（Detection）、响应（Response）和恢复（Recovery）等方法。表 5-7 总结了信息系统安全风险控制的一些常用手段，这些手段所能执行的风险控制需求，以及可能使用的控制措施。

如表 5-7 所示，满足这些控制需求的方法也可以分为管理类手段和技术类手段。管理类手段将会在第 7 章介绍，技术类手段将会在本教材的第三部分介绍。

表 5-7　信息安全风险控制手段

PPDRR	风险控制需求	风险控制措施
策略 （Policy）	设备管理制度	建立健全各种安全相关的规章制度和操作细则，使得保护、检测和响应环节有章可循、切实有效
	机房出入守则	
	系统安全管理守则	
	系统安全配置明细	
	网络安全管理守则	
	网络安全配置明细	
	应用安全管理守则	
	应用安全配置明细	
	应急响应计划	
	安全事件处理准则	
保护 （Protection）	机房	严格按照 GB 50174—1993《电子计算机机房设计规范》、GB 9361—1988《计算站场地安全要求》、GB 2887—1982《计算机站场地技术要求》和 GB/T 2887—2000《计算机场地通用规范》等国家标准建设和维护计算机机房
	门控	安装门控系统
	保安	建设保安制度和保安队伍
	电磁屏蔽	在必要的地方设置抗电磁干扰和防电磁泄漏的设施
	病毒防杀	全面部署防病毒系统
	漏洞补丁	及时下载和安装最新的漏洞补丁模块
	安全配置	严格遵守各系统单元的安全配置明细，避免配置中的安全漏洞
	身份认证	根据不同的安全强度，分别采用身份标志/口令、数字钥匙、数字证书、生物识别、双因子等级别的身份认证系统，对设备、用户、服务等主客体进行身份认证
	访问控制	根据不同的安全强度，分别采用自主型、强制型等级别的访问控制系统，对设备、用户等主体访问客体的权限进行控制
	数据加密	根据不同的安全强度，分别采用商密、普密、机密等级别的数据加密系统，对传输数据和存储数据进行加密
	边界控制	在网络边界布置防火墙，阻止来自外界非法访问
	数字水印	对于需要版权保护的图片、声音、文字等形式的信息，采用数字水印技术加以保护
	数字签名	在需要防止事后否认时，可采用数字签名技术
	内容净化	部署内容过滤系统
	安全机构、安全岗位、安全责任	建立健全安全机构，合理设置安全岗位，明确划分安全责任
检测 （Detection）	监视、监测和报警	在适当的位置安置监视器和报警器，在各系统单元中配备监测系统和报警系统，以实时发现安全事件并及时报警

续表

PPDRR	风险控制需求	风险控制措施
检测 （Detection）	数据校验	通过数据校验技术，发现数据篡改
	主机入侵检测	部署主机入侵检测系统，发现主机入侵行为
	主机状态监测	部署主机状态监测系统，随时掌握主机运行状态
	网络入侵检测	部署网络入侵检测系统，发现网络入侵行为
	网络状态监测	部署网络状态监测系统，随时掌握网络运行状态
	安全审计	在各系统单元中配备安全审计，以发现深层安全漏洞和安全事件
	安全监督、安全检查	实行持续有效的安全监督，预演应急响应计划
响应 （Response） 恢复 （Recovery）	故障修复、事故排除	确保随时能够获取故障修复和事故排除的技术人员和软硬件工具
	设施备份与恢复	对于关键设施，配备设施备份与恢复系统
	系统备份与恢复	对于关键系统，配备系统备份与恢复系统
	数据备份与恢复	对于关键数据，配备数据备份与恢复系统
	信道备份与恢复	对于关键信道，配备设信道备份与恢复系统
	应用备份与恢复	对于关键应用，配备应用备份与恢复系统
	应急响应	按照应急响应计划处理应急事件
	安全事件处理	按照安全事件处理，找出原因、追究责任、总结经验、提出改进

5.5　小结

　　本章阐述了信息系统存在的缺陷，并在此基础上介绍了风险管理的概念及风险管理的内容，也解释了风险管理过程的主要步骤，包括对象确立、风险评估、风险控制和审核批准的内容。本章还介绍了信息系统安全风险控制的手段。由于风险评估的概念比较复杂，其过程也较其他的步骤烦琐。因此，本章重点介绍风险管理中的对象确立、风险控制手段和审核批准的内容。风险评估，以及作为风险评估的主要手段的风险分析，将会在第 6 章中进行详细介绍；管理类风险控制措施将会在第 7 章介绍，技术类风险控制措施将会在本书的第 3 部分介绍。

第6章
信息安全风险
分析与评估

在实际的使用中，任何信息系统都会面对一定的安全风险。信息系统的价值及其存在的脆弱性，使信息系统在现实环境中，总要面临各种人为的与自然的威胁，存在安全风险也是必然的。所以，所谓安全的信息系统，实际是指信息系统在实施了风险评估并做出了适当的风险控制后，传信息系统内仍然存在的残余风险被减低到一个可接受的程度。因此，信息系统的安全不能脱离全面、完整的信息系统的安全评估，必须运用信息系统安全风险评估的思想和规范，对信息系统开展安全风险评估。

本章将详细介绍风险管理中最重要的一步，即风险评估的概念和具体实现过程。而风险分析作为风险评估的主要手段，主要是针对信息资产和威胁进行认定，在 6.2 节中将会对风险分析和资产及威胁的认定进行详细介绍。6.3 节将介绍风险评估对信息系统开发生命周期的支持。

6.1　信息安全风险评估

信息系统的安全风险源自人为的与自然的威胁，这些威胁利用系统存在的脆弱性造成安全事件的发生。信息系统安全风险评估，主要考虑这些安全事故发生的可能性及其可能造成的影响。

信息系统安全风险评估把风险评估工作纳入整个信息安全管理中。信息安全风险评估主要目的是增加对信息安全风险的认识，然后想方设法去规避风险、转移风险。信息安全风险评估，是从风险管理角度，运用科学的方法和手段，系统地分析网络与信息系统所面临的威胁及其存在的脆弱性，评估安全事件一旦发生可能造成的危害程度，提出有针对性的抵御威胁的防护对策和整改措施，并防范和化解信息安全风险，或者将风险控制在可接受的水平，从而最大限度地为保障网络和信息安全提供科学依据。（国信办 [2006]5 号文件）

信息系统安全风险评估的概念已经在第 5 章做了深入的介绍，本节主要介绍风险评估的模式和过程。此外，信息系统安全风险评估过程的顺利进行需要一些相关的单位与人员的积极参与，而机构为支持信息系统安全风险评估的执行，必须在机构的管理体系内确立这些相关的角色。因此，本节将会介绍机构最高管理者为支持风险评估工作而建立的相关人员组织的角色与责任。

6.1.1　风险评估的模式

风险评估的模式可分自评估与他评估。他评估可以是检查性评估或委托评估。机构应根据实际情况和信息安全顾问的建议，经过批准，选择合适的风险评估模式。

自评估是信息系统拥有单位依靠自身力量，对自有的信息系统进行的风险评估活动。信息系统的风险，不仅来自信息系统技术平台的共性，还来自特定的应用服务。由于具体单位的信息系统应用服务各具特色，这些个性化的过程和要求往往是敏感的，而且是没有长期接触该单位所属行业和部门的人难以在短期内熟悉和掌握的。因此，自评估有利于保密，有利于发挥行业和部门内的人员的业务特长，有利于降低风险评估的费用；有利于提高本单位的风险评估能力与信息安全知识。但是，如果没有统一的规范和要求，在缺乏信息系统安全风险评估专业人才的情况下，自评估的结果可能不深入、不规范、不到位。在自评估中，也可能会存在来自本单位或上级单位领导的不利干预，从而出现风险评估结果不够客观或评估结果的置信度较低等问题。某些时候，即使自评估的结果比较客观，但也可能不会被管理层所信任。这种情况下，如果的确有必要实施自评估，或自评估的结果对管理层的决策关系重大，则可以采取专家组论证的方式加以解决。

检查评估则由信息安全主管机关或业务主管机关发起，旨在依据已经颁布的法规或标准，检查被评估单位是否满足了这些法规或标准。这种评估具有强制性，是一种纯粹意义上的他评估，单位自身不能对该过程进行干预。此外，检查评估必须以明确的法规或标准为基础，这是通过行政手段加强信息安全的重要手段。

委托评估是指信息系统使用单位委托具有风险评估能力的专业评估机构（国家建立的测评认证机构或安全企业）实施的评估活动。它既有自评估的特点（由单位自身发起，且本单位对风险评估过程的影响可以很大），也有他评估的特点（由独立于本单位的另外一方实施评估）。在委托评估中，接受委托的评估机构一般拥有风险评估的专业人才，风险评估的经验比较丰富，对 IT 技术风险的共性了解得比较深入，评估过程较为规范，评估结果的客观性比较好、置信度比较高。但是，评估费用可能会较高，且可能会难以深入了解行业应用服务中的安全风险。必须着重指出，由于风险评估中必然会接触被评估单位的敏感情况，而且评估结果本身也属于敏感信息，因此委托评估中容易发生评估风险。另外，评估方应与系统承建者保持独立，他们不能是同一实体，但在评估中可以向系统承建者进行咨询。

6.1.2　风险评估过程

风险评估的一般工作流程可以大概地分为如下九个步骤，如图 6-1 所示。

第一步，对信息系统特征进行描述，也就是分析信息系统本身的特征以及确定信息系统在组织中的业务战略。对信息系统本身的特征，包括软件、硬件、系统接口、数据和信息、人员和系统的使命，都要有清楚地描述。这个步骤需要产生一系列的文档，包括系统边界、系统功能的描述、系统和数据的关键性描述、系统和数据的敏感性描述（数据和系统本身的重要程度，在整个组织里占据什么地位）。

第二步，识别评估系统所面临的威胁。分析内容包括系统被攻击的历史和来自信息咨询机构和大众信息的数据。比如，网上银行系统，根据一些信息咨询机构和媒体、网络银行范围和手段，以这些信息作为基础，对系统所面临的威胁进行标志和分类。这个步骤需要输出一系列的威胁说明，系统可能遭受什么样的威胁，包括天灾人祸、管理上的威胁和人员上的威胁等，都需要按照规范做出威胁程度和性质的说明。

第三步，对内在的脆弱性进行识别。脆弱性识别包括：以前风险评估的报告和新的风险评估需要参考以前的风险评估报告，因为，以前的脆弱性可能是系统固有的；同时来源于安全检查过程中，提出的一些整改意见和安全漏洞；以及根据组织本身已有的安全要求和安全期限（Deadline），在系统上线和运行的过程中进行安全测试，如漏洞扫描等。这个步骤还需要输出可能的脆弱性列表，对系统本身的可能脆弱性进行归一化整理。

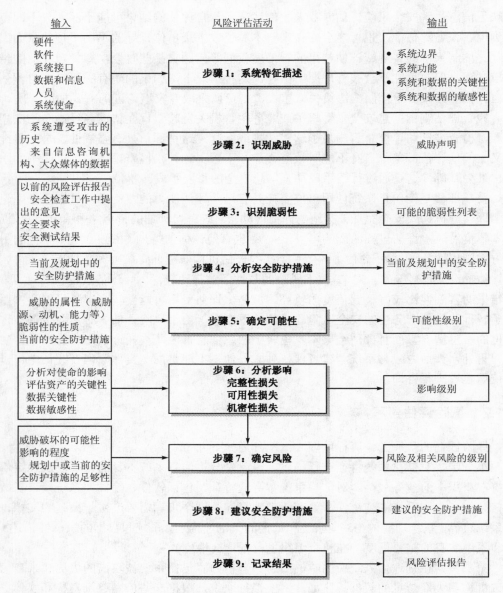

图 6-1　风险评估的工作流程

第四步，分析当前和规划中的安全防护措施。这个步骤需要输出当前和规划中的安全防护措施的分析报告，作为下一步安全防护的依据。

第五步，主要目的是确定威胁利用脆弱性对资产发生破坏导致负面影响发生的可能性。这个可能性需要对每一项威胁利用每一个安全事件的可能事件，构建一个安全矩阵，在矩阵上的每一个交点确定可能性的级别。这个步骤需要输出可能性级别的分析文档，这个安全事件最有可能发生，或者是基本不可能发生。

第六步，分析影响。这个步骤需要分析风险对整个组织的影响，评估资产的关键性、数据的关键性和数据的敏感性。这个步骤需要输出影响级别的分析包括，作为影响级别的矩阵，根据影响和可能性的函数，以及安全防护的措施情况，来确定安全风险。最后形成风险分析结果，包括评价缝隙结果和给出风险等级，以及建议风险控制的措施。

　　第七步，确定风险的级别，例如，高风险、低风险，还是其他级别的。

　　第八步，根据所确定的风险的级别，建议和提出相应的安全防护措施。安全措施落实以后，需要进行残余风险的分析，判断残余风险是否可以接受。

　　第九步，对风险评估的整个过程进行结果记录，这个步骤需要输出一份完整的风险评估报告。

　　在实际落实风险评估时，以上各步骤必须通过一个体系化的工作流程，有效、有序地进行。第 5 章的图 5-5 所示是示出风险评估的内容和工作流程。

　　风险评估对象的确立将在 6.1.3 节解释，风险控制措施将在下一部分讨论，本节主要解释风险评估的工作流程中每一步骤所牵涉的活动与文档资料。如图 6-2 所示，风险评估的准备工作需要根据相应的系统报告，通过制定风险评估计划，确定风险评估程序，最终选择风险评估方法和工具。

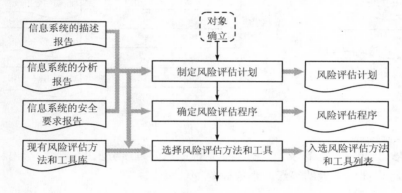

图 6-2　风险评估的准备工作

　　风险评估的准备工作完成之后，就需要进行风险因素的识别。如图 6-3 所示，风险因素的识别包括识别保护的资产、面临的威胁和存在的脆弱性，并由此而形成相应的清单和列表。

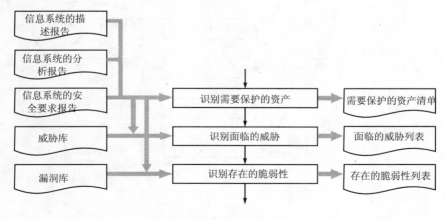

图 6-3　风险因素识别

　　紧接着风险因素识别的是风险程度的分析。如图 6-4 所示，风险程度的分析需要根据系统的相关报告和风险因素识别的结果来开展。首先，需要确认已有的安全措施，然后，分析威胁源的动机、威胁的行为能力、脆弱性的被利用性、资产的价值以及影响的程度，从而形成相应的分析报告。

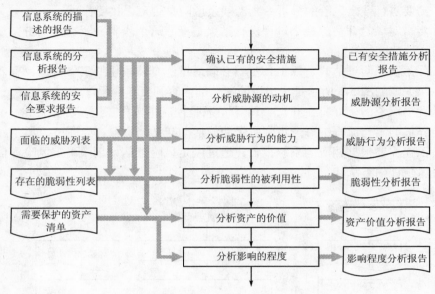

图 6-4　风险程度分析

　　如图 6-5 所示，风险等级评价的工作是根据风险程度分析的结果，给出相应的等级报告，最后综合评价风险的等级，形成风险评估报告。

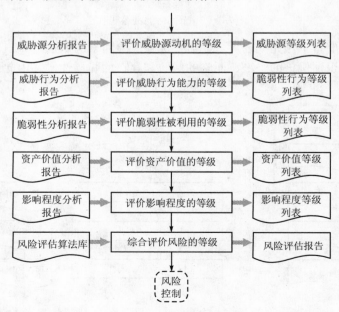

图 6-5　风险等级评价

对风险评估和安全管理的工作来说，文档准备与资料管理是一个非常重要的环节。表 6-1 总结了风险评估活动所涉及的相关文档。

表 6-1　风险评估的相关文档

阶　　段	输 出 文 档	文 档 内 容
风险评估准备	《风险评估计划书》	风险评估的目的、意义、范围、目标、组织结构、经费预算和进度安排等
	《风险评估程序》	风险评估的工作流程、输入数据和输出结果等
	《入选风险评估方法和工具列表》	合适的风险评估方法和工具列表
风险因素识别	《需要保护的资产清单》	对机构使命具有关键和重要作用的需要保护的资产清单
	《面临的威胁列表》	机构的信息资产面临的威胁列表
	《存在的脆弱性列表》	机构的信息资产存在的脆弱性列表
风险程度分析	《已有安全措施分析报告》	确认已有的安全措施，包括技术层面（物理平台、系统平台、通信平台、网络平台和应用平台）的安全功能、组织层面（结构、岗位和人员）的安全控制和管理层面（策略、规章和制度）的安全对策
	《威胁源分析报告》	从利益、复仇、好奇和自负等驱使因素，分析威胁源动机的强弱
	《威胁行为分析报告》	从攻击的强度、广度、速度和深度等方面，分析威胁行为能力的高低
	《脆弱性分析报告》	按威胁/脆弱性对，分析脆弱性被威胁利用的难易程度
	《资产价值分析报告》	从敏感性、关键性和昂贵性等方面，分析资产价值的大小
	《影响程度分析报告》	从资产损失、使命妨碍和人员伤亡等方面，分析影响程度的深浅
风险等级评价	《威胁源等级列表》	威胁源动机的等级列表
	《威胁行为等级列表》	威胁行为能力的等级列表
	《脆弱性等级列表》	脆弱性被利用的等级列表
	《资产价值等级列表》	资产价值的等级列表
	《影响程度等级列表》	影响程度的等级列表
	《风险评估报告》	汇总上述分析报告和等级列表，综合评价风险的等级

6.1.3　风险评估的角色与责任

信息系统安全风险评估过程的顺利进行需要一些相关的单位与人员的积极参与；而机构为支持信息系统安全风险评估的执行，必须在机构的管理体系内确立这些相关的角色（见表 6-2）。这些角色主要包括：主管部门、信息系统拥有者、信息系统承建者、信息系统安全评估机构和信息系统的关联机构。其中，主管部门的责任是提出、制定并批准机构自身的信息安全风险管理策略，领导和组织本机构内的信息系统安全评估工作，以及基于机构内信息系统的特征和风险评估的结果，判断信息系统残余风险是否可接受，并确定信息系统是否可以投入运行，检查信息系统运行中产生的安全状态报告，定期或不定期地开展新的信息安全风险评估工作。

信息系统拥有者需要制定安全计划并上报主管机关审批。信息系统拥有者有责任组织实施信息系统自评估工作，也要配合强制性检查评估或委托评估工作，并提供必要的文档等资源。如果情况需要，也必须向主管机关提出新一轮风险评估的建议，并改善信息安全防护措施以达到有效的控制信息安全风险。

信息系统承建者一般是指开发商或者系统集成商。在风险评估过程中，信息系统承建者需要根据信息系统建设方案的风险评估结果来修正安全方案，使安全方案成本合理、积极有效，并减少在建设阶段引入的新风险，并确保安全组件产品得到了相关机构的认证。

信息系统安全评估机构的责任和义务，是提供独立的信息系统安全风险评估，对信息系统中的安全防护措施进行评估，以判断这些安全防护措施在特定运行环境中的有效性，以及实现了这些措施后系统中存在的残余风险。评估机构还要提出调整建议。此外，信息系统安全评估机构的最大责任是为被评估单位保密。评估机构必须深入整个被评估单位的各个层面，了解单位的机构架构、关键流程、管理规程，包括一些系统配置的机密信息，如网络配置拓扑等。所以，风险评估结构的选择十分重要，保护风险评估中获得的敏感信息不被无关人员和单位获得，这是评估单位和被评估单位最关心的问题。

对于信息系统的关联机构，如后勤保障机构，人事管理机构，纪检监察机构等，需要遵守安全策略、法规、合同等涉及信息系统交互行为的安全要求，减少信息安全风险，协助风险评估机构确定评估边界，在风险评估中提供必要的资源和资料。

表 6-2　风险评估的角色与责任

角　色	责　任
主管机关	提出、制定并批准本部门的信息安全风险管理策略； 领导和组织本部门内的信息系统安全评估工作； 基于本部门内信息系统的特征及风险评估的结果，判断信息系统残余风险是否可接受，并确定是否批准信息系统投入运行； 检查信息系统运行中产生的安全状态报告； 定期或不定期地开展新的信息安全风险评估工作
信息系统拥有者	制定安全计划，报主管机关审批； 组织实施信息系统自评估工作； 配合强制性检查评估或委托评估工作，并提供必要的文档等资源； 向主管机关提出新一轮风险评估的建议； 改善信息安全防护措施，控制信息安全风险
信息系统承建者	根据对信息系统建设方案的风险评估结果，修正安全方案，使安全方案成本合理、积极、有效，在方案中有效地控制风险； 规范建设，减少在建设阶段引入的新风险； 确保安全组件产品得到了相关机构的认证
信息系统安全评估机构	提供独立的信息系统安全风险评估； 对信息系统中的安全防护措施进行评估，以判断： （1）这些安全防护措施在特定运行环境中的有效性； （2）实现了这些措施后系统中存在的残余风险； 提出调整建议，以减少或根除信息系统中的脆弱性，有效对抗安全威胁，控制风险； 保护风险评估中获得的敏感信息，防止被无关人员和单位获得
信息系统的关联机构	遵守安全策略、法规、合同等涉及信息系统交互行为的安全要求，减少信息安全风险； 协助风险评估机构确定评估边界； 在风险评估中提供必要的资源和资料

6.2　信息安全风险分析

6.1 节介绍了信息安全风险评估的概念与工作过程,并特别解释了如何着手和完成风险评估的工作。风险评估过程中,牵涉很多的识别与分析工作,一般称为风险分析。一般来说,安全风险分析工作的具体内容都会因机构与系统而异,很难达成一个通用的、准确的总体分析方法。然而,风险分析工作中的资产识别与威胁识别,以及它们的评价准则是可以规范化的。在这规范的基础之上,其他的分析工作所采用的方法就可以按照机构自身的情况和需要而定。本节介绍风险分析一些主要的内容,包括资产认定和安全威胁的识别。

6.2.1　信息资产认定

资产是任何对机构有价值的东西,包括电子信息资产、纸质资产、软件资产、物理资产、人员服务性资产、公司形象和名誉等。信息也是一种资产,同样对组织具有价值。

可以影响机构运营、对机构的业务有价值的信息资产是可以通过不同的途径取得的。一般来说,机构的重要信息资产的来源可以包括:研究、调查、购买、经验积累、业务记录等。例如,产品/市场研究、客户/市场调查、业务报告、过往的交易数据库和购买的数据或软件产品等。

资产的保护是信息安全和风险管理的首要目标。每个资产都应该被识别与评价,以提供适当保护。资产的拥有者与使用者须清楚地识别、盘点资产并建立资产清单。在表 6-3 中,通过一些示例来介绍识别信息资产的范围。信息资产识别是风险评估的第一步,目的是在复杂的信息信息系统里,决定有什么信息相关的资产需要受到保护,并确立为风险评估的对象。

表 6-3　信息资产分类

分　类	示　例
数据	存在信息媒介上的各种数据资料:包括源代码、数据库数据、系统文档、运行管理规程、计划、报告、用户手册等
软件	系统软件:操作系统、语句包、工具软件、各种库等; 应用软件:外部购买的应用软件,外包开发的应用软件等; 源程序:各种共享源代码,可执行程序,自行或合作开发的各种程序等
硬件	网络设备:路由器、网管、交换进等; 计算机设备:大型机、小型机、服务器、工作站、台式计算机、移动计算机等; 存储设备:磁带机、磁盘整列等; 移动存储设备:磁带、光盘、软盘、U 盘、移动硬盘等; 传输路线:光纤、双绞线等; 保障设备:动力保障设备(UPS、变电设备等)、空调、保险柜、文件柜、门禁、消防设施等; 安全保障设备:防火墙、入侵检测系统、身份验证等; 其他电子设备:打印机、复印机、扫描仪、传真机等

续表

分　类	示　例
服务	办公服务：为提高效率而开发的管理信息系统（MIS），包括各种内部配置管理、文件流转管理等服务； 网络服务：各种网络设备、设施提供的网络连接服务； 信息服务：对外依赖该系统开展服务而却得业务收入的服务
文档	纸质的各种文件、传真、电报、财务报告、发展计划等
人员	掌握重要信息和核心业务的人员，如主机维护主管、网络维护主管及应用项目经理及网络研发人员等
其他	企业形象，客户关系等

6.2.2　信息资产的安全等级

从机构高层管理的角度来看，信息资产的价值在于它对机构运作的价值和贡献；而机构的竞争优势在于这些信息资产是否为机构所独有。由于信息资产的损失必将令机构的业务运作或竞争优势受到一定程度的影响，信息资产保护是机构管理必须处理的问题。在第 1 章介绍的等级保护的概念，其实是反映了信息资产的价值。下面对这个概念将作进一步解释。

信息资产对机构的运作非常重要。然而，除了通过采购途径取得的信息资产，可以较容易地做价值判断外，其他来源的信息资产的价值判断一般都很难进行，也不一定有较为客观的判断准则。这些信息资产的价值需要从不同的角度考虑，例如，产生这些信息的成本，包括时间、金钱与困难。表 6-4 为判断信息资产对机构的影响提供了一些基本的准则。

表 6-4　信息资产的安全等级划分准则

等　级	标　识	定　义
5	很高	非常重要。其安全属性被破坏后可能对组织造成非常严重的损失
4	高	重要。其安全属性被破坏后可能对组织造成比较严重的损失
3	中	比较重要。其安全属性破坏后可能对组织造成中等程度的损失
2	低	不太重要。其安全属性破坏后可能对组织造成较低的损失
1	很低	不重要。其安全属性破坏后对组织造成很小的损失，甚至可忽略不计

然而，正如在第 1 章解释的，不同的信息资产有不同的保护需求，包括不同安全属性的保护，或是同一个安全属性的不同程度保护。表 6-5 对这个概念做了详细解释。引用 ISO 17799 中对信息安全的机密性，完整性和可用性定义的安全属性，并针对这些属性对机构的影响给出一些实际情况常见的评价准则，可以用做参考衡量资产价值的判断。

表 6-5　安全属性的价值衡量

机密性（C）		
价　值	分　类	详　细　说　明
1	公开资料	非敏感的信息，公用的信息处理设施和系统资源
2	内部使用	非敏感但仅限公司内部使用的信息（非公开）
3	限定使用	受控信息，须有业务须求方可以授权使用

机密性（C）		
价　值	分　类	详　细　说　明
4	秘密	敏感信息，信息处理设施和系统资源只给必知者
5	极机密	敏感信息，信息处理设施和系统资源仅适用极少数必知者（Need-to-know Principle）

完整性（I）		
价　值	分　类	详　细　说　明
1	非常低	未经授权的破坏或修改不会对信息系统造成重大影响且对业务冲击可忽略
2	低	未经授权的破坏或修改不会对信息讯系统造成重大影响且对业务冲击轻微
3	中等	未经授权的破坏或修改已对信息系统造成影响且对业务有明显冲击
4	高	未经授权的破坏或修改对信息系统有重大影响且对业务冲击严重
5	非常高	未经授权的破坏或修改对信息系统有重大影响且可能导致严重的业务中断

可用性（A）		
价　值	分　类	详　细　说　明
1	非常低	合法使用者对信息系统及资源的存取可用度在正常上班时间至少达到25%以上
2	低	合法使用者对信息系统及资源的存取可用度在正常上班时间至少达到50%以上
3	中等	合法使用者对信息系统及资源的存取可用度在正常上班时间至少达到90%以上
4	高	合法使用者对信息系统及资源的存取可用度达到每天95%以上
5	非常高	合法使用者对信息系统及资源的存取可用度达到每天99.9%以上

6.2.3　信息系统安全威胁

威胁是可能导致信息安全事故和机构信息资产损失的活动，通常是利用信息系统的脆弱性来造成后果。信息系统可能面临的威胁很广泛，但一般的来源（如表 6-6 所示）包括：

- 黑客入侵和攻击；
- 病毒和其他恶意程序；
- 软、硬件故障；
- 人为误操作；
- 自然灾害，如地震、火灾、爆炸等；
- 盗窃；
- 网络监听；
- 供电故障；
- 安装后门；
- 未经授权的系统访问和信息资源访问。

表 6-6　信息系统安全威胁的来源

来　源	描　述
环境因素	断电、静电、灰尘、潮湿、湿度、鼠蚁虫害、电磁干扰、洪灾、火灾、地震等环境条件和自然灾害；意外事故或软件、硬件、数据、通信线路方面的故障

来　源		描　述
人为因素	恶意人员	必须不满的或有预谋的内部人员对信息系统进行破坏；采用自主的或内外勾结的方式盗窃机密信息或进行篡改，以获取利益 外部人员利用信息系统的脆弱性，对网络和系统的机密性、完整性和可用性进行破坏，以获取利益或炫耀能力
	无恶意人员	内部人员由于缺乏责任心，或者由于不关心和不专注，或者没有遵循规章制度和操作流程而导致故障或被攻击；内部人员由于缺乏培训，专业技能不足，不具备岗位技能要求而导致信息系统故障或被攻击

不同来源的安全威胁可以进一步分类，如表 6-7 显示。分类的方法一般是从威胁的来源再细化，包括环境问题、管理问题、操作失误、硬件故障、恶意软件、违法使用等威胁。

表 6-7　信息系统安全风险分类

种　类	描　述
软、硬件故障	由于设备硬件故障、通信链路中断、系统本身或软件 Bug 导致对业务高效稳定运行的影响
物理环境威胁	断电、静电、灰尘、潮湿、温度、鼠蚁虫害、电磁干扰、洪灾、火灾、地震等环境问题和自然灾害
无作为或操作失误	由于应该执行而没有执行相应的操作，或无意地执行了错误的操作，对系统造成的影响
管理不到位	安全管理无法落实、不到位，造成安全管理不规范或者管理混乱，从而破坏信息系统正常有序的运行
恶意代码和病毒	具有自我复制、自我传播能力，对信息系统构成破坏的代码
越权或滥用	通过采用一些措施，超越自己的权限访问了本来无权访问的资源；或者滥用自己的职权，做出破坏信息系统的行为
黑客攻击技术	利用黑客工具和技术，如侦查、密码猜测攻击、缓冲区溢出攻击、安装后门、嗅探、伪造和欺骗、拒绝服务攻击等手段对信息系统进行攻击和入侵
物理攻击	物理接触、物理破坏、盗窃
泄密	机密泄露，机密信息泄露给他人
篡改	非法修改信息，破坏信息的完整性
抵赖	不承认收到的信息和所做的操作和交易

识别信息资产的威胁需要鉴别威胁的目标，也就是说必须考虑以下几个问题：什么资产会被威胁？为什么会造成这种威胁？不同的威胁有没有相关性？威胁的可能性与影响程度？系统有没有可以被威胁利用的脆弱点？

因此，识别威胁的过程首先是要考虑威胁的来源和威胁的性质，然后再考虑威胁出现的可能性。例如，可以利用"不可能"，"可能"，"非常可能"来表示威胁的可能性。表 6-8 给出了判断威胁出现的频率的定义的方法，可以作为风险分析时的参考。实际的风险评估工作的威胁可能性分析，应该按照被评估机构的情况和被评估系统的环境，根据评估者的经验和有关的统计数据来进行判断。

表 6-8　定义威胁等级举例

等　级	标　识	定　　　义
5	很高	出现的频率很高（或≥1 次/周）；或在大多数情况下几乎不可避免；或可以证实经常发生过
4	高	出现的频率较高（或≥1 次/月）；或在大多数情况下很有可能会发生；或可以证实多次发生过
3	中	出现的频率中等（或>1 次/半年）；或在某种情况下可能会发生；或被证实曾经发生过
2	低	出现的频率较小；或一般不太可能发生；或没有被证实发生过
1	很低	威胁几乎不可能发生，仅可能在非常罕见和例外的情况下发生

6.3　风险评估对信息系统生命周期的支持

从风险管理贯穿整个信息安全管理的角度，风险评估工作也需要贯穿整个信息安全管理过程。具体来说，就是需要将风险评估工作贯穿于整个信息系统的生命周期（SDLC）。如表 6-9 所示，就是在 SDLC 的各个阶段，引入风险评估，这是信息系统开发中控制风险的最有效的手段。

表 6-9　风险评估对 SDLC 的支持

生命周期阶段	阶　段　特　征	来自风险管理活动的支持
阶段 1：规划和启动	提出信息系统的目的、需求、规模和安全要求	风险评估活动可用于确定信息系统安全需求
阶段 2：设计开发或采购	信息系统设计、购买、开发或建造	风险评估对信息系统生命周期的支持
阶段 3：集成实现	信息系统的安全特性应该被配置、激活、测试并得到验证	风险评估可支持对系统实现效果的评价，考察其是否能满足要求，并考察系统所运行的环境是否是预期设计的。有关风险的一系列决策必须在系统运行之前做出
阶段 4：运行和维护	信息系统开始执行其功能，一般情况下系统要不断修改，添加硬件和软件，或改变机构的运行规则、策略或流程等	当定期对系统进行重新评估时，或者信息系统在其运行性生产环境（如新的系统接口）中做出重大变更时，要对其进行风险评估活动
阶段 5：废弃	本阶段涉及对信息、硬件和软件的废弃。这些活动可能包括信息的移动、备份、丢弃、破坏，以及对硬件和软件进行的密级处理	当要废弃或替换系统组件时，要对其进行风险评估，以确保硬件和软件得到了适当的废弃处置，且残留信息也恰当地进行了处理。并且要确保系统的更新换代能以一个安全和系统化的方式完成

阶段 1　SDLC 的规划和启动阶段。需要提出信息系统的目的、需求、规模和安全要求，风险评估活动可用于确定信息系统安全需求，可以从风险评估的结果。导出系统的安全需求。

阶段 2　SDLC 的设计开发或采购阶段。需要进行信息系统设计、购买、开发或建造。在这阶段标志的风险可以用来为信息系统的安全分析提供支持，这可能会影响系统在开发过程中对体系结构和设计方案进行的权衡。获得安全需求会影响系统的设计方法，可能导致设计方案的复杂化和开发时间的增加，这是需要尽早权衡决定的。

　　　　阶段 3　集成实现阶段。信息系统的安全特性应该被配置、激活、测试并得到验证。在这阶段风险评估可支持对系统实现效果的评价，考察其是否能满足要求，并考察系统所运行的环境是否符合预期。有关风险的一系列决策必须在系统运行之前做出。这个阶段，对于一些能够前置的风险控制。则需要前置，不能由于风险评估的不完整而影响了整个系统开发的周期。

　　　　阶段 4　运行和维护阶段。信息系统开始执行其功能，一般情况下系统要不断修改，添加硬件和软件，或改变机构的运行规则、策略或流程等。在信息安全规范里，对于系统的任何变更按规定都需要重新进行风险评估。在这个阶段，当定期对系统进行重新评估时，或者信息系统在其运行性生产环境（如新的系统接口）中做出重大变更时，要对其进行风险评估。

　　　　阶段 5　废弃阶段。本阶段涉及对信息、硬件和软件的废弃。这些活动可能包括信息的移动、备份、丢弃、破坏，以及对硬件和软件进行的密级处理。人们往往会忽视废弃阶段，但实际上废弃阶段的处置不当，也会导致秘密信息的泄露。当废弃或替换系统组件时，要对其进行风险评估，以确保硬件和软件得到了适当的废弃处置，且残留信息也恰当地进行了处理。并且要确保系统的更新换代能以一个安全和系统化的方式完成。

6.4　小结

　　　　信息系统都会面对一定的安全风险。本章更详细地介绍了风险管理中最重要的一步，即风险评估的概念和具体实现过程。由于任何实际使用的信息系统都对其拥有者有一定的价值，但同时信息系统业很难排除安全漏洞的存在，因此信息系统在现实环境中，总要面临各种人为与自然的威胁，存在安全风险也是必然的。

　　　　所谓安全的信息系统，是指信息系统在实施了风险评估并做出了适当的风险控制后，信息系统内仍然存在的残余风险被减低到一个可接受的程度。因此，全面、完整的信息系统的安全评估是建立安全信息系统的一个特殊环节；而风险分析作为风险评估的主要手段，主要是针对信息资产和威胁进行认定，必须运用信息系统安全风险评估的思想和规范，对信息系统开展安全风险评估。

　　　　本章也对风险分析和资产及威胁认定过程进行了详细的介绍，并介绍了风险评估对信息系统开发生命周期的支持。

第 7 章
信息系统安全管理措施

正如在之前几章中所提到的，一旦已经识别了安全要求和风险，那么就应选择和实施合适的控制，以确保风险减小到一个可接受的程度。目前，普遍使用的安全控制措施是用于保护信息的机密性、完整性和可用性，这些都是比较常见的安全目标。通常来说，安全控制措施，也称为保护措施，可以大概分为三种主要类型的控制：管理控制（Administrative）、技术控制（Technical）和物理控制（Physical）。

（1）管理控制通常是管理人员的职责，如编制安全策略、流程和标准。管理控制包括筛选人员、执行安全意识培训、编制业务连续性和灾难计划、确保规则执行，以及建立变更控制。

（2）技术控制是保护资源和信息的逻辑机制，如加密、防火墙、入侵检测系统和访问控制软件。这些技术控制使用并限制主体对客体（资源）访问的软件和硬件机制。

（3）物理控制用于保护计算机系统、部门、人员和设施。物理控制包括安全保安、边界栅栏、锁，以及从计算机中拆除软驱和光驱及动感检测器。

所有这些安全控制措施都关注信息系统不同方面的保护需要，但是它们都有着相同的目标。正如我们在第 6 章解释过的，在信息安全工作中，风险的管理与控制需要以一种综合的、分层多点的深度防御体系的方法，综合使用这些控制（管理、技术和物理的）为组织机构所有的信息和信息系统提供必要保护。

此外，管理控制措施、技术控制措施和物理控制措施可以提供检测性的（Detective）、预防性的（Preventive）、纠正性的（Corrective）、恢复性的（Recovery）、阻止性的（Deterrent）和补偿性的（Compensation）保护功能。

（1）检测性控制用于识别对信息安全的破坏并帮助确定当前预防性控制的有效性。事件一旦发生后，检测性控制的输出通常将用于帮助理解事件发生的原因和具体情况。检测性控制的示例包括审计日志、访问控制日志和入侵检测系统等。

（2）预防性控制用于预防非预期事件的发生，用于帮助组织机构避免潜在的问题。预防性控制是组织机构的第一道防线，包括访问控制、安全策略和标准及物理安全措施等。

（3）纠正性的控制措施是在非预期事件发生后，用于改变状况、纠正错误的控制措施。

（4）恢复性的控制措施是用于恢复资源和能力的控制措施。

（5）阻止性的控制措施是用于阻止破坏和恶意行为的控制措施。

（6）补偿性的控制措施是用于提供其他控制措施的候选控制措施，因为通常第一选择非常昂贵。

其中，特别需要重视的是预防性控制和检测性控制。一些常用的预防性管理控制措施包括策略和流程、人员聘用前背景检查、受控的终止聘用过程、数据分类和标记、安全意识和职责分离。常用的预防性物理控制措施包括胸卡、门卫、围墙、锁和报警器。一些预防性的技术控制措施包括口令、生物技术和智能卡、加密、受限用户界面、防病毒软件、防火墙和路由器等。此外，常用的检测性管理控制措施包括岗位轮换、检查和应急响应。检测性的技术控制措施一般包括 IDS 和审核审计日志；而检测性的物理控制措施通常包括动感检测器、入侵检测和视频摄像头等。

信息系统安全管理措施的实现依托各种具体的安全控制和管理措施。本章将进一步介绍管理类和物理类的安全管理措施。技术类，特别是用来达到管理或物理控制的技术，也将在本章介绍。信息安全技术类的安全控制措施将在本书的第 4 部分作深入的介绍。

7.1　物理安全管理

在信息系统安全中，物理安全是基础。如果物理安全得不到保证，例如计算机设备遭到破坏或无关被人员非法接触，那么其他的一切安全措施都将是空中楼阁。在计算机系统安全中，物理安全就是要保证计算机系统有一个安全的物理环境，对接触计算机系统的人员有一套完善的技术控制手段，且充分考虑到自然事件可能对计算机系统造成的威胁并加以规避。

7.1.1　机房与设施安全

设施安全就是对放置计算机系统的空间进行细致周密的规划，对计算机系统加以物理上的严密保护，以避免存在可能的不安全因素。

为了对相应的信息提供足够的保护而又不浪费资源，一般常用的做法是对计算机机房规定不同的安全等级，相应的机房场地应提供相应的安全保护系统的安全管理。

7.1.2　技术控制

计算机系统的机房与设施安全，只是保证了基本的安全环境，这些物理环境应该再加上必要的技术控制，以保证只有授权人员才能接近计算机系统，及时发现及阻止非法进入。机构可以按照信息系统的安全需要实施不同的控制强度的技术，如门禁系统。这些控制技术包括人员访问控制、检测监视系统、保安系统、智能卡访问控制技术、生物访问控制技术和审计访问记录等。

7.1.3　环境和人身安全

物理安全管理也要考虑防火、防漏水和水灾、防自然灾害等物理安全威胁。火灾不仅对计算机系统是致命的威胁，还会危及人的生命及国家财产安全，尤其是计算机机房中大量使用电源，防火就显得尤为必要。物理安全管理需要采取一系列相应措施来保证机构有足够能力控制火灾，及时发现火灾，发生火灾后及时消防和保证人员的安全。

此外，由于计算机系统使用电源，而水对计算机系统也能构成致命的威胁，它可以导致计算机设备的短路，从而损害设备。所以，对机房也必须采取防水措施。

自然界存在着种种不可预料或者虽对可预料却不能避免的灾害，如洪水、地震、大风和火山爆发等。对此，机构的安全管理体系需要积极应对，制定一套完善的应对措施，建立合适的检测方法和手段，以期尽早地发现这些灾害的发生，采取一定的预防措施，预先制定好相应的对策，包括在灾害来临时采取的行动步骤和灾害发生后的恢复工作等。通过对不可避免的自然灾害事件制定完善的计划和预防措施，使信息系统受到的损失程度减到最小。同时，如果机构有相当的关键业务非常依赖信息系统的支持，机构也应该考虑在异地建立适当的备份与灾难恢复系统。例如，银行、证券和民航等行业的机构都有在异地建立适当的备份与灾难恢复系统的需要。

在实际生活中，除了自然灾害外，还存在其他的情况威胁着计算机系统的物理安全，如通信线路被盗窃者割断，安全管理人员都应该对各种威胁有一个清醒的认识。

7.1.4 电磁泄漏

电磁泄漏发射技术是信息保密技术领域的主要内容之一，国际上称为 TEMPEST（Transient Electromagnetic Pulse Standard Technology）技术。计算机设备包括主机、显示器和打印机等，在其工作过程中都会产生不同程度的电磁泄漏。例如，主机各种数字电路中的电流会产生电磁泄漏，显示器的视频信号也会产生电磁泄漏，键盘上的按键开关也会引起电磁泄漏，打印机工作时也会产生低频电磁泄漏等。计算机系统的电磁泄漏有两种途径：一是以电磁波的形式辐射出去，称为辐射泄漏；二是信息通过电源线、控制线、信号线和地线等向外传导造成的传导泄漏。通常，起传导作用的电源线、地线等同时具有传导和辐射发射的功能，也就是说，传导泄漏常常伴随着辐射泄漏。计算机系统的电磁泄漏不仅会使各系统设备互相干扰，降低设备性能，甚至会使设备不能正常使用，更为严重的是，电磁泄漏会造成信息暴露，严重影响信息安全。

抑制计算机中信息泄露的技术途径有两种：一是电子隐蔽技术；二是物理抑制技术。电子隐蔽技术主要是用干扰、跳频等技术来掩饰计算机的工作状态和保护信息；物理抑制技术则是抑制一切有用信息的外泄。

美国安全局（NSA）和国防部（DOD）曾联合研究与开发这一项目，主要研究计算机系统和其他电子设备的信息泄露及其对策，研究如何抑制信息处理设备的辐射强度，或采取有关的技术措施使对手不能接收到辐射的信号，或从辐射的信息中难以提取出有用的信号。TEMPEST 技术是由政府严格控制的一个特殊技术领域，各国对该技术领域严格保密，其核心技术内容的密级也较高。

7.2 数据安全管理

信息时代的核心无疑是信息技术，而信息技术的核心则是信息的处理与存储。数据是信息的符号，数据的价值取决于信息的价值。在当前的信息化趋势的大环境下，机构的运作对信息和信息系统的依赖非常大，因此数据丢失所造成的损失将是无法估量的，甚至是毁灭性的。

一般来说，数据安全的含义是通过各种计算机、网络和密钥技术，保证在各种系统和网络中传输、交换和存储的信息的机密性、完整性和真实性。数据安全的结构分为物理安全、安全控制和安全服务三个层次。

7.2.1 数据载体安全管理

计算机信息系统有大量存储数据的载体，包括纸质（记录纸）、磁质（硬盘、软盘、磁带）、半导体（ROM、RAM）和光盘（DVD、CD－ROM）等，这些载体上存储了大量的信息和各种机密，各种犯罪分子都想对它们进行盗窃、销毁、破坏或篡改，所以计算机系统载体安全中的一项重要内容就是保护与管理记录载体。载体安全就是对载体数据和载体本身采取安全保护。保护载体（如载体实体的防盗、防毁、防霉和防砸等）的目的就是保护存储在载体上的数据。

7.2.2　数据密级标签管理

由于计算机系统所处理和存储的数据的机密和重要程度不同，因此有必要对数据进行分类，对不同类别的数据采取不同的保护措施。对那些必须保护的数据提供足够的保护，对那些相对不那么重要的数据则不提供过多的保护。

7.2.3　数据存储管理

当人们每天关注于 CPU 速度的不断提高、操作系统版本的不断升级和计算机网络技术的日新月异时，对安全管理者来说，有一个事实是不可以忽略的，即无论信息处理技术多么先进，都必须将数据存储在一定的载体上，信息和信息技术本身都需要依托一定的存储载体而存在。因此，数据存储系统的可靠性和可用性、数据备份和灾难恢复能力，往往是企业用户首先要考虑的问题。为防止地震、火灾和战争等重大事件对数据的毁坏，对关键数据的存储还要考虑异地备份和容灾等问题。

7.2.4　数据访问控制管理

为了防止非法用户使用系统及合法用户对系统数据资源的非法使用，需要对计算机信息系统采取自我保护措施。一是限制访问系统的人员；二是限制进入系统的用户所做的工作。实现第一种措施的方法有身份标志和验证，第二种措施的方法需要利用存取控制来实现。

7.2.5　数据备份管理

在信息领域中，可以在许多地方和许多载体（驱动器、磁带和纸张）中存储信息备份。如果没有数据备份和数据恢复措施，就会导致系统数据丢失或使系统瘫痪。随着网络的应用，大型数据库的数据量越来越多，数据备份也不断增多，而且现在的数据不仅是纯文本数据，还有大量的多媒体数据，包括文本、声音、图形和图像等。所以对数据备份的要求也越来越高。

从安全的角度，数据备份时应该注意以下 7 点：

（1）重要的数据库应起码每周备份一次，保存期最少为 3 周。若数据库出现问题时，就可以把近期备份数据和修改日志结合起来进行修复。也要将网络数据库的数据进行异地交叉备份、相互备份，用于防止火灾、地震等不可抗拒的灾害的破坏。

（2）在利用数据压缩技术的时候，应选择具有保密功能的数据压缩算法，对机密信息进行备份，保证信息的安全。

（3）在存储备份、数据传输和交换过程中，必须通过口令、加密、数子签名和智能卡等技术保证信息的安全。

（4）系统运行日志是对每个文件所做的修改记录，包括修改前和修改后的记录。这样，当数据库出现故障时，就可用备份记录向后恢复；在纠正错误后，可及时用后面的映象向前恢复。安全人员必须保护好系统运行日志，并及时备份数据。

（5）备份磁带是在信息系统因各种原因出现灾难事件时最为重要的恢复和分析的手段和依据。运维部门应该制定完整的系统备份计划，并严格实施。备份计划中应包括备份信息系统和用户数据，注明完全和增加备份的频度和责任人。

（6）备份数据磁带的物理安全是整个信息系统安全体系中最重要的环节之一，利用备份磁带可以恢复被破坏的系统和数据。因为，攻击者可以通过恢复磁带数据而获得系统的重要数据，例如系统加密口令、数据库各种存档以及用户的其他数据，从而为攻击信息系统获得入手点。攻击者也能通过恢复备份数据获得足够的数据，直接造成重要安全事件。

（7）定期检验备份磁带的有效性也是非常重要的。定期的恢复演习是对备份数据有效性的有力鉴定，同时也是对网管人员数据恢复技术操作的演练，做到遇问题不慌，从容应付，保障信息系统服务的正常运行。

7.3　人员安全管理

安全管理是个广泛的理念，信息系统环境中出现的不安全问题并不是全部由于单纯的 IT 设备本身造成的；相反，更多的问题是由于其他非信息技术引起的，只是最终通过计算机的载体实现而已。因此，对信息系统的安全管理不应该仅仅是对信息技术设备的管理，还要对人员进行安全规范化管理。这是弥补安全漏洞的一个重要环节。

信息系统的建设和运用离不开各级机构具体实施操作的人，人不仅是计算机信息系统建设和应用的主体，同时也是安全管理的对象。因此在整个信息安全管理中，人员安全管理是至关重要的，要确保信息系统的安全，必须加强对人员的安全管理。

7.3.1　安全组织

安全管理的实现依赖于组织行为，仅靠一个人或者几个人的高技术是无法保障信息系统安全的，并且大多数的攻击和破坏来自内部人员。因此，机构必须建立安全的组织，完善管理制度，建立有效的工作机制，对机构的聘用人员进行严格的审查，明确人员的安全职责和保密要求。尤为重要的是，要对内部人员进行有组织的业务培训、安全意识培训和教育，并建立考核和奖惩机制，使信息安全融入组织机构的整个环境和文化中，减少有意、无意的内外部威胁，确保组织机构顺利完成系统使命。

在我国，计算机安全管理组织包含 4 个层次：各部委计算机安全管理部门、各省计算机安全管理部门、各基层计算机安全管理部门，以及经营单位。其中，直接负责计算机应用和系统运行业务的单位为系统经营单位，其上级单位为系统管理部门。各级计算机安全管理组织的职责和主要任务是管好与系统有关的人员，包括其思想品德、职业道德和业务素质等，这对于系统直接经营单位而言尤为重要。

7.3.2　人员安全审查

安全管理的核心是管好有关计算机业务人员的思想素质、职业道德和业务素质。人是各个安全环节最重要的因素，许多安全事件都是由内部人员引起的，因此，全面提高人员的技术水平、道德品质和安全意识是信息系统安全最重要的保证。一方面，建设和维护运行这样一个高技术现代化的信息系统，离开掌握有关技术的人员是不可想象的；另一方面，由于人的因素（有意、无意、攻击和破坏）造成安全事故的教训实在太多。所以，应加强人员审查，把好第一关。

人员的安全等级与接触的信息密级相关，根据计算机信息系统所定的密级确定人事审查的标准。对使用单位而言，根据与计算机信息、系统接触的密切程度，有关的人员大体上有信息系统的分析、管理人员，单位内的固定岗位人员、临时人员或参观学习人员等几类。

人员安全审查应该从人员的安全意识、法律意识和安全技能等方面进行审查，根据信息系统所规定的安全等级来确定审查标准。人员应具有思想进步、作风正派和技术合格等基本素质，确保聘用的员工、合约方和用户能够符合聘用要求，并能理解其安全责任，以降低偷窃、欺骗或误用对系统造成的风险。在实际操作中应遵循"先测评，后上岗，先试用，后聘用"的原则。对于新录用的人员、预备录用的人员及正在使用的人员都应做好人员的记录，对其进行备案。

7.3.3　安全培训和考核

人相当于一个复杂的信息处理系统。在信息系统中，人通过接收各种信息，在规定的条件下做出决策、指导和控制，使各个环节协调一致，保证系统的正常运行。人不同于机器，人的行为很容易受到自身生理和心理因素的影响，此外，还受到技术熟练程度、责任心和品德等素质方面的影响。因此，人员的教育、培养、训练，以及合理的人机界面都与信息系统的安全相关。机构应定期对从事操作和维护信息系统的工作人员进行培训，包括信息系统安全培训、政策法规培训等。

此外，人力资源和安全部门要定期组织对信息系统所有工作人员的业务及思想品质两方面进行考核。对于考核中发现有违反安全法规行为的人员或发现不适于接触信息系统的人员，要及时调离岗位，不应让其再接触该系统。

7.3.4　安全保密契约

进入信息系统工作的人员应签订保密合同，承诺其对系统应尽的安全保密义务，保证在岗工作期间和离岗后的一定时期内，均不得违反保密合同，泄露系统秘密；要对违反保密合同的人员应进行相应的惩处，对接触机密信息的人员应规定在离岗后的某段时间内不得加入跟机构有业务竞争的单位工作或为其提供外包服务。

对于没有签署保密协议的临时人员或第三方，在接触信息处理设备之前必须签署相关的保密协议。在雇用合同或条款发生变动时，特别是员工要离开单位或其合同到期时，要按照保密协议对其进行审查。

7.3.5　离岗人员安全管理

机构的人员安全管理必须有关于人员调离的安全管理制度。例如，人员调离的同时马上收回工作所需的钥匙，进行工作移交、更换口令、取消账号，并向被调离的工作人员申明其保密义务。

对于离开工作岗位的人员，确定该员工是否从事过非常重要材料方面的工作；任命或提升员工时，只要其涉及接触信息处理设备，特别是处理敏感信息的设备，如处理财务信息或其他高度机密的信息的设备，就需要对该员工进行信用调查；对握有大权的员工，此类信用调查更要定期开展。

7.3.6　人员安全管理的原则

机构必须注意人员管理中的一些关键原则和概念，当中包括：
- 职责分离（Separation of Duties）原则；
- 岗位轮换（Job Rotation）原则；
- 最小特权（Least Privilege）和需要知道（Need-to-Know）原则；
- 强制休假（Mandatory Vacations）；
- 限幅级别（Clipping Levels）。

职责分离是一种确保机构内不可能有单独一个人能破坏机构安全或做欺诈性活动的控制措施。高风险的活动应分成几个分离的部分，并分发给不同人员。通过这种方法，组织机构不需要将危险的高级别信任放在一个人身上，因为欺骗活动将需要多人的同意而不是单独一个人就可以做的。职责分离也能帮助预防危险的人为错误。例如，一个编程人员不应是仅有的测试其代码的人；另一个人或另一个部门，应对此代码进行功能和完整性测试，因为编程人员可能对出现什么样的测试结果有预先确定的看法。

岗位轮换意味着机构内有多人受到一个特定岗位的培训，即机构内将有多个人能理解特定岗位的任务和职责，如果人员离开公司或者由于各种原因而缺席，这种安排将提供一种备份和冗余。岗位轮换也可以帮助识别欺骗性活动，例如，如果银行内某员工利用其岗位从客户账号中偷窃了资金，那么随着岗位轮换，其他员工就可能及时发现在这个岗位上所发生的一些违法或不良事件。

最小特权意味着机构内的每一个人员只能执行其岗位所最低需要的许可和权限。如果一个人有过多的许可和权限，可能为他打开了一扇滥用的大门并将为机构带来更大的风险。"最小特权"和"需要知道"有着共生的关系。每个用户应该只能访问他所被允许的需要知道的资源。

授权蔓延（Authorization creep）是对最小特权和需要知道的直接违反。当每次员工从机构内一个岗位变动到另一个岗位的时候，授权蔓延都可能发生，并且可能累积越来越多的权限和特权。机构应经常和及时地评价员工权限并取消那些完成其任务不再需要的权限。

强制休假为机构提供了一种发现内部人员恶意事件、舞弊的机会，通过强制休假，组织机构内部另外人员可能通过某个员工休假时接手其岗位，发现其利用职权的一些非预期事件和操作。其作用跟岗位轮换差不多，但对行政上的影响较少。

限幅级别是机构为特定错误建立的一个阈值。它定义了错误发生多少次时被认为是可疑的并且需要特别注意的，一旦达到这个级别系统就应该产生报警，一旦超过这个级别就应该对进一步的违反行为进行记录和审计。

7.4　软件安全管理

软件安全是指保证计算机软件的完整性及软件不会被破坏或泄露。这里所说的软件包括系统软件、数据库管理软件、应用软件及相关资料。软件的完整性是指系统软件、数据库管理软件、应用软件及相关资料的完整性，以及系统所拥有的和产生的信息的完整性、有效性等。

软件是计算机系统的心脏。一个计算机系统，不管它的规模大小，也不管它的技术复杂程度，从单台的微机到一个单位内部的网络，一个地方所用的局域网，一个部门或一个行业所用的专业网，都是靠软件来进行正常运行的。如果软件发生故障或受到侵害，计算机系统就不能正常运行。不论国内、国外，都常因软件故障造成计算机系统瘫痪，导致重大事故，造成重大的经济和政治损失。因此，保证软件的安全性是保证计算机系统正常运转的前提条件。

影响计算机软件安全的因素很多，大体可分为技术性因素和管理性因素两大类。从技术性因素来看，软件是用户进行信息传送和处理的工具；软件可存储和移植数据；软件可非法入侵载体和计算机系统；软件有可激发性，即其某些功能可能由于接受外部或内部的条件刺激而被激活。因此软件可以具有破坏性。一个专门设计的特定软件可以破坏用户计算机内编制好的程序或数据文件，具有攻击性。软件和信息很容易受到计算机病毒、网络蠕虫、特洛伊木马和逻辑炸弹等侵略软件的侵害。因此要保证软件的安全，就必须防范上述各类软件的入侵。对于攻击性软件的防范，应当以强化安全意识、建立适当的软件存取系统和加强安全管理为基础。安全意识是保证软件有效、安全的重要因素，应该在强化安全意识的基础上，加强软件安全管理。

软件管理是一项十分重要的工作，机构应当建立专门的软件管理部门，从事软件管理工作。软件管理包括法制管理、经济管理及安全管理等各个方面，各方面的管理是互有关系的，因此各项管理需要综合进行。

在使用软件的每个环节中，都应该全面贯彻软件安全管理的原则和思想，包括：

（1）软件的选型、购置于储藏；

（2）软件安全检测与验收；

（3）软件安全跟踪与报告；

（4）软件版本控制；

（5）软件使用与维护。

在软件安全管理的方面，应该强调注意以下几个方面的问题：

（1）正确地选择软件，必须使用正版软件，禁止使用盗版软件；

（2）采取防范措施，减少使用外来软件或文件产生的风险；

（3）安装检测软件和修复软件，用它来扫描计算机，检查、预防病毒，修复被病毒破坏的程序，定期升级、检测软件和修复软件，并使之制度化；

（4）对于支持关键业务程序的系统软件和数据，应该进行定期检测；

（5）防止非法文件或对计算机系统中的软件或数据进行非法修改或调查；

（6）在使用软件前，应对来源不详的软件及相关文件或从不可靠的网站上下载的软件及相关文件进行必要的检查。

7.5　运行安全管理

大型部分式信息系统为机构的业务或人们生活带来了极大的方便，网上办公、网上购物、网上的信息查询等，使人们已经时刻离不开这些信息系统。如果信息系统不能稳定高效地运行，对于现代企业和政府部门来说是不可想象的事情。因此，对信息系统进行科学有效的管理，及时排除故障，是保证信息系统安全可靠运行的重要前提。

7.5.1　故障管理

故障管理是对信息系统中的问题或故障进行定位的过程，包含发现问题、分离问题、找出失效的原因、解决问题（如有可能）几项内容。使用故障管理技术，并且借助排障工具，管理者可以更快地定位问题和解决问题。

7.5.2　性能管理

性能管理可以测量系统中硬件、软件和媒体的性能。运用性能管理信息，管理者可以保证系统具有足够满足用户的需要的能力。

7.5.3　变更管理

信息系统始终处于一种不断变化的状态。无论变化是出于内部因素还是外部因素，管理员都要花费大量的时间去调查、推断和排除对系统的影响。理想情况是，为系统的所有变化做出计划和预算；但是实际上，许多系统变化是来自突发的意外的需求。例如，一个秘密的泄露将会导致所有操作系统的防火墙必须升级，所有系统的登录权限必须被仔细检查。如何迅速解决由于系统不断变化而产生的问题，这就是变更管理涉及的内容。

7.6　系统安全管理

信息系统是一个以人为主导，利用计算机硬件软件、网络通信设备、其他实体环境及实现技术，进行信息的采集、传输、存储、加工、更新与维护，以提高机构工作效益和效率为目的，支持用户管理决策、控制、运作的集成化的人机系统。

根据信息系统需要完成的目标及类型的不同，信息系统服务的对象也不同。应用系统主要可分为四种类型：

（1）业务处理系统，主要是支持或替代工作人员完成某种具体工作和业务所使用的系统，如 POS 业务终端、自动柜员机等。

（2）职能信息系统，是应用于完成部门职能工作所使用的系统，如市场信息系统、财务信息系统/生产信息系统和人事信息系统等。

（3）组织信息系统，是应用于行政管理部门或某一行业领域的信息管理系统，如政府机关信息系统、行业领域企业信息系统等。

（4）决策支持系统，是一个含有知识型、职能化处理程序的系统，用于支持、辅助用户的决策管理，如专家系统和决策支持系统等。

7.6.1　应用系统的安全问题

应用信息系统在实际使用中存在一些潜在的社会问题和道德问题。系统设计不当、不正确操作或自然、人为破坏都会给应用系统造成负面影响。这些问题包括：

- 计算机的浪费和失误；
- 计算机犯罪；
- 信息系统的道德问题。

计算机的浪费和失误是造成信息系统问题的一个主要原因，也是系统安全管理的一个方面。一般来说，导致浪费的主要原因是用户对应用系统和信息资源的管理不善。另外，计算机失误主要是指由人为因素造成的系统失败、错误和其他与系统有关的计算机问题，这些问题会导致系统运行结果无效，给用户带来更大的风险。

利用计算机犯罪的问题比较独特，且难以防范。这个问题具有双重性，计算机既是犯罪的工具又是犯罪的目标。作为工具，用于非法获取应用系统内有价值的信息，利用有害软件攻击其他机构或用户的信息系统，编造虚假无效的结果报告等。作为目标，机构的应用系统被非法访问使用，破坏和修改数据信息，计算机设备被盗窃或软件被非法复制等。

随着信息系统的大规模发展，信息化带来的道德问题得到越来越多的注意。简单来说，道德是关于"对或错"的信念，是有一系列规则的历史习俗，并渗透到个人、群体或社会中。

道德、伦理和法律在信息社会起着很大的作用。法律是一个国家根据特定的行为所明确规定的，而道德和伦理一般无确切地规定，因而信息系统有关这方面的教育有很重要的作用。

信息技术对社会影响所产生的道德问题主要涉及隐私问题、正确性问题、所属权问题和存取权问题等。所有这些方面，对信息技术既有有利的一面也有不利的一面。作为管理者或安全负责人，应当使负面影响降低到最小，而尽量提高收益。

7.6.2　系统的安全管理实现

系统安全管理的内容主要包括运行系统的安全管理（保证计算机系统硬件环境和相关实体环境安全）、软件的安全管理（保证系统软件、开发软件及其他与系统相关应用软件的安全）、关键技术管理（保证系统开发及应用关键技术安全保密）和人员的安全管理。

系统安全管理涉及系统的各个方面，根据安全管理任务及管理对象的不同，系统安全管理又可分为技术管理和行政管理。技术管理主要有运行设备及运行系统环境的安全、软件应用管理、信息密钥的管理和关键技术管理；行政管理主要是指安全织织机构、责任监督、系统实施和运行安全、规章制度、人员管理、应急计划和措施等。

系统安全管理的主要措施包括安全防范设施和安全保障机制，以有效降低系统风险和操作风险，并预防计算机犯罪。具体工作包括：建立安全管理组织，负责制定计算机信息技术安全管理制度，广泛开展信息技术安全教育，定期或不定期进行系统安全检查，保证系统安全运行。这些工作的执行需要有专门的安全防范组织和安全人员，同时建立相应的信息系统安全委员会、安全小组。安全组织成员应当包括主管领导、信息安全部门、物理安全、信息系统管理、人事、审计等部门的工作人员组成。机构的安全组织也可以成立专门的独立委员会，对安全组织的成立、成员的变动等定期向信息系统安全管理部门报告。

总之，信息系统安全保障是一项技术性相当强的管理工作，集技术与管理于一体（两者缺一不可）。所以，信息系统安全措施既不能脱离技术，也不能单纯地依赖技术；不能认为，只要加大安全技术的投资，安装最好的软件和硬件保护技术，就可以高枕无忧了。

信息系统安全工作是一项整体工程，必须做到全面、周到、均衡。无论是安全策略的制定还是安全组织的建立，无论是人员安全还是物理和环境的安全，无论是硬件、软件、通信系统的安全还是运行操作管理，都同样重要，必须同等重视，任何一方面出现安全漏洞，整个系统就无安全可言了。

7.7　技术文档安全管理

技术文档是指对系统设计、研制、开发、运行和维护中的所有技术问题的文字描述，它具有如下功能：

（1）反映系统的构造原理，表明了系统的实现方法，为系统的维护、修改和进一步开发提供依据；

（2）记录了系统各阶段的技术信息；

（3）为管理人员、开发人员、操作人员和用户之间的技术交流提供了交互的媒体。

7.7.1　文档密级管理

对电子政务来说，常见的文档密级划分为绝密级、机密级、秘密级、一般级四个级别。文档密级的变更和解密，必须按照国家有关保密法律和行政法规的规定办理。发现丢失和泄密事故，应及时报告并认真处理。

7.7.2　文档借阅管理

文档借阅均需履行必要的登记和审批手续。查阅技术文档时，不得转抄、拍照和复制，已转抄、拍照和复制的文档必须履行登记手续，并只能在本单位使用。机构应建立健全的文档借阅制度，根据文档的密级，确定不同的利用范围，规定不同的审批手续。各单位要经常对管理文档借阅的干部进行保守国家机密的教育，检查遵守保密制度的情况。

7.7.3　文档的保管与销毁

所有的文档都应该按安全政策规定的要求进行登记，并采取有效措施消除和减少遗失、毁坏文档的各种因素，维护文档的完整与安全。技术文档的保管要从文档的特点出发，管理方法应有利于保护文档并便于查找。

经过鉴定和审查，认为确无保存价值、保管期限已满的文档，应当通过妥善处理甚至销毁。销毁文档时应编造销毁清册和撰写销毁报告，内容包括立档单位和卷宗的简要历史情况，销毁档案的数量和详细内容，鉴定文档的情况和销毁文档的根据。准备销毁的文档必须经过一定的批准手续方能销毁。文档销毁清册被批准前，准备销毁的文档应系统地单独保管起来，以备审查。销毁文档时，要指派两名以上专人检查无误后监销，直至文档确已销毁。监销人要在销毁清册上注明"已销毁"字样和销毁日期，并由监销人签字。

7.7.4　电子文档安全管理

电子文档的形成、处理、收集、积累、整理、归档、保管和利用等各个环节，都存在信息更改、丢失的可能性。因此，建立并执行一整套科学、合理、严密的管理制度，从每一个环节中消除导致信息失真的隐患，对于维护电子文档的真实性是十分重要的。维护电子文档真实性的管理措施涉及从电子文档形成、处理、收集、积累、整理、归档，到电子文档的保管、利用的全过程，所以称为"电子文档全过程管理"。

电子文档的管理不仅注重每个阶段的结果，也要重视每项工作的具体过程，并把这些过程一一记录下来。其中，有关维护其信息安全方面的主要要求如下：

- 电子文档的制作过程要责任分明；
- 电子文档形成后应及时进行积累，以防发生信息损失和变动；
- 建立和执行科学的归档制度；
- 建立和执行严格的保管制度；
- 加强对电子文档利用活动的管理；
- 建立电子文档管理的记录系统。

7.7.5　技术文档备份

技术文档备份的安全措施如下：

- 技术文档不得非法复制、备份，确需复制时，必须经主管领导同意；

- 对秘密级以上的重要技术文档应考虑双份以上的备份，并存放于异地；
- 密级文档的备份具有同样密级。

7.8　小结

在信息系统安全风险管理过程中，一旦确定了安全要求和识别了安全风险，那么，就应选择和实施合适的控制以确保风险减小至一个可接受的程度。通常来说，安全控制措施，也称为保护措施，一般分为三种主要类型的控制：管理控制、技术控制和物理控制。管理控制通常是管理人员的职责，也包括筛选人员、执行安全意识培训等措施。技术控制是保护资源和信息的逻辑机制，这些技术控制使用与限制主体对客体（资源）访问的软件和硬件机制。物理控制用于保护计算机系统、部门、人员和设施。

所有这些安全控制措施关注信息系统不同方面的保护需要。在信息安全工作中，风险的管理与控制需要以一种综合的、分层多点的深度防御体系方法，综合使用这些控制（管理、技术和物理的）为组织机构所有的信息和信息系统提供必要保护。此外，管理控制措施、技术控制措施和物理控制措施可以提供检测性的、预防性的、纠正性的、恢复性的、阻止性的和补偿性的保护功能。

信息系统安全管理措施的实现依托于各种具体的安全控制和管理措施。本章进一步介绍了管理类和物理类的安全管理措施，并介绍了技术类，特别是用来达到管理或物理控制的技术。本书第 4 部分将深入地介绍信息安全技术类的安全控制措施。

第 4 部分
信息系统安全技术

第 8 章
信息安全技术概述

本书的前几章一直重复地强调风险管理的概念对信息系统安全的重要性。对于基于风险的信息系统安全理论来说，信息系统安全建设的宗旨之一，就是评估信息系统面临的安全风险，并在综合考虑成本与效益的前提下，通过恰当的综合安全措施来控制风险，使残余风险降低到可接受的程度。一般来说，基于风险的信息系统安全管理体系在分析风险后，都会利用一系列的安全技术措施来控制风险，以达到信息系统安全的目标。风险控制的过程主要包括：现存风险判断、控制目标确立、控制措施选择和控制措施实施等步骤。风险控制阶段首先必须从技术层面、组织层面和管理层面，分析风险控制需求，并确立风险控制目标；然后，在已确立的风险控制目标基础上，选择风险控制方式与风险控制手段，制定风险控制计划，并实施已选择的风险控制措施。

信息系统安全风险控制的一些常用手段可以分为管理类手段和技术类手段。管理类手段已经在第 7 章介绍过了，本书将在第 4 部分介绍技术类手段。前面章节利用大量的篇幅讲述了信息系统安全与风险管理，但对于很多技术人员而言，他们会对信息安全技术更感兴趣。在讲述具体技术细节之前，需要先了解安全技术在信息系统中的定位和作用，即安全技术是实现风险控制的手段之一。基于安全技术的基本定位，本章将对信息系统中各种常用的安全技术作简要的介绍。

8.1　信息系统安全技术的定位与作用

正如安全管理常常被误解为是所有的信息系统建设完成之后的管理，从而被过分狭窄地认识和限制在某一很小的范围内一样，与此对应的，安全技术的意义也常常被盲目地扩大到一个跟实际情况不对称的地步。

不少企业或机构的负责人很容易有这样的疑惑：企业或机构的信息系统里安装了大量各种各样的杀毒软件、防火墙，也采用了最新的密码技术，但为什么安全事故还是时有发生？同时，以下一种观点也非常流行：安全系统并不需要自己设计，只需去买别人已经设计好的技术直接使用就行。前一种观点认为，所使用的安全技术越多越新效果就越好，相当于认为所有的安全问题都能通过信息安全技术来解决。很明显，这种观点把信息安全产品的作用和定位都夸大了，而持这样观点的管理者都盲目乐观地相信信息安全技术的作用或定位。后一种观点则认为，安全技术只是一种技术性基础设施，对机构的业务与运作来说，不具备多少特殊性和针对性，所以，只需采用现成的最新技术就好。持这种观点的机构领导明显地忽略了信息系统安全问题对机构的影响，这似乎又把安全技术的定位和作用弱化了。

所以，对于某些技术人员或者开发人员来说，似乎安全就只需关注信息安全技术就行了；再具体言之，就是不断设计出越来越复杂并难以攻破的密钥算法就足够了。而管理者则认为只要买来技术直接使用就行，至于所采用的技术是否真正地控制了风险，是否满足了系统以及机构的安全需求，则很少被考虑；繁杂的技术术语也让他们很难真正了解想知道的信息。

实际上，出现上述两种认识误区主要是由于以下两个原因。

（1）沟通问题。 管理层无法把当前机构所受到的风险、威胁、对关键性系统和数据，以及所希望的保护程度描述清楚，所以让安全专家不能从中提取出正确全面的安全需求出来；技术人员只熟悉机构的技术环境，对于这些技术如何支撑机构的业务，如何保障机构的信息安全则不太了解。当安全专家和技术人员对基本的安全需求都不清楚时，就会倾向于选择将所有最新的安全技术全都用上，但对于实施效果是否真正满足了管理人员或机构的需求则无法确认。

（2）对于安全技术和风险之间关系的认识和理解问题。所有的安全考虑都是基于风险的概念。正因为有了风险，才会有对应的"安全"概念。一个系统只要存在风险，就不能说是绝对安全的系统。因此应该从风险出发，确定其安全目标，再细化为安全需求。在整个基于风险概念的安全系统实施过程中，首先要了解和分析风险，即进行风险评估；然后针对评估结果，采取某些措施和方法来控制或者弱化风险；最后再评估风险是否得到了有效的控制和弱化，残余风险是否可接受，是否达到了最初期望的安全目标。而在这个过程中，信息安全技术的定位和作用实际上是实现风险控制的手段之一。但是，目前很多管理者和技术人员对于安全技术和风险之间的关系认识不清，也没有达成共识，这也是造成出现两种错误观点的原因。

信息安全技术是实现风险控制的手段之一。这主要包含了三层意思。

（1）信息安全技术的开发和实施，是为了控制风险，以达到安全需求和安全目标。只有了解了这一点，才能从最根本的安全需求和安全目标出发，选择有效适当的技术措施，以控制和弱化风险。

（2）安全技术只是风险控制的手段之一，而非其全部，安全技术的具体实施应与其他风险控制手段（如安全管理等）相结合联合应用。

（3）在选择具体的信息安全技术时，也应针对机构或企业的实际情况进行考虑，在了解了不同的信息安全技术的具体作用之后，再根据机构的安全策略选择适当的信息安全技术。

这就是我们在讲具体安全技术前反复强调，并希望读者在阅读安全技术材料和进行实际系统的实施部署时，能深入理解安全技术的作用和定位，从机构整体的角度出发，根据安全需求对安全技术进行分析与应用。

8.2　信息系统安全技术介绍

根据 NIST SP800—30 的体系，安全控制分为三种：管理性控制、操作性控制和技术性控制。安全技术是进行安全控制时所采取的手段之一。

通过对技术性控制的实施、部署和配置后，在风险控制中能保证防御大量假定的威胁。技术性控制手段不仅包括从简单到复杂的多种具体技术，还包括了系统架构、工程培训，以及一系列硬件、软件和固件的安全设备。这些措施应该配套使用，以保护关键信息、敏感数据及信息系统的功能。技术性安全控制手段一般又分为以下三个主要类别。

（1）支撑性控制。支撑性控制具有通用性和基础性，并构成绝大部分信息技术安全能力的基础。为了实施其他控制，必须先进行支撑性控制的部署。

（2）预防性控制。预防性控制是指对刚出现安全缺口的地方进行即时的防范性控制。

（3）监测、恢复性控制。监测和恢复性控制是指对一个安全性已被破坏的地方进行监测和恢复的控制。

最基本的这三种控制所包括的具体机制及它们之间的关系，如图 8-1 所示。

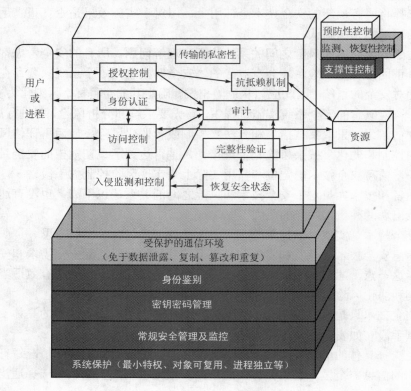

图 8-1　三类技术性控制的具体介绍与关系

（1）支撑性技术控制。包括身份鉴别、密钥密码管理、安全日常管理、系统保护。

（2）预防性技术控制。包括身份认证、授权控制、访问控制、抗抵赖机制、通信环境安全、传输的私密性。

（3）监测、恢复性技术控制。包括审计、入侵监测和控制、完整性验证控制、恢复安全状态、病毒监测和清除。

8.3　信息系统安全技术的应用

在选择和应用信息安全技术时，应基于"目标—策略—机制/手段"的分析顺序，首先了解具体的安全需求、目标及需要应对的风险，然后选择应对风险的策略，最后选择适当的安全控制手段和具体的安全技术。

应对风险的策略分为承受风险、规避风险、转移风险和限制风险四种。

（1）承受风险。是指承受潜在的风险并实时性监控信息系统，或者实施控制手段将风险降低到可接受的程度。

（2）规避风险。是指通过全部消除风险源头和风险影响或其中之一的策略来规避风险。

（3）转移风险。是指以其他方法来弥补风险所带来的损失，如购买保险。

（4）限制风险。是指实施控制手段使威胁利用脆弱性产生的不利影响最小化，如使用三类技术性控制手段。

当选定了具体应对风险的策略后，再选择适当的安全控制手段（包括技术性、操作性和管理性的机制和手段）来具体实施。

最佳选择是指：在众多供应商提供的安全技术产品中选择最适合的一种，并同时采用了最适合的风险应对策略，同时还配套了相应的操作性、管理性的机制和方法。在选择和使用安全技术时，应理解每一种技术控制的目标、应用领域，以及所需的配套性技术性控制、管理性措施等。第 9～12 章将对这些技术进行具体介绍和使用说明。

8.4　小结

一般来说，在分析风险后，基于风险的信息系统安全管理体系都会利用一系列的安全技术措施来控制风险，以达到信息系统安全的目标。首先，风险控制阶段必须从技术层面、组织层面和管理层面，分析风险控制需求，并确立风险控制目标。然后，在已确立的风险控制目标基础上，选择风险控制方式与风险控制手段，制定风险控制计划，并实施已选择的风险控制措施。

信息系统安全风险控制的一些常用手段分为管理类手段和技术类手段。本书将会在第 4 部分的章节介绍技术类手段。在讲述具体技术细节之前，首先要了解安全技术在信息系统中的定位和作用，即安全技术是实现风险控制的手段之一。本章对信息系统中各种常用的安全技术作了简要的介绍。

第 9 章
信息安全法律法规

　　通常，信息系统都会通过制定若干安全措施来应对安全风险，为了达到信息系统安全目标所采用的技术手段称为信息安全技术。实际使用的信息安全技术必须具有适当的实用性和可操作性，所以，一般信息安全技术都与所保护的信息系统结合在一起。在某些情况下，信息安全技术可以直接嵌入信息系统的数据存储、处理及传输的过程中，从而达到更好的保护效果。

　　在不同的应用环境中，信息系统的安全需求及面临的威胁往往不尽相同，因此相应的安全措施也需要随之改变。例如，对于一般数据处理系统的安全，主要是保证信息处理及其传输过程的安全，需要特别注意保证整个系统稳定正常运行，防止由于系统的崩溃而对数据的存储和处理造成巨大的破坏；而对于用户管理系统，则需要包含用户口令认证、访问控制、防病毒及数据加密等。可以看到，不同的环境的确带来了许多不同的安全技术要求。

　　因此，信息安全技术方法不仅种类繁多，而且有些技术还存在交叉。对信息安全技术的正确使用能够使其在不同的场合发挥应有的作用。目前较为普遍的信息安全技术有：

　　（1）防火墙技术，主要用于隔离外部开放互联网和内部网络；

　　（2）防病毒技术，主要用于在个人计算机及工作站上抵抗恶意代码注入和病毒的传播等；

　　（3）操作系统安全技术，保护操作系统正常运行及用户的数据完整有效；

　　（4）访问控制技术，用于防止未授权的访问等。

9.1　防火墙

　　在当下的网络环境中，各种网络混合互联互通，在保证互联互通的前提下，也需要有安全技术来保证网络自身内部的安全性，因此，防火墙已经成为信息安全的不可缺少的一部分。"防火墙"的概念最早是来源于建筑行业，本意是用在火灾发生后，建立一个由防火材料制成的隔离部分，防止火势从建筑的一部分蔓延到其他部分。在网络应用环境中，防火墙系统是整个网络的一个组成部分，也可以看做一个设备，主要部署在两个有不同安全要求的网络（通常又称两个不同安全要求的安全域）之间。根据不同的业务需求，定义不同的过滤原则来控制两个网络之间进行的数据的交换传递，只有符合过滤规则要求的数据包才能顺利通过防火墙到达其目的地，否则数据包将被拦截。因此，在公司企业及其他组织机构的内部网络结构中，基本上都能看到防火墙的出现。本节将主要介绍防火墙的发展情况，然后根据不同的角度对防火墙进行分类，最后着重介绍包过滤和应用级网关这两种典型的防火墙技术。

9.1.1　防火墙概述

　　防火墙技术从 20 世纪 90 年代开始出现。经过几年的发展，相比早期技术，现今的防火墙技术已经发生了重大的改进和变化。早期的防火墙技术主要是简单的网络包过滤防火墙，而目前已经逐渐发展成具有检查多层网络活动内容的系统，其复杂性也相应的大大增加。在当前的网络条件下，特别是互联网蓬勃发展以来，网络安全问题日益突出，同时，安全需求也变得更加紧迫，对防火墙的要求也是越来越高。

现在，防火墙技术是所有组织机构网络安全体系结构的标准组成部分。不只是大型企业或组织机构，就是中小型企业甚至使用普通 PC 的个人用户，特别是宽带连接的家庭用户，都已经大量使用各种个人防火墙和各类不同的防火墙设备来满足自己的安全需求。现在的防火墙技术已经日渐成熟，单个防火墙既可以同其他防火墙协同工作，同时可以配合入侵检测系统完成网络系统安全防护工作，还可以扫描电子邮件或网页中存在的病毒和部分恶意代码。

虽然防火墙已经成为安全网络环境中的标准设备，但是也应该清醒地认识到，仅依靠防火墙是无法解决所有信息安全技术问题的。而且防火墙也不仅是部署在内部网络和互联网连接之间的一个安全防御设备，而应该将其看做全局信息系统安全方案的一个必不可少的环节。因此可以说，防火墙是在部署信息安全防御措施中的一项非常重要的技术和设备。例如，在内部网络和外部网络的边界，系统可以使用防火墙作为抵御互联网各种网络攻击和威胁的一道屏障，通常在衡量所有需要保护的服务器的安全性时，特别是对于业务系统和数据内容系统的服务器上，防火墙是一个不可缺少的因素。

9.1.2　防火墙分类

防火墙常见的分类形式有四种。

（1）按照防火墙产品所使用的技术原理分类。即按照防火墙技术所处的网络协议层次，可以将防火墙分为包过滤防火墙、电路网关防火墙、状态检查防火墙、应用代理网关防火墙、混合防火墙等。

（2）按照防火墙产品所保护的设备数量分类。就是将防火墙分为保护单机的个人 / 桌面防火墙和保护多个主机的网络防火墙。

（3）按照防火墙产品的形态分类。即把防火墙分为软件防火墙和硬件防火墙等。

（4）按照防火墙技术所处的协议层次分类。在这种分类中，可以将防火墙大致分为以下三类。

① 包过滤型。包过滤型防火墙通常又可以分为静态包过滤和状态检查防火墙。

② 代理型。代理型防火墙可分为电路级网关防火墙和应用级网关防火墙。

③ 混合型。顾名思义，混合型防火墙就是综合使用包过滤、代理等技术的防火墙。

限于篇幅，本章不可能将每种防火墙一一介绍，这也不是本教材的重点。下面简要介绍防火墙技术的一些主要概念，包括静态网络包过滤防火墙和应用级网关防火墙的具体内容。

静态网络包过滤防火墙是一种比较简单的也是最基本的防火墙，它主要工作在 OSI 模型的网络层或 TCP/IP 标准协议的 IP 层。静态网络包过滤防火墙的工作原理是依据系统事先制定好的过滤逻辑（静态规则），检查自己从网络所拦截的数据流中的每个数据包。需要检查的网络包内容有数据包的源地址、目的地址、所用的端口号、数据的对话协议，以及数据包头中的各种标志位等因素，依据静态规则来确认数据包是否可以通过。

一般来说，标准包过滤器基于每个 IP 包头所包含的信息来确认数据包是否安全。在理论上，过滤器是可以基于协议头数据域的任何部分的信息进行过滤的。但是，绝大多数包过滤器的方法主要集中在部分协议头数据域来过滤数据，这些字段是：

- IP 协议域；
- IP 地址过滤；
- TCP/UDP 端口等。

至此，可以看到静态网络包过滤防火墙的主要优点包括：逻辑较为简单，对网络性能的影响较小，有较强的透明性，价格便宜。此外，静态网络包过滤防火墙与应用层没有直接的联系，因此，一般无须客户机和主机上的应用程序的改动就可以顺利使用，安装和使用都很便利。

另外，也应该看到网络包过滤防火墙有一些自身的缺点。网络包过滤防火墙需要对 IP、TCP、UDP 和 ICMP 等各种协议有深入的了解，然后才能对网络包进行过滤；否则，网络包过滤防火墙往往容易出现因配置不当带来网络的不稳定问题和位置的安全问题。此外，网络包过滤防火墙也要面对网络层和传输层的信息非常有限的问题，基于这些信息的过滤判别规则，往往无法完全满足应用环境日益增长的各种安全要求。同时，由于数据包的地址及端口号都在数据包的头部，因此，网络包过滤防火墙不能彻底防止地址欺骗，以及完全隔绝外部客户与内部主机直接连接。还有一个同样严重的安全隐患，是网络包过滤防火墙不提供用户的鉴别机制。

应用级网关防火墙，通常也称为应用代理服务器。顾名思义，这类防火墙工作于 OSI 模型或者 TCP/IP 模型的应用层。它的主要功能是用来控制应用层服务，在外部网络向内部网络（或内部网络向外部网）发送服务请求时，它能起到这些服务的转接作用。当外部网络向内部网络提出服务请求的时候，内部网络是无法响应或直接拒绝来自外部网络其他节点的直接请求的，而只能够接受代理向其递出的服务请求。

应用级网关防火墙的主要工作过程是：首先，当外部网络向内部网络发出服务请求时，代理服务器对请求用户的身份进行验证，如果确认为合法用户，则把该请求转发给请求所要求网络内部的主机，与此同时还需要监控该用户的操作；如果发现有不合法的动作，应该立刻将该用户的身份加入黑名单，停止该用户一切不合法的访问；而内部网络向外部网络进行服务申请时，其工作过程则相反。

通过以上介绍，可以看到应用级网关防火墙的一些优点：使用应用级网关防火墙的网络由于添加了代理服务器，内外网主机无法直接连接；能保留详细的日志记录，例如在一个 HTTP 连接中，包过滤只能记录单个的数据包，而应用网关还可以记录文件名、URL 等信息；另外，应用级网关防火墙可以隐藏内部 IP 地址，对内容保护来说，这是一个很重要的安全特征；同时，应用级网关防火墙也可以支持微粒的授权，如给单个用户授权；此外，应用级网关防火墙还可以为用户提供透明的加密机制、方便地集成认证、授权等安全手段。

但是，该防火墙代理技术也存在一些缺点，其中最为突出的问题是处理速度比包过滤慢，并且需要针对每种协议设置一个不同的代理服务器。

9.2　病毒防护

计算机网络的飞速发展，为计算机病毒的广泛传播提供了基础。据统计，目前世界上绝大多数的病毒都是通过网络进行传播的。目前病毒的传播速度之快，面积之广，危害程度之大，已经成为了威胁信息系统安全特别是网络安全的最重要因素。因此，深入了解计算机病毒的概念及其工作方式，根据病毒的特征和原理，掌握基本的病毒防护设计手段，是保证整体信息系统的安全的其中一个重要环节。

9.2.1　计算机病毒简介

　　通常来说，计算机病毒就是一个程序或一段可执行代码。之所以称为"病毒"，是因为它和人们日常熟知的生物病毒有一个非常类似的特点——复制。计算机病毒的复制能力使得它可以很快地进行传播，借助于网络的力量，可以快速、广泛地感染其他正常的计算机，而且病毒往往以类似寄生物的方式附着在正常的各种类型的文件之中。例如，受感染的文件从一个用户传递给其他用户时，接收方在查看含有病毒的主体文件时，就不知不觉地感染了病毒，并且自己也可能成为又一个病毒传播过程的发起方。计算机病毒如果并不是以寄生物的形式存在，那么单独存在的病毒也会以各种形式对用户造成伤害和损失。例如，疯狂复制自己来占据存储空间，从而降低计算机的性能，造成"假死"等现象。

　　目前，虽然没有计算机病毒的标准定义，但许多机构和学者都给出过一些有参考价值的看法。其中，计算机病毒的一种定义是：通过磁盘和网络等介质及进行传播扩散并且能够"传染"其他程序的程序。还有一种定义是：能够自身复制，并且能够依附于载体而存在的程序，通常具有潜伏性、传染性和破坏性的特点。然而，不管是何种定义，都是人们从不同的角度和侧重点来看待计算机病毒的方式。总结起来，计算机病毒就是：能够通过某种方式隐藏在计算机各种存储介质中，当达到某种预定条件时，对计算机资源及用户的正常使用实施破坏的程序。

9.2.2　计算机病毒特征

　　一般来说，计算机病毒都具有一些普遍特征，归纳起来，有以下几个方面。

　　一是传染性。可以说从之前的定义也可以看出，传染性是计算机病毒的基本特征。通常，当计算机病毒感染某台机器后，首先，它会搜索计算机系统有哪些可以被感染的目标，目标主要包括感染的目标文件或目标介质；其次，当确立了感染目标后，病毒就将实施感染行动，通常是病毒将自己复制到感染目标中。计算机病毒的这种传染性是非常可怕的，特别是能够借助于计算机网络的广泛连接时，只要有某一台机器感染病毒后，该机器会试图向网络中散布病毒。因此，如果不能及时采取措施处理病毒，那么病毒经过计算机网络的扩展，许多原来可以正常运作的机器受到传染后，都变成了新的病毒源头，再通过计算机网络发起对其他机器的感染。如此指数效应的数据交换和病毒扩散，病毒将几乎无孔不入，给计算机系统的使用带来巨大的不便，甚至造成巨大的损失。

　　二是破坏性。绝大多数计算机病毒的制造目的，都是期望对计算机系统本身或计算机用户造成伤害或损失，因此，计算机病毒的破坏性是非常显著的。病毒对系统和用户的伤害程度不同，轻则只是通过占用较多的系统资源，来达到降低系统运行效率的目的；

严重的情况，则会导致系统的崩溃或者对用户造成巨大损失。前者称为"良性病毒"，后者则称为"恶性病毒"。

三是隐蔽性。隐蔽性是病毒为满足需要进行广泛传播的要求而产生的。病毒通过隐藏自己的正常状态，使普通用户即使知道感染了病毒却难以发现它的存在，这是因为计算机病毒往往采用了较为特殊的编程技巧，而且病毒程序也经常采用各种各样的伪装。常见伪装形式是依附于普通文件（尤其是可执行文件）或内存，以隐藏文件形式存在或者伪装成系统文件等。因此，正常的系统即使被感染病毒后，即使病毒发作了，一般用户也无法找到其来源。

四是潜伏性。部分病毒具有这个特点。潜伏性主要是强调该病毒虽然感染了主机，但是却不马上发作，而是等待事先设定的某种条件的成熟，然后才能触发其破坏动作。

9.2.3　防病毒方法

常见的防病毒方法有特征代码检测、校验和检测、行为监测、启发式扫描及虚拟机技术等。本小节主要介绍最基本的特征代码检测和校验检测方法，让读者能够对计算机病毒防御方法的概念有基本的认识。

特征代码检测的一般步骤如下：

（1）采集病毒样本，一般采样被感染的可执行文件。

（2）在病毒样本中，提取特征代码。提取的特征码有几个要求，一是特征码应该比较独立特殊，不能与普通程序吻合度太高；二是长度适中，不宜过长，过长会造成匹配过程在空间和时间上开销过大。

（3）特征代码收集完毕后，进入病毒库登记。

（4）在扫描普通文件是否被病毒感染时，按照病毒库中的特征代码进行匹配搜索，如果发现病毒的特征代码，则可以宣布该文件已经被病毒感染。

可以看出，特征代码检测方法是有检测准确、快速的特点，同时误报率较低，根据检测的结果，可以进行后续杀毒工作。但其缺点也是显而易见的，它不能检测未知病毒，而且往往搜索庞大的病毒特征代码库，开销较大。

校验和检测也是一种较为常用的病毒检测方法。该方法用三种方式进行检测：

（1）对被查的对象文件计算其正常情况下的校验和值，然后，将校验和值存储在被查文件中或检测工具中，留待后续进行比较。

（2）在程序中添加进行校验和自我检查功能，将文件正常情况下的校验和值写入文件本身中（一般写在文件头部信息中），在每次程序初始化时，实时计算文件校验和，然后将此校验和值与原存储的校验和值进行比较，从而实现程序的自检测。

（3）校验和检查程序常驻内存。每次程序初始化时，实时计算文件校验和值，然后将此校验和值与原存储的校验和值进行比较。

可以看出，该方法的优点是能发现未知病毒，即使是被查文件的细微变化也能被发现。但同时也存在必须事先记录正常情况下的校验和值，以及不能对付隐蔽型病毒等缺点。

9.3　操作系统安全

计算机系统可被粗略地划分为硬件层、操作系统层及应用软件层。操作系统作为系统软件，是计算机软件系统的最底层，因此也是最基础部分。操作系统安全在整个计算机系统安全中是非常关键的一环，也是其他应用软件安全的基础。操作系统安全的目的是为上层应用软件提供一个安全的运行平台和环境，根据不同的安全需求，操作系统可以采用不同的技术来保证自身的安全。本节将以 Windows NT/2000 及 UNIX 两种典型的操作系统为例，介绍各自的一些操作系统的安全特性。

9.3.1　Windows NT/2000 的安全性

传统的操作系统的安全设计都是体现在其文件系统（File System）的访问控制功能。Windows NT/2000 操作系统在安全功能上的最大特点也是 NTFS（NT File System）的安全。一般来说，只有 Windows NT/2000 操作系统可以访问 NTFS 的驱动程序，也就是说，NTFS 的文件不可以通过 DOS（Disk Operating System）引导或其他方式启动系统的途径被访问。

NTFS 通过增强文件及目录的安全特性来保证用户数据的安全。NTFS 也通过严格地对文件和目录授以许可权的方式，来防止恶意用户访问未经授权的文件和目录。也就是说，NTFS 不允许任何超越了权限列表的操作。此外，NTFS 也通过自动恢复等功能来保证文件和目录的物理安全。总体来说，跟上一代的 Windows 文件系统 FAT 比较，NTFS 更为安全。简要介绍如下。

（1）在速度上，NTFS 比 FAT 快。这是因为 NTFS 采用了二进制的树结构来管理目录以缩短查找文件所需的时间。

（2）磁盘利用率，NTFS 比 FAT 高。这是因为 NTFS 采用了 512 字节小簇结构，这样就大大减少了磁盘里的文件碎片。

（3）NTFS 还提供了可让用户选择的文件和目录压缩功能。

同时，NTFS 为提高系统的安全性能，还采取了如下的安全措施。

（1）许可权。许可权也就是在某项资源上允许用户所做的操作。一般来说，资源包含有文件、目录、各类硬件设备，以及系统的各种对象和服务程序等；针对不同的用户，不同的资源，许可权也是不同的。例如，对于同一个用户，可能访问打印机的许可权是"只读"，而访问文件是"读写"。

（2）所有权。一般来说，文件或目录的创建者就是它的所有者，也就是对它拥有所有权。所有权概念有几个特点：一是所有者可以给其他的用户赋予所有权；二是所有者不能放弃自己对对象的所有权，这是因为创建者需要对这个对象负责；三是所有者可以改变他拥有的对象的许可权。其中，有一个特殊的情况需要注意：管理员可以在不征得所有者同意的情况下获取对象的所有权，但他却不可以将这个所有权赋予其他用户。因此，如果管理员是出于非法的目的来获取对象的所有权时，他的所有操作都将被记录下来，这样他在非法使用对象后，就无法通过将对象的所有权再交给其他人而进行抵赖。

（3）访问许可权。访问许可权使用最多的情况就是共享。访问许可权的设置方法有很多种，而且也可以随意进行修改，最终目的都是为了满足共享对于对象的访问。在Windows NT/2000 系统中，最常见的是设置打印机和磁盘的访问许可权。不过，对不同的资源，其设置方法可能会一些差别。

在了解了 NTFS 的这些安全措施后，接下来介绍另一个广泛使用的操作系统（UNIX）的安全设计。

9.3.2　UNIX 的安全性

如前所说，一般常见的操作系统的安全设计都体现于它的文件系统的保护措施上，UNIX 和 NTFS 都继承了这个操作系统安全设计的观点，因此 UNIX 的文件系统安全与NTFS 的安全很相似。除了文件系统外，UNIX 的另一个安全功能设计对后来的操作系统安全设计产生了很深远的影响，这就是 UNIX 的口令安全（Password Security）。

在 UNIX 的安全模型里，几乎所有的系统资源都可以被看做文件，而用户都可以通过文件访问的界面来使用系统资源。因此，操作系统安全的问题就变成了文件系统的安全问题。前面也解释过，传统的操作系统安全设计都是体现在它的文件系统的保护措施，而文件系统的安全一般包括授权与访问控制。访问控制的前提是操作系统能够可靠地认证用户的身份。口令安全是 UNIX 达到用户身份认证的一种传统方法。在这里，主要介绍 UNIX 的口令安全、文件许可权、目录许可及文件加密特性。

在 UNIX 中，系统的每个用户的身份认证信息都存放在/etc/passwd 文件中，如果是加密后的口令，则也可能存放在/etc/shadow 文件中。通常，/etc/passwd 文件主要包含用户名、经过加密的用户口令、用户号、用户组号、用户注释、用户主目录，以及用户所用的 shell 程序等。其中，用户主目录（Home Directory）是操作系统分配给用户个人使用的子文件系统，用户成功登录系统后都在这子文件系统内存储自己的文件；一般来说，用户子文件系统是操作系统文件系统的一小部分。此外，用户号（User Identity，UID）和用户组号（Group Identity，GID）是用于唯一标志（Unique Identity）一个用户在系统中的访问权限的。

用户口令是操作系统用来认证用户身份的依据；存储在/etc/passwd 的用户口令是已加密的口令，其目的是解决口令存储的安全问题。在验证口令时，操作系统先要求用户提供一个口令，把这口令作同样的加密，然后跟/etc/passwd 内的口令作比较。一般的登录过程是：用户先输入用户名和口令，等待系统验证；然后，系统将从/etc/passwd 中取出该用户存放的加密口令，把这个口令与用户输入的口令经过计算比较，如果符合，那么可以正常登录，否则，将拒绝该用户的此次登录操作。在正常登录系统后，用户可以随意使用自己的子文件系统内的资源。此外，用户可用 passwd 命令来修改自己的口令。

UNIX 系统中，系统的资源都被看做文件，所有的设备都可以被做特别的文件（special files），而用户则通过文件系统的界面使用系统资源。因此，文件的访问授权与控制非常重要。在 UNIX，文件属性决定了这个文件的被访问权限，也就是决定了谁能读写或执行该文件。典型的文件属性如下：

"-rwxrwxrwx 1 mj cs440 70 Jan 29 11:10 test"

这里面字段依次表示文件权限（Protection Modes）、文件联结数、文件所有者名、文件相关组名、文件长度、上次存取日期和文件名。文件权限字段"rwxrwxrwx"里的"r"、"w"和"x"分别代表了"读"（Read）、"写"（Write）和"执行"（Execute）的权限。而该三段"rwx"分别代表了"用户自己"、"同一组的用户"和"其他用户"的权限。例如，考虑一个典型的文件授权，即用户自己有所有的权限，而同一个工作组的用户只能"读"不能"写"，但系统内的其他用户甚至不能读文件的内容；这样的权限可以用"rwxr-----"字段来表达。其中，"-"代表没有授权的意思。

对于 UNIX 系统来说，其实目录也是一个文件，从文件属性的角度看，目录的属性前面带一个"d"。因此，目录许可比较类似于文件许可，使用 ls 命令就可以看到目录的属性。一般来说，如果需要在目录中增加或删除文件，那么必须具备该目录的"w"许可权。进入目录或需要将该目录作路径分量时，要求有"x"许可。因此，如果要使用某个文件，不仅事先需要具有该文件的许可，还需要找到该文件的路径上所有目录分量的相应许可，这是因为，文件的许可仅仅在要打开这个文件时才起作用。需要注意的是，对于 rm 和 mv 命令（即 remove 和 move 命令），只需要有目录的"x"和"w"许可，并不需文件的"r"许可。

除了文件系统的访问控制与基于口令的身份认证外，UNIX 系统也向用户提供了 crypt 命令来加密文件。用户可以使用自己喜欢的任意字符串作为密钥，将输入 crypt 命令的信息加密为杂乱的字符串；需要解密时，用户再使用此命令，并用之前的密钥对加密信息进行解密，就可以恢复文件的原始内容。一般来说，在使用加密功能后，应该将原始文件删除，可见的是只有加密后的文件。同时自己需要记住加密的密钥。加密密钥的选取原则可以与用户口令的选取的原则相同。还有个常用的方法是，在加密前用 pack 或 compress 命令对文件进行压缩，然后再加密，这样可以加大破解的难度。

9.3.3 访问控制

计算机中的访问控制第一次被人们重视起来是从分时系统（Timesharing System）的出现开始的。分时机制允许多个计算机用户同时共享中央处理单元（CPU）。通常，CPU 使用时间、其他系统资源，如主内存（Primary Memory）和磁盘空间等都可以在用户间共享。在典型的情况下，主内存是由 CPU 的硬件进行保护的，而磁盘则是由操作系统软件进行控制的。此类系统称为多用户系统。

在多用户系统的操作环境下共享资源的访问控制成为必不可少的需求。在这种情况下，如果不能适当地执行访问控制的话，恶意用户就可以通过读取和修改受害人的主内存中的内容或磁盘文件来窃取信息。这样的话，电子欺诈变得容易执行且更不容易被发现，因为在这些环境下，传统的物理安全保护手段已经不再适用。

现今的操作系统一般采取两种主要的访问控制机制：自主访问控制（Discretionary Access Control，DAC）和强制访问控制（Mandatory Access Control，MAC）。概括地说，在 DAC 的机制下，资源的访问权限由各资源所有者自主决定；MAC 则在 DAC 的基础上，实行了一种最高的、超越了资源所有者的自主意愿的安全控制机制。例如，在 UNIX 上，一个文件的所有者可以把文件设置为公共可访问的权限，但是如果是在 MAC UNIX

上面，这个操作可能强制性地被系统拒绝，除非这个操作没有违反系统制定的安全策略。以下对这两个访问控制的概念再加以解释。

自主访问控制允许资源的所有者自主地决定谁可以访问他们的资源。为了使系统赋予用户资源的访问权，这个机制需要用户的正确识别。自主访问控制可以有很多实现方法，由于访问控制机制必须执行由系统用户或者管理员制定的一些安全策略，一个访问控制机制为了正常的运行，就需要了解系统的安全策略。因此，在设计访问控制的过程中，一个关键的考虑是安全策略的内部表示方法。访问控制策略在内部可以表示为访问控制矩阵（Access Matrix）、访问控制列表（Access List）或权限列表（Capability List）等形式。

简单地说，访问控制矩阵是一张表，描述了系统中每个用户（Subject）对于每个资源（Object）的访问权限。访问权限可以是所有可能的权限集合的任意子集，例如，对于 UNIX 文件来说，所有可能权限的集合为

all={读，写，执行}

为了方便，将访问权限的全集用"标签"、"All"（即所有权限）来表示，矩阵的行（Row）为用户名，矩阵的列（Column）为资源名称。

为了简化讨论，在这解释中假设文件是系统内唯一种类的系统资源。表 9-1 所示为一个简单的访问控制矩阵的例子，图中的每一项 $M_{i,j}$ 代表了"用户 i"对于"资源 j"的访问权限。

表 9-1　一个简单的访问控制矩阵例子

	文件_1	文件_2	文件_3	文件_4
用户_1	$M_{1,1}$	$M_{1,2}$	$M_{1,3}$	$M_{1,4}$
用户_2	$M_{2,1}$	$M_{2,2}$	$M_{2,3}$	$M_{2,4}$
用户_3	$M_{3,1}$	$M_{3,2}$	$M_{3,3}$	$M_{3,4}$

访问控制矩阵有一个很大的缺陷，就是在一个拥有成百上千用户的分时系统中，大多数矩阵中的项将会是空的。通常文件只有各自的所有者可以访问，因此，在实际中访问控制矩阵是非常稀疏的，从而造成内存利用率不高。例如，给出上面的矩阵，如果"文件_1"的所有者（Owner）是"用户_1"，"文件_2"和"文件_3"的所有者是"用户_2"，"文件_4"的所有者是"用户_3"。那么，相应的访问控制矩阵就如表 9-2 所显示。该表显示了访问控制矩阵缺陷。为了解决这个问题，访问控制列表（ACL）提供了一种高效的解决办法，系统只存储那些非空的项目。

表 9-2　相应的访问控制矩阵实例

	文件_1	文件_2	文件_3	文件_4
用户_1	All			
用户_2		All	All	
用户_3	{读}			All

在 ACL 中，系统需要维护一个关于访问权限的列表，列表内的每一项针对系统内的

某一个文件（或资源）。列表中的每一项表明了某些用户对于相应文件的访问权限。也就是说，一个列表可以看做访问控制矩阵中的某一列。例如，访问控制列表中和"文件_1"、"文件_2"相关的表示为

$$\{(用户\_2，All)，(用户\_3，\{读\})\}$$

和

$$\{(用户\_2，All)\}$$

为了进一步减少 ACL 所需的系统存储，当表示一个文件的访问权限时，用户可以分类为"所有者"，"所有组"和"其他"。访问权限可以被赋予这些类别而不是单个用户。例如，在 UNIX 上，一个典型的用户访问列表为：

$$（所有者，RWE），（所有组，R—E），（其他，R——）$$

现今大多数主流的操作系统都把访问控制列表作为主要的访问控制机制。这种方法可以扩展到分布式系统，访问控制列表由文件服务器来维护。

ACL 是解决访问控制矩阵的存储问题的一种方法，CLIST 提供了另一种高效的办法来解决这个问题。与 ACL 一样，实现 CLIST 的系统也是只存储那些非空的项目。CLIST 的方法是根据行来划分访问控制矩阵，从而得到系统的权限列表。在权限列表的实现中，操作系统需要维护访问权限列表的集合，每一个用户拥有一个权限列表。在一个用户的列表中，每一项表示用户对某一个文件（或资源）的访问权限。也就是说，每个列表可以看做访问控制矩阵的某一行。权限列表中的每一项包括了资源名以及可以在资源上进行的操作权限集合。例如，"用户_1"和"用户_2"各自的权限列表如下：

用户_1：{（文件_1，all）}

用户_2：{（文件_2，all），（文件_3，all）}

为了在某个资源上执行一个操作，操作系统内正在运行的进程都需要拥有对这个资源的相应权限。在传统的权限系统中，权限列表经常由操作系统内核管理。在每一次使用资源之前，操作系统内核都必须检查该进程是否有合适的权限。剑桥的 CAP 计算机是第一个采用了 CLIST 方法的操作系统。

强制访问控制是另一个受到广泛使用的访问控制措施。在这种访问控制机制下，资源拥有者不能完全决定谁可以访问他们的资源。因此，也称为"强制访问控制"（MAC）。

在很多情形下，自主访问控制已经足够应对了，但是它却无法解决由被感染软件而产生信息的安全泄露所带来的情况，如特洛伊木马（Trojan Horse）。这是因为，那些被授权可以访问敏感数据的程序可以自由地传输数据给系统中的其他程序或者用户。例如，一个程序能够将敏感数据写入新的文件，然后成为这个新文件的所有者，它可以完全自主地设置该文件的访问权限，使得该文件可以被非法的入侵者读取。

为了解决这类问题，MAC 的目标是尽可能地减少此类攻击所带来的损失。MAC 通过在操作系统执行某一最重要的顶层安全策略来达到这个目标。有了 MAC，文件的所有者便不能随意传递该文件，除非该项操作没有违背系统的安全策略。例如，一个公司的安全策略规定只有客户服务部门的高级职员才能访问客户记录，这样一来，操作系统便不允许任何企图通过电子方式将这些数据传给同部门其他低级职员的尝试。

在 MAC 中，系统管理员会把特殊的安全属性分别给予系统内的用户（或主体，Subject）和资源（或客体，Object）。这些安全属性是不能被用户自主改变的，它们不同于自主访问控制中类似于访问控制列表的属性。系统必须先通过比较他们的安全属性是否一致来决定一个主体可否访问一个客体。例如，考虑以下的情况：

客体是"演讲笔记"，该客体的安全属性是{老师，学生}；

客体是"试卷"，该客体的安全属性是{老师，秘书}；

主体是"史蒂夫"，该主体的安全属性是{学生}。

因此，"史蒂夫"可以访问老师的"演讲笔记"。但是"史蒂夫"不能访问老师的"试卷"，因为他的安全属性不在"试卷"的安全属性中。

MAC 的特点是用户运行的所有程序都不能改变它本身或者任何客体（包括用户拥有的那些客体）的安全属性。这样的控制措施可以有效地解决特洛伊木马所带来的信息泄露的威胁。因为，即使用户是文件的拥有者，用户所运行的进程因此得到对该文件的权限，而特洛伊木马又通过感染该进程得到这个权限，但只要特洛伊木马对文件的操作（如尝试公开文件的内容）违反了 MAC 制定的安全策略的话，特洛伊木马还是不能把该文件传输给入侵者。

MAC 的重要性说明，对于那些需要使他们的计算机安全的人，保护软件不被攻击是一个必须关注的问题；个人计算机用户也不能除外。乍一看，一个隔绝的个人计算机用户是没有任何安全威胁的。不幸的是，由于用户固有的使用习惯，个人计算机很容易受到不同类型的攻击。当今，修改软件的攻击已经增加，各式各样的计算机病毒为人们所关注，使其成为最令人畏惧的软件类型。计算机病毒一般定义为"隐藏在计算机系统中的一段代码"，通常隐藏在其他正常程序中。与特洛伊木马不同，在执行时，病毒复制并且传播自己到其他的计算机系统中。计算机病毒可能是"良性的"或"恶性的"。"良性"病毒复制自己后，通常不会试图作恶意伤害，而是在屏幕上显示一些恼人的信息或是降低系统性能。但是，"恶性"病毒在复制自己的同时会引起破坏，改变或者毁坏磁盘上的程序和数据文件。因此，要特别小心地避免获取恶意软件是非常重要的，特别是那些喜欢随意交换程序并且不在意程序完整性的个人计算机用户。如今，反病毒软件包同那些病毒一样在个人计算机之间广泛流通，以便于减少那些常见病毒所带来的损失。

实际上，即使特洛伊木马不构成威胁，MAC 在防止事故或失职方面的能力也是优于 DAC 的。例如，在 MAC 的访问控制之下，用户将更不可能无意地（通过恶意程序或是手工误操作）以未授权的方式泄露信息。

DAC 和 MAC 也都有它们的优缺点。显然，MAC 效率不高，由于在给予一个用户权限之前，系统需要做更多的检查。因此，只有当数据安全是机构头等关心的事情时，MAC 的访问控制措施才会被机构采用。因此，电子政务往往是 MAC 最受重视的地方。在国外，MAC 是一个很常见的安全需求，主要用于强制执行电子政务信息系统的安全策略。

9.4　小结

实际使用的信息安全技术必须具有适当的实用性和可操作性，所以，一般信息安全技术都与所保护的信息系统结合在一起。在某些情况下，信息安全技术可以直接嵌入信息系统的数据存储、处理及传输的过程之中，从而达到更好的保护效果。

　　在不同的应用环境中，信息系统的安全需求及面临的威胁往往不尽相同，因此相应的安全措施也需要随之改变。所以，信息安全技术方法不仅种类繁多，而且有些技术还存在交叉。对信息安全技术的正确使用能够使其在不同的场合发挥应有的作用。

　　目前较为普遍的信息安全技术有：防火墙技术，主要用于隔离外部开放互联网和内部网络；防病毒技术，主要用于在个人计算机及工作站上抵抗恶意代码注入和病毒的传播等；操作系统安全技术，保护操作系统正常运行及用户的数据完整有效；访问控制技术，用于防止未授权的访问等。本章主要介绍了这三种比较传统的、常见的信息安全技术。

第 10 章
密码技术的应用与安全协议

前面介绍了防火墙、防病毒、安全操作系统，以及访问控制等用来保护信息系统安全方面的安全技术。仅仅有了这些安全技术，也不足以满足大型信息系统的风险控制需要。信息本身是需要保护的对象，密码技术就是研究如何保护信息安全和保密的一门技术，主要用于保护信息在传输过程中不被窃取和非法篡改等。可以说，密码技术是信息系统安全中的核心技术。因此，密码技术广泛应用在信息系统安全的各个领域及大部分的安全机制中。

密码技术主要有对称密码和公钥密码两大类。在传统的密码体制中，密文的发送方和接收方的密钥是对称的，也就是说，加密和解密过程使用同一个密钥。对称密码比公钥密码简单得多、计算快捷，适用于大量数据的加密。然而，由于加密和解密需要用同一个密钥，发送方和接收方均须在进行密码操作前得知使用的密钥。因此，密钥管理问题是对称密码技术的难点。而公钥密码技术中由于加密和解密使用不同的密钥，同时不能从加密钥匙计算出解密密钥，因此，就需解决密钥分发的问题。公钥密码技术还在身份认证及数字签名等方面具有非常广泛的应用。除了密码技术，在使用计算机系统时，无论它是集中式还是分布式，都需要更全面的安全措施来保护系统的数据。访问控制是信息系统保护措施的一种，但访问控制的前提是信息系统能够有效地确认每个用户的身份。因此，也要讨论用户的实际身份验证及授权机制等方面相关的安全问题。

10.1　密码技术概述

密码技术是一门结合了数学、计算机科学、电子与通信等领域的应用学科。密码技术的目的，是研究和设计包括保证信息机密性、提供数字签名、身份认证及秘密分享等安全功能，为现代化信息系统所需要的技术风险控制措施提供基础。例如，在分布式系统中，通信时容易受到窃听及篡改等攻击，因为所有的消息包都是通过网络传输的。因此，需要对分布式的通信进行必要的保护，密码技术就是保护措施中非常核心的手段。使用密码技术不仅可以保证信息的机密性，也可以保证信息的完整性，即防止信息被篡改，同时也可以保证信息的真实性，即防止伪造与假冒。

密码技术是通信与系统安全中的基础设施，但是，密码技术达到的仅仅是有条件的安全，而不是绝对安全。因为信息系统的安全是全方位的，哪怕有一方面存在漏洞或失误，都会带来对系统安全的威胁。例如，系统的安全特征设计不合理、系统安全特征被错误使用、安全部件实现或是配置出现错误，以及原有的物理环境发生了变化而造成安全威胁等。因此，系统的安全应该是基于风险管理的，系统的安全需要经过风险评估与分析，而后采取正确的安全管理手段及合理的风险防范措施来达到系统的安全目标。

一般来说，传统密码技术的基本概念就是加密过程及其对应的解密过程。如图 10-1 所示，一般的加密过程就是发送方使用加密密钥将明文根据加密算法的操作变成了密文。与此相应，解密过程也就是接收方使用解密密钥和解密算法将密文还原为明文的过程。可以看出，因为信息在加密与解密之间的中间状态是密文，即使被拦截者获取了也无法直接推算出明文，从而达到了保护通信传输的目的。

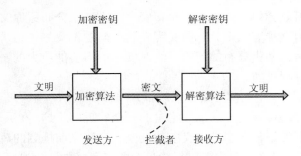

图 10-1　一般的传统密码操作模型

　　根据密钥的特点，密码技术可以分为对称密码技术（Symmetric Cipher）和非对称密码技术（Asymmetric Cipher）两类。对称密码技术又称"单钥密码技术"或"私钥密码技术"，其最大的特点就是加密密钥和解密密钥是相同的。非对称密码技术又称"双钥密码技术"或"公钥密码技术"（Public Key Cryptosystem），其最大特点就是加密密钥与解密密钥是不相同的，而且从加密密钥是无法推出解密密钥的。一般将发送方所拥有的加密密钥称为公钥（Public Key），而将接收方拥有的解密密钥称为私钥（Private Key）。另一方面，根据加密方式的不同，对称密码技术又可以分为流密码技术（Strem Cipher）和分组密码技术（Block Cipher）。流密码技术是将明文按字符逐位进行加密；而分组密码则将明文分成若干组，再对各个分组进行加密。

　　可以看出，使用对称密码技术，密钥需要经过安全的通道分发至发送方和接收方，因此，它的安全性主要体现在密钥的安全性上。对称密钥的优点在于有较高安全性和加密、解密速度快。但是随着网络应用越来越多，规模越来越大，密钥的管理成为对称密码技术的一个难题。得到最广泛应用的对称密码算法是 1977 年美国国家标准局颁布的 DES 算法。

　　在公钥密码技术里，由于加密密钥与解密密钥是不同的，因此不需要安全通道来传送公钥密码，这在一定程度上缓解了密钥管理的压力，而且公钥密码还可以应用在数字签名领域。但是，往往公钥密码技术都是基于公认的数学难题，因此公钥密码技术的加密、解密算法比较复杂，从而造成计算成本包、加密、解密速度慢的问题。最为人们熟知的公钥密码算法是 1978 年由 Rivest、Shamir 和 Adleman 提出的 RSA 公钥密码算法。

　　因此，在现实应用中，人们通常将对称密码技术与公钥密码技术综合在一起使用，在发挥两者的优点的同时避免了两者的缺点。例如，发送方可以使用一个对称密钥将原文加密，然后用自己的私钥将密文签名，同时使用接收方的公钥加密对称密钥，最后将这三个内容（用对称密钥加密的原文、用公钥加密的对称密钥、用私钥产生的数字签名）发送至接收方。接收方收到这些内容后，使用自己的私钥将对称密钥解密，然后使用发送方的公钥来验证密文的发送来源，同时使用解密好的对称密钥来还原密文至明文，从而正确地取得原始的通信内容。

　　虽然有了很好的密码技术，但是一般来说，绝对的安全仅只是理论上的，因为在现实中要实现绝对安全的代价非常大。密码学的理论研究证明了绝对安全的密码需要密钥空间和明文的空间一样大，这就意味着使用密码之前必须有很安全的方法生产、分布并管理好密钥。有人可能会问：如果有一个很安全的方法来分布跟原文一样长度的密钥的话，我们何不直接用这种方法来分布原文呢？这些问题都突显了追求绝对安全的困难所在。此外，即使不考虑密钥分布的问题，绝对安全所需要的巨大的密钥空间所带来的密钥管理问题也是很难解决的。

因此可以说，实际上绝大部分密码系统都是可以攻破的，因为限于实际的实现手段，理论上绝对安全的密码技术也无法保证绝对的安全。理解了这一点，就明白了在实际应用当中我们需要达到的是带有实际意义上的安全，这和之前提到的风险管理的观点是一致的。理论上，常常假设密码攻击者可以尝试用所有可能的密钥进行攻击，但是实际上，攻击者所掌握的资源也常常是有限的，并综合考虑到攻破一个密码所需要使用的时间，一个理论上不是绝对安全的密码技术在实际使用中可能是安全的。总之，需要考虑现实中的种种制约条件和资源，了解安全与不安全都是相对的概念，而其中"密码被攻破的时间"是一个需要重点考虑的因素。

10.2　密码技术应用

保护通信内容是密码技术的早期目的，密码的应用确保了信息在传送的过程中不被窃取、篡改，同时接收方完整无误地解读发送者的原始信息的方法。随着计算机网络的普及与分布式信息系统的广泛应用，密码的应用已经从简单的网络通信保护延伸到计算机的信息交换保护。然而，当分布式信息系统被应用到电子政务和电子商务领域时，信息交换的功能主要是为了满足业务运作的需要，而信息交换的保护需求就必须满足相关的业务需要。因此，密码技术的应用也从简单的通信保密延伸到了电子交易保护。可以说，密码技术是信息系统安全的基础内容，几乎渗透到信息系统安全的各个领域，而且大部分的安全机制也是和密码技术分不开的。本节首先简要介绍对称密码技术及公钥密码技术的使用方法，然后再介绍数字签名和 Hash 函数的配合使用，最后结合一个简单的例子来认识一下密码技术。

10.2.1　对称密码技术使用方法

对称密码技术是从简单的换位（Transposition）、代替（Substitution）等方法发展而来的。从 1977 年美国颁布的 DES 算法公布以来，对称密码技术得到了很大的发展，并在商业领域（特别是在金融领域）得到非常广泛的应用。例如，银行的自动提款机（Automatic Teller Machine，ATM）和电子转账服务（Electronic Fund Transfer，EFT）所涉及的信息传输，都需要使用密码来确保业务的安全。

按照每次加密所需要处理的位数来看，对称密码技术可以分为流密码和分组密码两类。目前，针对商业应用的对称密码技术的主要发展趋势是以分组密码为重点。一般来说，分组加密通常是为固定长度的数据块加密，但是需要加密的消息由业务应用系统决定，并很可能没有固定的长度。因此，对称密码在实际应用的时候需要有不同的使用方式来满足不同的应用情况。较为成熟的分组加密方式有：

（1）电子编码本（Electronic Code Book，ECB），直接使用对称加密算法来加密一个分组。

（2）密码分组链接（Cipher Block Chaining，CBC），重复使用对称加密算法来加密一个由很多分组组成的消息。

（3）密码反馈（Cipher Feedback，CFB），使用对称加密算法来加密一个字符流，当每个字符到达时对它进行处理。

（4）输出反馈（Output Feedback，OFB），是流密码加密的另一个方法。

ECB 是用最原始的方式使用对称分组密码，即把原文分成固定长度的分组，然后用分组密码把原文加密。由于在一个给定的密钥的控制下，每一个输入分组的值（原文）都和唯一的一个输出分组的值（密文）相关联；反之亦然。这样的密码运作就好像通过一个编码本做编码一样，因此，这种模式称为"电子编码本"。ECB 模式的局限是它不适合用来加密包含很多分组的消息。

一般的分组密码每次只能处理一个较短的原文，例如，受到广泛应用的 DES 或它的新变种 3DES 都只能处理 64 位的分组。但是，一般在电子政务和电子商务使用的信息系统都需要传输较长且没有固定长度的原文。加密这样的消息，不能通过简单地将它划分为 64 位的分组来实现（在本章的讨论中，都用 DES 这个基本的分组加密作为解释的例子）。因为这样的简单分组加密会存在一些严重的安全缺陷，例如，在很多的实际应用中，某些消息的片段往往会重复出现；此外，计算机常常用固定的格式生成消息，使得重要的数据总是在相同的位置上。如果使用 ECB 加密方式，一个警觉的入侵者在中途拦截了许多组这样的消息后，他有可能检测出重复的部分，并把分组密文重新排列从而构成一个对他有利的假冒消息。

总的来说，当一个 n 位的分组密码以它操作的固有模式来使用时，会经历以下局限：

（1）不能用来加密长于 n 位的消息；

（2）如果一个长度超过 n 位的消息被划分为 n 位分组的序列并且独立地加密，由于某些固定的消息格式，这个序列的开头和结尾往往会出现固定不变的密文分组，因此，可能获得大量的明文密文对；

（3）连续的分组并不是相连的，通过简单地按不同的顺序重放一些密文分组就可能获利。

因此，ECB 方式的缺陷在于它没有将分组链接在一起。通过单独加密每一个分组，让它们成为相互独立的片段，使得攻击者能对它们进行分析并且按照自己的目的进行组合。我们需要的是一个在加密的同时能把分组密文按照特定的序列链接的方法，使密文只能按照这序列来解密；否则，它将使密码变得没有任何意义。这种使用分组密码的方法被称为 CBC。

如图 10-2 所示，CBC 的操作是用一个加密步骤的输出来修改下一步的输入，因此每个密文分组是相互依赖的，不仅仅依赖于直接到达的明文分组，而且依赖于所有前面的明文分组。此外，图中假设了 DES 为基础的分组密码，因此，图 10-2 所示的所有操作都是对 64 位并行地进行处理。

图 10-2 的左边显示了 CBC 这种加密方法有一条反馈路径从密文输出到明文输入，除了第一个分组，每一个后继的分组在加密前都要加上前一个分组密文，这就使得第 n

个密文块 C_n 是所有明文分组 $P_1, \ldots, P_n$ 的函数。图 10-2 的右边显示了如何反转加密过程以达到正确的解密，在密文解密之后，要进行和开始执行的操作完全相应的修正，即加上前面的密文块。

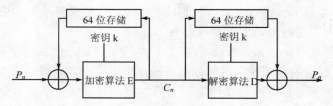

图 10-2　密码分组链接的操作方式

电子政务和电子商务信息系统的数据传输一般涉及以数据包（Data Packet）为单位的传输，CBC 的加密方式正是为了解决这类数据的安全保护问题。因此，CBC 基本上满足了电子政务和电子商务信息系统的数据传输保护需求。然而，当消息必须被逐字符或者逐位地处理时，CBC 的加密方式便显得无用武之地。这样的数据也称"流数据"，所需的加密方式必须能够有效地处理流数据的加密。流数据在当前的网络世界也有很广泛的应用，如网络电话（IP Phone）、网上聊天（Internet Chat）等应用。在这种情况下，信息系统可以使用另外一种被称为"密码反馈"的链式加密（CFB）。

密码反馈方法如图 10-3 所示。从表面上看，CFB 显得和 CBC 很相似。然而，CBC 是对整个分组进行操作，CFB 是每次对一个字符（m 位）进行操作，并且字符的长度 m 可以作为设计的参数进行选择（在图 10-3 中，m 被设为 8）。这被称为"m 位密码反馈"。

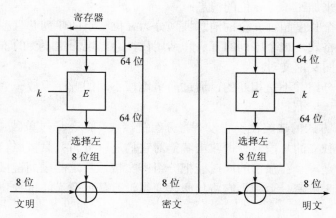

图 10-3　CFB 的操作方式

对字符流的加密是先把从密码算法 E 输出得到的字符加到明文字符来形成密文字符，然后在接收端将同样的数据和密文字符相加恢复明文。系统的设计使得用来叠加的数据流伪随机化（Pseudo-Random），却给发送端和接收端提供了相同的流。用来加密字符流的伪随机序列是从密码算法 E 输出的 1～m 位得到的。在这里，很重要的一点是要

明白密码算法 E 在链路的两端都进行了一次加密（而不是先在发送方加密，然后在接收方解密的传统部署）。在这个例子里，加密算法 E 的输入来自一个 64 位的移位寄存器，该寄存器保存了已传输的最新的 64 位密文。这条链路上发送端发出的每一个字符都被移到移位寄存器的高位，替换另一端的相似数量的位。在这条链路的另一端也要对接收的密文进行相同的处理。这如同 CBC、CFB 将字符链接在一起，使得密文变成前面所有明文的函数。

如果密文的传输没有错误，移位寄存器（Shift Register，SR）的内容在两端是相同的。因此，密码算法 E 的输出在两端也是相同的，并且将同样的 8 位与数据流相加。这就确保了在接收端加密能够正确地被反转后再实现解密。

此外，若要开始密码反馈的过程，SR 必须加载一个关于初始变量（Initial Value，IV）。为了掩盖链路的开头出现的任何重复，按照惯例，在一个密钥的生命周期里每一链路都要使用不同的 IV。这些 IV 的值可以用清楚的形式进行传输，因为它们通过加密算法参与到处理过程中。

关于 CFB 的加密速度考虑，因为一个字符加密或者解密的每个阶段都要调用数据加密算法一次，所以 CFB 的性能可能受到密码算法 E 的操作速度的限制。

在已经描述的三种操作方法中，ECB 只能在有限的情况下使用，而 CBC 和 CFB 是在信息系统安全应用中较为通用的方法。分组密码的第四种使用方式是输出反馈（OFB）。OFB 是为了应对前两种通用方法中的一个棘手问题，即错误扩展（Error Propagation）。在噪声较大的通信网络中进行数据传输往往要面对数据被错误传输的问题。由于通信网络技术的不断改进，错误传输的问题已经有一段较长的时间被忽略了。一般的信息系统设计都很少深入考虑错误传输带来的问题。但随着移动网络以及移动计算的普及，越来越多的电子政务和电子商务系统都争相采用移动网络作为提供电子服务的渠道。由于移动网络的通信质量很容易受到移动终端环境的影响，例如，接收点的信号弱或者附近环境有干扰等问题，人们不得不再次面对通信噪声这个阔别已久的老问题。对于某些应用来说，例如，编码的语音或者视频信道，在传输或者存储中存在少量的随机噪声是可以忍受的，主要是因为这类数据都有高度冗余。即使如此，错误扩展还是会把原来可以忍受的问题扩大到一个不可接受的程度。因此，不能让那些偶然的、孤立的传输错误被加密方法的错误扩展属性扩大化。

如图 10-4 所示，OFB 是基于 Vernan 发明的 One-Time-Pad 加密模型。但跟 Vernan 不一样，OFB 的操作没有使用真正的 One-Time-Pad，而只有伪随机源（Pseudo-Random Generator）。它具有所有加法流密码（Vernan 类型）的特性，即：密文中的错误会简单地被传送到明文输出的对应位上。图 10-4 给出了 OFB 加密，处理 m 位的字符，并且有 m 位的反馈路径。伪随机流是应用到密码算法 E 的反馈结果。

加法流加密的非错误扩展的属性也有它的缺点。一个对信道的主动袭击能对明文产生受控的改变。线路两端伪随机数生成器的同步是关键的。如果它们不同步，接收端输出的明文将是随机的。若开始或者重新同步 OFB，移位寄存器必须加载同样的值。IV 可以用明文形式发送，因为知道它不会帮助敌人构造出伪随机流。

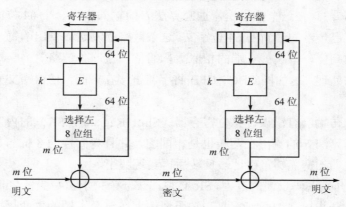

图 10-4　OFB 的操作方式

10.2.2　公钥密码技术使用方法

前面可以看到，对称密码技术在加密与解密的过程中使用相同的密钥，也因此带来几个局限性。例如，发送方和接收方需要事先协商这个密钥，Internet 网络的大规模应用将使这个密钥管理问题更具挑战性。此外，由于双方必须拥有相同的密钥，因此，当双方需要为消息内容承担责任，甚至对消息的来源发生争议的时候，对称密码的使用无法支持一个第三方仲裁机制的建立。这是因为，对称的密钥使用无法让第三方客观地确认消息的来源方。对称密码面临的这些问题推动了公钥密码的发展，经过 30 多年的研究努力，对称密码的这些缺陷都可以在公钥密码技术中得到很好的解决。

要更清楚地了解对称密码的局限和公钥密码技术在商业信息系统的价值，可以尝试考虑这样的情况：在某次电子银行交易中，银行的客户使用对称密钥加密数据后送给银行；银行收到以后把它解密（能成功解密的话），那就是说，这个加密的指令是来自客户的。然而，这也有可能存在某些问题：假设这是一个投资交易，而这个交易为客户造成投资损失，客户可能就否认做过这个交易。此时，银行就会将客户刚才发送过来的指令与客户对证，并提交给第三方仲裁。但客户很可能会强调，因为银行也拥有和客户相同的密钥，交易有可能是银行内部疏忽造成了此次交易。因此，在这种情况下无法证实交易产生的主体，从而产生争议。基于这些原因，商业信息系统需要的是应有一种能够在没有争议情况下认证交易的指令。这个认证的过程需要一个密钥，但这个密钥只有客户知道，而银行不知道；银行的回复指令则通过另一个密钥来确保，只有银行知道，而客户不知道。这就是一个非对称的安排，也就是说，通过确认只有客户才拥有的密钥来确保指令的真实性。因此，可以看出对称密码解决不了证明身份的问题，因为交易的双方都有可能出错，当双方都不承认的时候，就有了解决不了的问题，从而产生不可解决的争议。

公钥密码也称"非对称密码"。以一对密钥为参数，私钥 D（有时候也以符号 K' 代表）用做解密，公钥 E（有时候也以符号 K 代表）用做加密。公钥加密过程 E_E 通过下面公式将明文 M 加密成密文 C：

$$E_E(M) = C$$

同样，私钥解密过程 D_D 通过下面公式将密文 C 解密成明文 M：

$$D_D(C) = M$$

为简便起见，用 E_A 和 D_A 来表示对通信方 A 的加密过程（Encryption）和解密过程（Decryption）；而 $E_A(M) = C$ 是一个以 D 为陷门信息的单向陷门函数（One-Way Trapdoor Function with Trapdoor Information d）。

为了达到机密性，公钥密码系统中的转换必须满足下式：

$$D_A[E_A(M)] = M$$

同样，为了达到可认证和完整性，公钥系统必须满足下式：

$$E_A[D_A(M)] = M$$

在解释公钥密码的时候，保密的概念应该与签名产生的概念相区分，而且加密系统并不需要与签名系统相同。考虑如图 10-5 所示的场景，看看加密和签名是如何产生的。

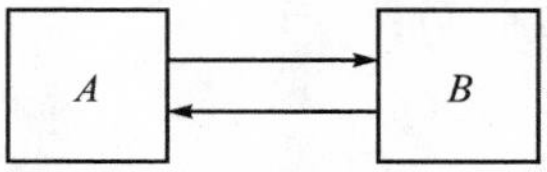

在图 10-5 中，A 和 B 是需要安全通信的通信方，此外 A 有加密算法 E_A 和解密算法 D_A，B 有加密算法 E_B 和解密算法 D_B。从 A 发到 B 的消息使用 B 的公钥进行加密，即

图 10-5　应用公钥密码的简单通信场景

$$C = E_B(M)$$

其中，E_B 是单向陷门函数。因此，如果没有给出陷门信息，攻击者从已知的 C 通过计算得到秘密 M 是不可行的。公钥密码能达到秘密性能的原因是由于陷门信息的秘密性，因此，用户 A 和 B 必须设法保护他们的密钥的秘密。通过陷门信息，B 可以轻易地从 C 计算 M。

除了加密外，消息的认证和完整性可以通过公钥密码的数字签名功能来达到。参考图 10-5 所示的场景，A 通过基于私钥的算法 D_A 来产生自己的签名，即

$$S_A = D_A(M)$$

另一方面，任何人可以通过 A 的公钥进行解密来验证 S_A。因为跟 D_A 对应的算法是基于公钥的计算，而且公钥是一个公开的信息，所以任何人都可以轻易地得到 A 的公钥，并用这公钥来验证签名 S_A。

公钥密码算法通常利用很高的计算复杂度来阻挡密码分析攻击，例如，有些公钥密码技术是基于模指数的，因为模运算是一个计算量相对较大的操作。因此，在公钥密码系统的实际应用中，公钥密码的计算速度往往较对称密码的速度慢得多。所以，当信息系统需要传输大量的数据时，信息系统往往不会简单地采用公钥密码技术来达到加密的效果。在信息系统安全技术的实际应用中，公钥密码技术主要应用在数字签名和密钥分发两个方面。

为更好地理解公钥密码技术，下面看一下当前公钥密码技术的两个最成功、最为广泛应用的算法。第一个，是 1976 年提出的 Diffie-Hellman（DH）指数交换机制；第二个，是 1978 年由 Rivest-Shamir-Adleman 提出的 RSA 算法。

　　Diffie-Hellman 公钥密码系统是世界上第一个被公开提出的基于公钥密码概念的密钥交换协议，最初的目的，是为了解决电话网络用户在秘密通话时所需要的密钥交换问题。因此，DH 方案的主要功能并不在于数据加密或数字签名，而在于密钥交换的功能。

　　DH 公钥密码系统是一个利用离散对数问题来定义的算法。首先，假设用户 A 和 B 已商定了一个共同的素数 p 和一个共同的本原根 g 模 p（primitive root $g \bmod p$），因此，对每一个 $a \in Z_p^*$ 都可以找到相应的某些 x （s.t. $x < p$）并以 $a = g^x \bmod p$ 的方式来表示。

　　在 DH 公钥密码系统中，p 和 g 都是公开的（有时称为 "系统参数"，System Parameters）。当 A 和 B 需要建立秘密电话通道时，他们必须先通过以下的 DH 协议来交换密钥：A 选择一个随机的 $x_A \in Z_p$，B 选择一个随机的 $x_B \in Z_p$；这些都是 A 和 B 各自保持的私钥，因此不会公开这些数据。然后

　　A 计算：

$$y_A = g^{x_A} \bmod p$$

　　B 计算：

$$y_B = g^{x_B} \bmod p$$

　　y_A 和 y_B 分别是 A 和 B 的公钥。A 和 B 所存储的秘密数据状态如图 10-6 显示。

　　为了建立安全电话通道，在各自生产了自己的私钥和公钥后，A 和 B 开始执行 DH 协议以达到交换密钥的目的。DH 协议要求：A 和 B 先交换他们的公钥；然后，利用自己的私钥与对方的公钥来计算出共享的密钥 K；最后，可以利用 K 和传统对称密码（如之前提到 3DES 并以 CBC 方式操作）来建立秘密电话通道。DH 协议进行方式如下：A 将 y_A 发给 B，同时 B 也将 y_B 发给 A，如图 10-7 所示。

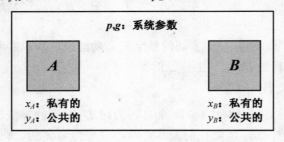

图 10-6　A 和 B 所存储的秘密数据状态

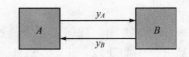

图 10-7　DH 协议参与者交换公钥

　　由于 A 知道 x_A 和 y_B，他可以计算：

$$K = y_B^{x_A} \bmod p = (g^{x_B})^{x_A} \bmod p = g^{x_A x_B} \bmod p$$

　　同时，B 也知道 x_B 和 y_A，他可以计算：

$$y_A^{x_B} \bmod p = g^{x_A x_B} \bmod p = K$$

　　很明显，针对 DH 算法的最简单攻击方法，就是先从公开信息 y_A 和 y_B 计算出私钥 x_A 和 x_B，然后利用这些私钥计算通信密钥 K。然而，这个方法等于要求攻击者必须先计算 $y_A \bmod p$ 的离散对数，但当 p 是一个超过 500 位的大素数时，这离散对数计算是一个公认的数学难题。因此，DH 方案的安全性依赖于计算离散对数的难度。

DH 方案的最大缺点是没有考虑公钥真实性的问题，也就是说，通话双方在交换公钥 y_A 和 y_B 时，假如一个入侵者 C 截取了 y_A，然后把自己的 $y_C = g^{x_c} \bmod p$ 发给 B，导致 B 错误地认为自己收到了 y_A，B 就会和 C 建立密钥机制。这攻击过程如图 10-8 所示。

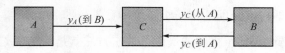

图 10-8　针对 DH 协议的 Man-in-the-Middle 攻击模式

因此，DH 协议的 Man-in-the-Middle 攻击的出现突显了公钥密码系统的一个严重问题，就是解决了对称密码系统的密钥分布问题的同时，自己却必须面对另一个钥匙管理问题，即公钥本身的真实性问题。这个问题带出了一个跟公钥密码系统有紧密关系的领域——公钥密码基础建设（Publc Key Infrastructure，PKI）。本章稍后再介绍 PKI 的概念。

在介绍 DH 方案的时候已经提到，DH 方法的设计目的主要是为了解决电话通信的密钥交换问题，也就是说，DH 本身没有支持数据加密的功能，而数据的加密最后还要由 DH 协议建立的共享密钥和传统对称密码来完成。针对数据加密的要求，Rivest、Shamir 和 Adleman 提出的 RSA 算法是第一个能支持加密的公钥密码系统，也是目前最广泛应用、对信息安全领域影响最深远的公钥密码系统。此外，RSA 算法也是唯一最通用的同时又可以支持加密与签名的公钥密码系统。由于 RSA 能支持保密和认证，因此，它能提供完整的和自包含的对密钥分发和签名的支持。RSA 方案的计算过程如下：

系统中的用户 A 选择两个随机的大素数 p 和 q，并计算

$$n = p \times q$$

和

$$m = \phi(n) = (p-1) * (q-1)$$

然后，A 再选择一个满足以下条件的加密密钥 e：

- $1 \leqslant e \leqslant m-1$；
- **gcd**$(e, m) = 1$，即 e 与 m 是互素。

再后，A 利用以下的条件，从 e 和 m 计算解密密钥 d：

- $e \times d \equiv 1 \bmod m$

最后，A 将公开 e 和 n，并以 (e,n) 作为 RSA 公钥；而将 d,p,q,m 保密，并以 (d,n) 作为 RSA 私钥。p,q,m 并不是用做解密的私钥的一部分，但因为解密私钥 d 可以很容易地从 p,q,m 计算出来，所以 p,q,m 必须保密。因此，RSA 的安全取决于攻击者能否从公开的 e 和 n 计算出保密的 d,p,q,m。然而，这个方法等于要求攻击者必须先计算 $n = p \times q$ 的整数分解，但当 n 是一个超过 1000 位的大整数时，这分解计算是一个公认的数学难题。因此，RSA 方案的安全性依赖于计算大整数分解的难度。

如果另一个用户 B 想和 A 进行秘密通信，在通过公共网络传输消息 M 前，B 将用下面的操作把 M 加密：

$$C = M^e \bmod n$$

A 则用下面的操作把 C 解密：

$$M = C^d \bmod n$$

由于 $M \in Z_n$，从以上的 RSA 加密、解密操作的描述中，可以看出 RSA 的使用方式跟分组密码差不多，即每次只能加密一组较小的数据，即 $M \leqslant n$。

此外，很明显，针对 RSA 算法的最简单攻击方法就是从密文 $C = M^e \bmod n$ 和 n 计算出私钥明文 M。然而，这个方法等于要求攻击者必须先计算 $C \bmod n$ 的离散对数，但当 n 是一个超过 1000 位的大整数时，这个离散对数计算是一个公认的数学难题。因此，RSA 方案的安全性也依赖于计算离散对数的难度。

除了加密功能外，RSA 也可以支持数字签名的功能。如果 A 在发送消息 M 的时候要求 M 的内容不被篡改，A 可以利用自己的私钥 d 以 RSA 算法对 M 进行数字签名：

$$S = M^d \bmod n$$

任何知道 A 的公钥 e 的人都可以利用 e 以 RSA 算法对该签名 S 进行验证，即

如果（$M = S^e \bmod n$），则 S 是 A 的真正签名。

至此，可以清楚地看到 RSA 算法的优点，就是能通过一些较为简单的数学概念达到数字加密与数字签名的功能。可是，跟 DH 方案一样，RSA 同样受到公钥真实性问题的困扰。因此，PKI 的建立对 RSA 方案的实现同样重要。这也解释了为什么人们在考虑网络安全、电子政务和电子商务安全技术的时候，都离不开 PKI 的讨论。

10.2.3　公开密钥基础设施

使用非对称密码技术提供安全服务的前提条件是可靠的非对称密钥管理机制（Asymmetric Key Management）。在网络环境下，虽然公钥可以被随意发布而无须保护其机密性，但公钥的发布却受制于中间人（Man-in-the-Middle，MITM）攻击等多种威胁。例如，在图 10-8 所示的攻击场景中，保护消息不被攻击者 C 获取的前提是使用了正确的（A 的）公钥。基于该特性，C 便可以设法在 B 获取 A 的公钥时将该公钥替换成自己的公钥，从而获取秘密的内容。如何在开发的环境下可靠地分发公钥便是非对称密钥管理技术要解决的关键问题，这就促成了公开密钥基础设施（Public Key Infrastructure，PKI）的产生。

广义地说，PKI 是指基于非对称密码技术来提供基本安全服务的安全基础设施。然而，狭义的公开密钥基础设施则是强调提供的公开密钥管理（分发）服务。一般来说，PKI 是通过管理证书（Certificate）来实现对公开密钥验证与分发的系统。证书一般包括持有者的身份信息、公钥数据和由可信第三方签署的数字签名三个部分。事实上，证书是通过可信第三方的签名来确保用户身份与其公钥的对应关系。而 PKI 是使用基于证书技术提供非对称密钥管理服务。

为了实现管理证书的功能，PKI 一般由以下核心组件组成：

（1）证书申请者/持有者。证书申请者是指向 PKI 申请证书的末端实体，可以是用户、设备等。当得到 PKI 为其颁发的证书后，变为证书持有者。

（2）依赖方。依赖 PKI 为其他末端实体颁布的证书来进行安全通信的末端实体。例如，在使用公开密钥算法发送加密的过程中，发送者需要利用 PKI 颁发给接收者的合法证书取得可信公钥，从而完成对消息的加密。此时，发送者是依赖方，而接收者是证书持有方。

（3）认证中心（Certificate Authority，CA）。PKI 中用来为证书申请者发放证书的可信实体。当 CA 认定某公钥属于某用户后，CA 将采用一定格式组织证书内容，并进行数字签名，从而完成证书的发放。

（4）注册机构（Registration Authority，RA）。在发放证书之前，CA 必须能够认证申请者所提供的身份信息，并确认申请者与某公钥的对应关系，这个过程被称为登记（Enrolment）。在登记过程中，通常需要大量的人工参与及资料管理。RA 是指用来完成登记过程的人员、软件和硬件的集合。

从以上列举的核心组件可以看出，PKI 实际上是由硬件、软件、人员和管理策略等多种要素组成的。除了这些核心组件，PKI 还通常包括证书库/资料库（如国际标准 C.C.I.T.T. 定义的 X.500 目录服务）、证书撤销服务（如证书撤销列表，Certificate Revocation List，CRL）和在线证书状态协议服务（Online Certificate Status Protocol，OCSP）等组成。

在实际实现方面，ITU-T 提出了通用的 PKI 标准：X.509。X.509 的设计初衷实际上是为了解决 X.500 目录的身份验证和访问控制问题。X.509 主要涉及 CA、资料库、证书撤销服务等组件。X.509 的最主要贡献之一，是详细定义了 X.509 证书的格式及 CRL 的格式。为了在 Internet 上实际应用和推广 X.509 标准，IETF 成立了 PKIX 工作组，进一步建设基于 X.509 标准的 PKI 系统（PKIX/PKI）。在 PKIX/PKI 中，几乎包括了上文提到的所有核心组件。

10.2.4　数字签名和 Hash 函数

数字签名是由 Diffie and Hellman 在 1976 年提出的，对电子文件进行数字签名的作用等同于纸质文件上的手写签名。因此，签名机制必须满足下列特性：

（1）签名要容易产生、容易识别，但很难伪造；

（2）数字签名不能是常数，它必须是所签文档的函数；

（3）签名必须是整个文档的函数，即使改变 1bit 产生的签名也应该有所不同。

在这里，使用 S_A 表示用户 A 的签名函数，V_A 表示相应的验证函数，M 是需要签名的电子文件，S 是 M 的数字签名。因此，验证数字签名的操作可以用以下的关系式来定义：

$$V_A(S, M) = \text{True}，当且仅当 \ S = S_A(M)时$$

这样定义数字签名的好处是可以把数据签名与数据加密的概念分开。不需要把数字签名说成用私钥加密，因为到目前为止，能满足这个说法的公钥密码系统并不多。

另一方面，公钥密码系统一般比传统系统运行更慢——签名机制（如 RSA、El Gamal）通常比较慢。此外，有些机制产生的签名的大小与它所签名的消息大小相似，有时甚至更大。因此，将数字签名直接运用到一个很大的消息通常是不可取的。这似乎是相互矛盾的，但是一种可行的解决方法是通过使用一个哈希函数（Hash Function）来得到的。

哈希函数 H 接收一个消息 M 作为输入，并输出一个代表 M 的 $H(M)$，有时称为消息摘要。在实际应用中，M 通常是一个很长的文件或数据包，而 $H(M)$ 则是一个固定长度的数据，并且 $H(M)$ 的长度比 M 小很多。例如，$H(M)$ 可能是 128 或 160 比特，而 M 可能是兆字节或更大的文件。

因此，数字签名算法可以更快速地对 $H(M)$ 进行签名产生 $S = S_A[H(M)]$。M 和 S 可以被封装到另外一消息中，该消息再被加密成密文。接收者可以验证 $H(M)$ 上的签名，然后将公共的 Hash 函数直接运用于 M，并检查它是否与接收到的 $H(M)$ 的签名版本相符。

在使用哈希函数来解决数字签名的速度问题的同时，必须考虑这方法所带来的一些安全问题。从数字签名安全的角度看，一个消息的签名应该是唯一的，但是由于 $H(M)$ 的长度比 M 小很多，所以可能存在的消息数目超过哈希函数的可能输出数目。因此，理论上从两个完全不同的消息提取出相同的消息摘要是可能的，这情况被称为"一个哈希碰撞"（Hash Collision）。

从安全上考虑，哈希函数需要避免冲突；但从速度上考虑，冲突却不能完全避免。即使如此，还是要求把这个碰撞的概率降到很低。在最理想的情况下，就是哈希函数有一个比较好的随机输出，那么碰撞的概率就由输出的大小决定。因此，如果 $H(M)$ 的长度比 M 小很多的话，碰撞的概率就很难降得太低。然而，在那么多的条件限制下，即使碰撞不可避免，最起码要求哈希函数有足够的随机性使攻击者很难找到所有碰撞同一个哈希值的信息。因此，一个哈希函数必须至少满足下列的最小要求才能适当地服务于认证过程：

（1）找到与指定消息有相同摘要的消息，在计算上通常是不可行的；

（2）哈希函数 H 可以处理任意长度的消息；

（3）H 产生一个固定大小的输出；

（4）对于任意给定的消息 x，$H(x)$ 相对容易计算；

（5）对于任意给定的消息 y，在计算上很难找到满足 $H(x) = y$ 的 x；

（6）对于任何固定的 x，在计算上找到满足 $H(x') = H(x)$ 的 $x \neq x'$ 是不可行的。

哈希函数的设计属于密码学领域，本章介绍的是哈希函数在信息系统的安全应用，因此，本章不进一步解释哈希函数的数学特性、算法设计与攻击分析。

10.2.5　常见的密码技术使用案例

以电子交易为例，说明一下之前的一些密码技术的应用。试考虑以下的情况：某家国家级银行为了改善客户服务推出网上银行服务，但银行客户众多，其中有为数不少的小存款客户。

在这情况下，网上银行交易的安全固然重要，但网上银行服务信息系统的建设成本同样是考虑的重要因素。因此，银行交易必须受到密码系统的保护，但要求银行跟每一个客户预先安排交换一个用做网上银行交易的密钥并不现实。一般常用的做法是公钥密码与对称密码结合起来使用，先安排银行客户都安全地拿到银行服务器的公钥，客户在进行网上银行交易时使用银行服务器的公钥加密交易信息。由于一般的交易信息比较长，从速度上考虑在客户端先生产一个对称密钥把交易信息加密，然后再用银行服务器的公钥把对称密钥加密，并把这两个密文一并传输到银行服务器去处理。

10.3　安全协议

10.3.1　身份认证

在传统的信息系统中，保护机制是由操作系统实施的。计算机安全保护机制的有效实施，可以通过设计操作系统软件来达到。计算机硬件允许一个操作系统以如下的方式运行程序：

各程序之间互不影响，每个程序仅与操作系统本身通信。

可是，在一般的分布式信息系统中，由于各机器的自治性和通信网络的开放性，安全就不能再仅由操作系统来提供。因此，在一个开放式系统中，网络上的所有机器就必须做出自己的安全保护安排，以保证从网络上收到的每个消息的私密性、完整性和时效性。在集中式的操作系统中，一个程序的运行代表了用户要执行一个任务，而操作系统也在一定程度上信任该程序所执行的任务是合法的。

然而，在分布式系统环境下，并不能信任远程访问的程序的合法性。因此，如果依赖于操作系统的安全来保护系统，那么侵入分布式系统是非常容易的：一个恶意用户仅仅需要用自己的操作系统给予自己任何需要的身份，这种身份在远程访问的时候可以让他通过操作系统的保护机制，从而打破操作系统的安全性。同时，分布式系统中还存在这样的可能性：网络中的消息也许并不来自它们表面上来自的地方，也可能无法到达它们打算到达的地方。这是因为在开放式网络环境中，恶意用户或攻击者可以很容易地通过物理访问网络硬件来窃听或干扰网络上的信息。

因此，在分布式系统里，可靠的身份认证是信息系统安全的基础需要。接下来，将介绍身份认证的概念与支持身份认证的安全协议。身份认证的目的是保证信息系统能够确认系统访问者的真正身份。认证的整个过程一般包括对于消息发送方的认证及消息内容的认证。消息发送方的认证是为了确认通信双方的身份以防止假冒身份，一般来说，身份认证协议都是使用数据加密或数字签名等方法来确认消息发送方的身份。而消息内容的认证是为了保证消息在传送的过程中没有被攻击或篡改，也就是说，保证消息的完整性。本节将简要介绍几种认证的方法，既包括使用对称密钥的，也包括使用公钥的认证方式。

10.3.2　分布式认证

在分布式系统中，认证和密钥分发通常利用某种身份认证或密钥交换协议来同时实现。因此，这里所讨论的身份认证协议的目的，是保证当成功地执行协议结束时，如果涉及的通信双方（也称负责人，Principals）确实是他们所声称的身份，那么他们将会共享一个只有他们两人知道的密钥。然后，他们就可以利用这个共享的密钥进行秘密通信。

因此说，此协议同时满足了身份认证和密钥交换的要求。

本节主要介绍基于对称密码的身份认证协议，而基于公钥密码的认证协议将在后面讨论。第一个基于对称密码的身份认证协议是在 1978 年由 Roger Needham 和 Mike Schroeder 提出的，用以解决当时刚刚起步的分布式系统的安全需要。Needham-Schroeder 协议（N-S 协议）虽然是最早期提出的协议，但是现有的许多认证协议其实都源于 N-S 协议或从中借鉴了不少思想，例如，麻省理工学院提出的 Kerberos 协议就是基于 N-S 协议的概念而来的。因此，深入了解 N-S 认证协议对于理解其他认证协议是很有帮助的。在后面也会简单介绍 Kerberos 协议。

N-S 协议的运行需要一个可信的第三方，通常也叫做“认证服务器”（Authentication Server，AS），AS 和每个通信方分享一个钥匙，并为通信方之间的通信生成新的会话密钥（Session Key）。在执行认证协议时，AS 必须正确地使用它所持有的数据，也必须以正确的方式来生成新的密钥。

N-S 协议是基于传统对称密码的身份认证协议，协议的执行包含两个通信方和一个认证服务器 AS。在下面的 N-S 协议描述中，A 和 B 作为通信双方，K_{as} 和 K_{bs} 作为它们跟 AS 共享的私钥，S 代表认证服务器 AS。N-S 协议包含 5 个消息的交换，协议内容的描述如下。

消息 1　　$A \rightarrow S$：　A, B, N_a

消息 2　　$S \rightarrow A$：　$\{N_A, B, K_{ab}, \{K_{ab}, A\}_{K_{bs}}\}_{K_{as}}$

消息 3　　$A \rightarrow B$：　$\{K_{ab}, A\}_{K_{bs}}$

消息 4　　$B \rightarrow A$：　$\{N_b\}_{K_{ab}}$

消息 5　　$A \rightarrow B$：　$\{N_b - 1\}_{K_{ab}}$

在 N-S 协议的运行过程中，通信方 A 和 B 生成现时标识符（Nonce），N_a 和 N_b 用以确保通信方在协议过程的实时参与，服务器 S 生成会话密钥 K_{ab}，当协议成功结束时 A 和 B 之间的会话将以 K_{ab} 来保密。图 10-9 所示描述了 N-S 协议消息的顺序。

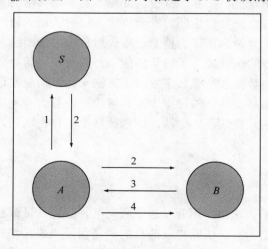

图 10-9　N-S 协议消息的顺序

下面简单解释 N-S 协议所涉及的 5 个消息的安全意义。

（1）消息 1：A 告诉 S 他是 A，他想和 B 进行通信。被包含的 N_a 用来确保 S 实时参与这个协议。

（2）消息 2：S 以一个加密消息答复 A。因为答复是用 K_{as} 加密的，因此 A 知道它是来自 S 的可信答复。如果答复包含 N_a，A 可以推断它是对当前请求的真实回复。这个消息包含只有 A 知道的通信密钥 K_{ab}，也包含一个用 B 的私钥加密的数据 $\{K_{ab}, A\}_{K_{bs}}$。

（3）消息 3：A 将 $\{K_{ab}, A\}_{K_{bs}}$ 发给 B。因为这个数据是用 B 的私钥加密的，因此 B 可以推断这个消息是源自 S。这个数据被 B 解释成：可信的第三方 S 替我生产了密钥 K_{ab} 用做保护跟 A 的通信。接下来，B 要确认发送者 A 是否也知道密钥 K_{ab}。

（4）消息 4：B 给 A 发送一个新的现时标识符 N_b，并在传输前用密钥 K_{ab} 把 N_b 加密。N_b 的存在是为了确保 A 实时参与协议，防止消息 3 和 5 被入侵者重放。

（5）消息 5：当这个消息被 B 解密，且 B 知道那个数值是自己预期的，它就可以推断消息发送者确实知道密钥 K_{ab}，而且不是 S 就是 A。

所以，在协议结束时，除了可信第三方 S 外，分布式系统内只有 A 和 B 知道密钥 K_{ab}。因此，一个被 K_{ab} 加密的消息肯定是由 A 或者 B 发送的。

麻省理工学院（M.I.T.）提出的 Kerberos 协议是基于 N-S 协议的概念而来的。跟 N-S 协议一样，Kerberos 也是为了支持分布式系统的安全身份认证需要而提出的一个身份认证系统，Kerberos 是特别针对"客户-服务器模型"（Client-Server Model）的分布式系统而设计的。Kerberos 是在 M.I.T.的雅典娜（Athena）工程中提出来的；它的另一个设计目的，是要解决在 N-S 协议中存在的实时问题。因此，它假定了系统内存在一个同步时钟，但这个假设也为 Kerberos 带来一些新的问题，即在实际的大型分布式系统里，时钟同步本身也是一个公认的难题。

Kerberos 协议包含三方：AS、一个客户 C、一个服务器 S。

消息 1　　$C \to AS$：　C, S

消息 2　　$AS \to C$：　$\{K_{CS}, t, \{S, C, T, L, K_{CS}\}_{K_S}\}_{K_C}$

消息 3　　$C \to S$：　$\{S, C, T, L, K_{CS}\}_{K_S} \{C, t'\}_{K_{CS}}$

消息 4　　$S \to C$：　$\{t'+1\}_{K_{CS}}$

其中，$\{S, C, T, L, K_{CS}\}_{K_S}$ 是使用服务器 S 的入场券；$\{C, t\}_{K_{CS}}$ 是客户 C 的认证码（authenticator）；T 是入场券的产生时间；L 是入场券的寿命；K_{CS} 是被 C 和 S 共享的通信密钥；t 是消息 2 的产生时间；t' 是认证码的产生时间；K_C 是客户 C 的私钥；K_S 是服务器 S 的私钥。Kerberos 协议所涉及的 4 个消息的安全意义与解释跟 N-S 协议相似，这里不再解释。

10.3.3　CCITT X.509 认证架构

在前面解释过，公钥密码系统的一个问题是如何确保公钥真实性的问题，这涉及公钥的管理机制。公钥密码基础建设（PKI）是一个受到广泛采用的办法。在 CCITT 的标准工作里，在定义 PKI 的同时也推出了一些基于 PKI 的身份认证协议。本小结介绍 CCITT 提出的基于公钥密码的认证协议。

　　由于公钥的机密性不是必需的，因此管理公钥更容易些。但是，为了防止攻击者伪装成合法用户的非法访问和未经授权的信息泄露，公钥的完整性是非常重要的。在使用公钥密码系统之前，用户必须相互交换他们的公钥。这是一个比建立私钥更简单的问题，原因在于公钥不需要保密。然而，因为公钥机制一般被用于提供数据加密和数字签名的安全功能，公钥管理问题也是非常重要的，因为这问题涉及"一个用户是否能够相信另一个用户的公钥确实属于那个用户"的根本问题。在这种情况下，公钥的真实性和完整性是很重要的。

　　基于公钥密码的认证协议需要一个可信的第三方来解决密钥完整性的问题，系统用户们可以通过这个可信第三方来鉴定公钥的真实性。其中的做法是让可信第三方在所有用户的公钥上签名，从而生产一个称做公钥证书的数据结构。因为这个原因，可信第三方又被称为"认证中心"（Certificate Authority，CA），而用户的公钥证书就是由 CA 产生的。

　　一个新的用户将自己的公钥发给 CA 进行认证，认证由 CA 通过数字签名来执行。因此，为了检查用户公钥的真实性，X.509 假定每个用户能验证 CA 签名。这就要求每个使用者拥有 CA 的公钥。

　　用户 A 的证书是一个公共文档，除了其他有用信息外，它还包含被 CA 签名的 A 的公钥。A 可能向 CA 注册自己的公钥 E_A；作为答复，A 获得由 CA 签名的证书证明 E_A 的真实性。X.509 证书是由认证中心 CA 为用户 A 产生的，它具有如下形式：

$$\text{CA} << A >> = \text{CA}\{\text{sgn}\,A\lg, \text{CA}, A, E_A, T^A\}$$

　　其中，$\text{sgn}\,A\lg$ 表示 CA 使用的签名算法，E_A 是 A 的公钥，T^A 显示证书有效期。被鉴定的公钥可以被 CA 分发或由用户自己分发，或者存储在一个公共的目录下（如 CCITT X.500 目录服务）。

　　下面是一个 CCITT 推荐 X.509（1988）中指定的"三步认证机制"的简化版本。它是认证机制的一个例子，具有以下特点：

　　（1）使用现时标志符（Nonce）；

　　（2）基于数字签名；

　　（3）提供相互认证。

　　该机制包含两个用户 A 和 B，在认证机制开始前假定 A 和 B 已经获得对方的公钥证书。为了使用 X.509 架构执行相互认证，用户 A 和 B 通过以下三步进行协议认证。

　　（1）$A \rightarrow B$:　　$R_A, E_B(K_{AB}), S_A(R_A, B, E_B(K_{AB}))$

　　（2）$B \rightarrow A$:　　$R_B, E_A(K_{BA}), S_B(R_A, R_B, A, E_A(K_{BA}))$

　　（3）$A \rightarrow B$:　　$S_A(R_B)$

　　其中，$S_A(M)$ 表示 A 在消息 M 上的签名，R_A 和 R_B 分别是 A 和 B 选择的随机数。

　　认证是协议的主要目的。K_{AB} 和 K_{BA} 都是数据加密密钥。只有协议成功完成了，这些密钥才被认为是有效的。因此，密钥交换可以认为是认证的一个附带效果。下面给出 X.509 三步认证协议的普通版本。

（1）$A \rightarrow B$：　$R_A, D_1, S_A(R_A, B, D_1)$：　$A \rightarrow B$：　　$R_A, D_1, S_A(R_A, B, D_1)$

（2）$B \rightarrow A$：　$R_B, D_2, S_B(R_A, R_B, A, D_2)$：　$B \rightarrow A$：　$R_B, D_2, S_B(R_A, R_B, A, D_2)$

（3）$A \rightarrow B$：　$S_A(R_B)$：　$A \rightarrow B$：　　$S_A(R_B)$

其中，D_1 和 D_2 是数据单元，它的秘密性和完整性都要得到保护，它们的内容依赖于提供的安全服务。协议过程如下：

（1）消息 1 的接收。B 检查 A 在字符串 R_A, B, D_1 上的签名，其中 R_A 和 D_1 是从消息未被签名部分恢复出来的，B 就是用户 B 的名字。

（2）消息 2 的接收。A 检查在 B 字符串 R_A, R_B, A，D_2 上的签名，其中 R_B 和 D_2 是从消息未被签名部分恢复出来的，R_A 已被 A 存储起来了。

（3）消息 3 的接收。B 检查 A 在字符串 R_B 上的签名，其中 R_B 已被 B 存储。

该机制的目的是：通过执行消息的交换，A 和 B 可以确信他们现在正在相互通信。例子中的数据字符串 D_1 和 D_2 包含来自对方的加密密钥，而且，他们也相信所有已交换的信息都是原始的。

10.4　小结

本章从安全风险控制的角度介绍了密码技术的基础、对称密码技术和公钥密码技术的应用及安全协议等内容。首先，介绍了为什么需要密码技术来支持通信和系统的安全，而且强调了绝对安全与相对安全的含义。随后介绍对称密码技术中几种应用方式，并介绍了各自的优缺点。由于对称密码存在无法确认消息来源方等缺陷，公钥密钥应运而生，公钥密码技术的最大特点就是发送方与接收方分别拥有公钥与私钥，在解决需要事先协商相同密钥这个问题的同时，公钥密码技术也可以确认消息来源方，从而也可以应用于数字签名及身份认证等领域。但是仅仅拥有公钥密码技术是不够的，因为每个人都拥有自己的私钥，其他人也需要获取目的方的公钥，这都给传统的密钥管理带来了新的挑战，因此需要一套完整的公开密钥基础设施来保证公钥密码技术能够真正应用于实际当中。在引入公开密钥基础设施的概念后，又介绍了对其核心组件和通用标准。最后一部分讲述了安全协议的相关内容，重点介绍了分布式认证及 X.509 认证架构。

第 11 章
安全检测与审计

一般来说，信息系统安全设计都会通过综合手段，使用不同的信息系统安全技术来达到信息系统的安全目标。然而，信息系统安全技术普遍面对一个现实，就是没有绝对的安全。因此，无论是多么严谨的安全设计并使用了多么强的密码技术，在复杂多变的威胁环境下，信息系统也可能存在安全漏洞，信息系统安全风险的概念也由此而来。机构赖以运营的信息系统必须拥有有效的安全风险管理办法。风险管理可以是基于主动型的安全技术，如之前介绍的安全操作系统、防火墙、数据加密和数字签名等手段。由于机构的运营必须依赖连续不断运作的信息系统，在考虑信息安全技术没有绝对安全的前提下，必须面对并解决一个现实问题，就是在安全攻击不可避免的情况下，信息系统起码能够严密监控系统上的所有活动，并在可疑的活动变成真正的攻击事故之前把风险控制住，或者是在安全事故发生后可以快速地确定恶意行为及其主体的身份。这就是安全信息系统安全设计中，安全风险管理及控制措施的检测与审计的功能。

安全检测与审计是一个安全的信息系统所必须支持的功能。审计是将用户在信息系统内的行为动作进行记录的过程，它需要记录类似"谁在什么时候访问了系统"及"谁在什么时候在系统内进行了何种操作"等信息。而这些记录的信息可以提供给检测系统，用来判断系统是否受到了恶意人员的侵入，而评判的标准是入侵检测系统事先根据恶意行为的特点来制定的准则。本章将紧紧围绕安全审计和入侵检测这两个方面的内容进行阐述。

11.1　安全审计

安全审计对于确定恶意行为及其主体的身份是非常重要的。安全审计一般要求在系统运行时可以快速记录各类事件信息，同时要求这些信息能够作为后续事件处理的重要证据。如果缺乏良好的安全审计，那么整个信息系统的管理将难以着手，特别是安全事故发生后，信息的缺失将对责任的追查和补救措施的制定造成非常大的困难。

11.1.1　安全审计概述

安全审计应该为管理员提供一组可以进行分析的有效数据，以此来发现在何处发生了违反安全策略的事件，同时，利用安全审计的结果，可以及时调整安全措施及政策，从而防止已经出现的漏洞继续被利用。通常，安全审计具备以下几个主要功能：

（1）记录关键事件。一般由管理员定义违反安全策略的事件，同时依此决定记入审计日志中记录的内容。

（2）提供可集中处理的审计日志。这一点要求格式输出标准的、可使用的安全审计信息，以方便管理员能够直接利用软件工具迅速处理这些信息。

（3）提供易于使用的基本数据分析软件。

（4）实时安全报警。安全报警功能强调当发生可能的破坏系统的恶意行为时，系统管理员就能够接到报警。

利用安全审计日志进行监控，通常被认为是一种更为主动的监督管理形式。但出于安全审计自身的重要性，其中的日志记录及监控功能本身也带来了一些额外的威胁，因此必须重点加强对这类信息的保护。尤其对日志记录和监控功能的使用，也必须做详细的审计记录并设置严格的权限管理，否则，恶意攻击者或者内部人员就可能有机会篡改或销毁作为证据的审计记录。

一般来说，安全审计与报警是密不可分的。安全审计和报警服务位于开放系统互联安全框架中 ISO/IEC 10181—7。在安全框架中，只针对开放系统的保护方法以及系统之间的交互，并没有提供构成系统或机制的方法。安全审计就是对安全方案中的功能提供稳定且持续的评估。涉及了对提供系统和系统对象保护的方法及系统间的交互作用等定义，并没有构成系统或机制的方法。安全审计与报警的目的，是根据机构的安全策略，确保与系统安全有关的事件得到处理。同时，安全审计可以帮助检测安全违规情况，从而促使个人对自己的行为负责。这样一方面可以检测滥用资源，同时还可以阻止那些可能企图毁坏系统的个人。一般来说，安全审计机制不直接参与阻止安全违规的活动，大多数情况下仅限于对安全事件的检测、记录和分析。

11.1.2　安全审计跟踪

为了保证信息系统的安全可靠运行，防止有意或无意的操作错误，安全管理体系需要利用系统的审计方法对信息系统的配置操作与运行状态进行详尽地审计，主要通过保存审计记录及日志内容，从中进行分析并发现问题，以此来调整安全策略并降低安全风险。可以看出，日志管理在安全审计中处于非常重要的地位。

审计日志是记录信息系统安全状态和问题的重要依据。在安全审计中，必须要求各级信息系统严格制定保存和调阅审计日志的管理制度。这是因为，如果忽视日志管理的工作，在后续调查及责任追究的时候将会出现严重的问题。日志管理的最终目的就是确保记录日志的长期稳定且有效。

首先讨论日志的内容。基于安全的考虑，日志内容的最理想情况是应该包括所有与安全相关的事件的全部记录，例如，系统数据的修改、程序运行，以及与系统资源的访问等行为。但在实际应用上，这样的日志记录方式很少被采用，因为这样的设计对信息系统资源要求太高，机构所付出的代价太大。因此，一般情况下，安全审计措施都是针对信息系统的安全目标和操作环境来设计日志记录的内容及方式。也就是说，安全审计需要针对机构的业务与安全需求来制定。

在决定日志所需要记录的内容时，机构应该充分考虑信息系统环境因素带来的特殊安全需求。安全需求应该以明确的条目进行说明，例如，何种类型的数据需要保护，系统应当怎样识别这些数据，谁可以存取保护数据，以及系统如何识别授权用户等。日志作为对信息系统实行的强制性安全措施，内容应该包括记录的信息类型、应用的参数、所做的分析、产生的报告和数据的保留期。

日志所需要记录的内容是经过周密分析用户和管理员的需求后做出的管理决策，但由于日志的记录可能会给信息系统带来部分执行负担，所以在制定日志内容时，必须要考虑与所获利益的关系，也就是我们常常强调的风险控制与建设成本的平衡。一般来说，典型日志记录信息应该包括以下几点：

（1）事件的基本信息，包括发生的时间日期、执行结果、授权状态、使用的程序等。

（2）事件的性质说明，包括数据的输入来源和输出结果及其中文件的更新、改变或修改操作，还需要说明该事件的用途或期望达到的用途。

（3）所有相关因素的标志，主要包括参与的人员、对象、设备和程序。

看过日志内容的考虑因素后，接下来解释日志的作用。当系统使用人员涉及非法使用信息系统的行为时，例如，欺骗或窃取重要机密信息等违法行为，审计系统所记录的日志可以为后续的调查，特别是为明确责任人的身份提供很大的帮助。同时，审计系统记录的日志还可以在日后用来分析信息系统的整体运行情况，从而得出系统的潜在漏洞与风险源，并以此为依据迅速处理风险源，提高信息系统的安全风险控制能力。

日志的记录无可避免地耗用大量的系统存储，因此，信息系统不可能把审计日志永久地保存在审计系统内。在争取系统安全与资源成本的平衡的前提下，日志管理显得尤其重要。日志管理中最常用的方法是日志轮转，也就是为每一个最新日志设置记录期限，这个限期可以是日期，也可以是物理参数等。例如"3 个月"，当记录期限到了，就将过期的日志文件转移到归档区域，新的日志文件轮转替换老的日志。这个过程需要注意备份，以防万一。同时，还可以对日志做成索引以加快检索等。

11.2　入侵检测

入侵检测可以说是安全审计系统中最为重要的一环。入侵检测系统的设计目的，是通过主动地在系统中收集并分析信息，从而判断系统中恶意行为是否发生。如果探明了恶意行为及其来源，那么，就可以进一步采取有效措施制止恶意行为的发生，以此来保护信息系统免受后续的恶意攻击。

11.2.1　入侵检测的定义

入侵检测是对那些在计算机系统和网络系统中造成破坏或有恶意企图的行为进行识别和响应的过程。ICSA（International Computer Security Association）对入侵检测的定义是：入侵检测是为通过从计算机网络或计算机系统中的若干关键点收集信息，并分析其中是否存在违反安全策略的行为或遭到袭击的迹象的一种安全技术。可以说，在动态安全技术中，入侵检测是非常重要的一种技术。

在针对网络的攻击手段和方式不断提升的今天，人们开始意识到仅仅依靠操作系统安全或防火墙等单纯的防御技术是不足以应对的。因此，如果可以将这些传统的防御技术与主动的入侵检测技术相结合，就可以大大提高整个系统的安全性能。一般来说，典型的入侵检测系统包含的功能有以下几种。

- 监视系统中用户的行为；
- 判断数据的完整性；
- 对违反安全策略的行为进行统计；
- 通过分析识别恶意攻击行为；
- 能够自动收集并更新系统补丁来应对新的攻击。

11.2.2　入侵检测的分类

依据工作方式的不同，通常入侵检测系统大致可以分为两类：基于主机的入侵检测系统和基于网络的入侵检测系统。这两种方法有一个共同点，就是它们都需要查找攻击的模式，一般称为"攻击签名"（Attack Signature）。顾名思义，攻击签名就是用一种类似签名的特征代表某种已知的攻击模式。

基于主机的入侵检测方法，主要通过监视系统发生的各类事件所记录的日志文件，一旦从这些日志文件中发现存在可疑的问题，检测系统将日志中的内容与攻击签名进行比较，如果匹配成功的话，那么检测系统将向系统管理员发出报警，提示恶意入侵行为很可能已经发生或是正在进行，从而使得管理人员能够快速反应，采取相应的措施来应对入侵。基于主机的入侵检测方法有以下优点：

（1）在主机较少的情况下，性价比较高；

（2）可以比较容易地监测一些活动，如对敏感文件、目录或端口的读写操作；

（3）在入侵者通过窃取正常用户名及其口令再登录进行操作的情况下，最容易区分正常活动和非法活动；

（4）不依赖于网络的流量。

基于网络的入侵检测方法，主要是利用网络适配器来实时监测并分析所有通过该网络适配器所进行的通信活动。如果发现了恶意行为，检测系统一般采取通知报警及中断网络连接等方式做出响应。

一般来说，基于网络的入侵检测方法普遍使用网络分组数据包作为入侵检测的数据源的检测方法，有以下优点：

（1）一般的基于网络的监测通常能在微秒或秒级发现异常，检测速度大大快于基于主机的方式；

（2）由于不是独立的主机，因此往往不容易受到攻击，隐蔽性较好。

（3）在多个监测目标处于同一个子网时，可以大大减少监测器的数目，因为不需要为每台主机都安装监测器。但在跨网段的情况下，还是需要配置不同的检测器。

11.2.3　入侵检测的探测模式

一般来说，入侵检测的探测模式主要有两种：模式匹配与统计分析。下面分别介绍这两种模式的特点。

模式匹配是将收集到的用户事件行为等信息，与已知攻击签名数据库中的内容进行比对。因此，分析发现违反安全策略的过程简化为匹配过程，这个匹配过程可以非常简单，例如，进行子字符串的匹配；但也可以很复杂，可以用过程形式化的定义来描述攻击的种类，通过推导过程来匹配安全的状态。可以看到，这种方法的一大显著特点是：系统负担较小，并且相关的技术及理论比较成熟。因此，检测准确率及效率都可以达到比较高的水平。但是这个方法最明显的弱点，就是对于不在数据库中的新的恶意行为的特征难以应付。

　　统计分析方法主要是通过给用户、文件及目录设备等创建一个统计描述，然后在这个统计描述上测量一些属性，如操作次数和延时等。在进行入侵检测判断时，这些测量属性的平均值将被用来与网络或系统中某段时间内的行为进行比对。通常的判断准则是：如果观察值在正常统计值范围之外时，该行为就被认定为入侵。例如，某用户的登录时间这个统计量经过一段时间的统计，正常范围被确认在 18～24 点之间，因此，如果监测时发现用户在早上 8 点登录，那么这次登录因此就被认为是恶意攻击入侵了。可以看到，这种方法相比模式匹配方法的优点在于可以检测未知的入侵和更为复杂的入侵，原因是这些方法是基于统计的特性而不是严格的特征规则。但也正因为这个原因，这个方法的误报率较高，特别是在用户改变自己的正常行为时。因此，基于统计方法的入侵检测的缺点也是显而易见的。故此，如何在使用统计方法时更好地应对这种改变，将是这个领域研究的热点。

11.3　小结

　　本章紧紧围绕安全审计和入侵检测这两个方面的内容进行了阐述。信息系统安全技术都普遍面对一个现实，就是没有绝对的安全。因此，机构赖以运营的信息系统必须具有有效的安全风险管理办法。风险管理可以是基于主动型的安全技术，如安全操作系统、防火墙、数据加密和数字签名等手段。在考虑信息安全技术没有绝对安全的前提下，信息系统起码能够严密监控系统上的所有活动，并在可疑的活动变成真正的攻击事故之前把风险控制住，或者在安全事故发生后可以快速地确定恶意行为及其主体的身份。这就是安全信息系统安全设计中安全风险管理及控制措施的检测与审计的功能。

　　安全检测与审计是一个安全的信息系统所必须支持的功能。审计是将用户在信息系统内的行为动作进行记录的过程，它需要记录类似"谁在什么时候访问了系统"及"谁在什么时候在系统内进行了何种操作"等信息。而这些记录的信息可以提供给检测系统，来判断系统是否受到了恶意人员的侵入，而评判的标准是入侵检测系统事先根据恶意行为的特点来制定的准则。

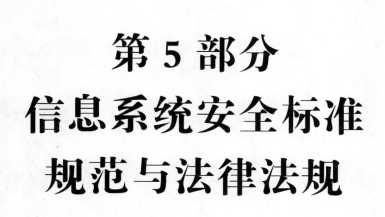

第 5 部分
信息系统安全标准
规范与法律法规

第 12 章
责任追究技术

电子取证是信息系统安全的一个重要组成部分，而责任追究技术是支持电子取证的一个有效技术手段。

越来越多的信息系统被应用于各种单位、机构中，无论是电子政务、电子银行、电子商务或者其他业务信息系统，一般都会通过互联网进行分布式的信息交换，基于网络的新一代大型信息系统得到越来越广泛的应用。

作为拥有和使用信息系统的各类机构，需要根据机构信息化的安全保障需求来制定相应的安全策略，并把这些安全策略具体地描述为详尽的管理规章。同时，也要制定管理规章的制度要求，从而严格规范地贯彻执行策略、规章、制度。然而，由于信息系统的操作与运维都需要人员的参与，因此，在执行安全管理的规章制度的过程中，如果没有对于人的有效安全管理，则系统的效率和效益难以发挥。一般来说，机构的信息安全政策中都包括信息系统运维人员和使用者的工作守则，从而把所有跟信息系统交互的人员的行为进行规范，做到在信息系统安全管理工作中，有法可依，有章可循，有制度可以规范人的行为。

责任追究的目的，是为了在相关责任事件或行为发生后，证明谁需要为该事件或行为负责。因此，责任追究需要对该事件或行为进行的证据进行收集、维护，收集的证据的特点是不可辩驳且可以被证实的，从而在后续需要认定该事件或行为的责任方的时候有效地使用该证据。所以，责任追究中一个非常重要的因素就是证据。责任追究包括证据的生成、证据的记录，以及在需要进行判别责任方的时候对证据进行恢复与验证。在第 11 章，已经介绍过信息系统的安全审计与检测的需求，以及在信息系统中支持证据采集和记录的设计概念。在本章将重点考虑用以支持责任追究的技术。

责任追究技术主要用于认定某人员（主体对象）是否与相关的责任事件有关，通过对其行为的核查，明确其在整个事件中的责任，从而为下一步的追究处罚提供证据。由于责任追究技术大多数情况下是关联责任到人的，因此，生物密码技术固有的生物绑定性使其成了责任追究过程中非常重要的技术手段。本章将首先介绍责任认定与追究的概念、原理、证据及机制，然后着重介绍生物密码技术的原理与方法及其在责任追究中的使用。

12.1　责任认定与追究机制概述

任何完善的系统都需要人的操作，而很多系统安全问题的发生都是由人员的错误造成的。针对内部作弊问题的责任追究的需要就是为了约束人的行为，对造成系统安全威胁的人员进行责任的认定与追究，从而将安全问题对系统的危害降到最低。正因为如此，当前电子政务和企业系统对责任追究都有非常迫切的需求。

责任追究是计算机和信息系统安全的重要需求，出于安全考虑，信息系统需要在系统活动和行为人之间建立有参考价值的关联关系。传统的做法是通过如 PKI 这样的密码机制，把系统指令或业务交易的执行跟相关的人员关联起来。可是，在电子金融和电子政务等高安全风险领域中，传统的 PKI 安全机制和不可抵赖性定义，并不足以支持信息系统中的责任追究安全需求。

信息系统安全中的责任追究包括两个方面的含义：一方面，当安全事件发生了，行为人需要负责任，比如，通过数字签名，行为人有义务为他使用个人私钥所签署的声明负责；另一方面，当一些本来应该在某时间内发生的事件却没有在预期的时间内发生，同样需要有人来为此承担相应的责任，比如，在医学监护信息系统中，监护告警事件没有得到及时的处理，医护人员需要为他们没有做的事被追究责任。

责任认定与追究的目的，是为证明相关事件或者行为的发生是否由事件主体的行为所导致，并证明该事件主体需对事件结果承担责任。在这个过程中，还需要对该事件或行为的证据进行收集、维护，收集的证据的特点是不可辩驳且可以被证实的，从而能够在后续需要认定该事件或行为的责任方的时候有效地使用该证据。

12.1.1　责任认定与追究的原理

责任认定与追究包括证据的生成、证据的记录，以及在需要进行判别责任方的时候对证据进行恢复与验证。责任认定与追究的目的是提供判定特定事件或者行为的证据。典型的、可以保护的行为有：发送消息方确认，数据库的更改操作以及重要文件签署等。在涉及消息的责任认定与追究环境中，一般需要首先验证发送方的身份证据及发送内容的完整性，然后确认接收方的身份证据及接收内容的完整性，同时，如有其他发送时间、地点等相关证据也在需要时包含进来。

责任认定与追究同时也依赖于可信第三方，这是由于裁定结果的人员需要认定纠纷双方所提交的证据。一般来说，可信第三方需要提供密钥证明、身份证明等。可信第三方一般是中立的并且是被各方都信任的组织，在应用环境中，政府及其代理机构是担任可信第三方的最合适的组织，在某些特定环境中，私人组织也可以承担可信第三方的角色。

责任认定与追究中一个非常重要的因素就是证据，这是用来解决争端双方的最有效的信息。证据可以保存在使用者本地，也可以由可信第三方存储。常用的证据有数字签名和安全信封等。常见的证据的组成例子有：

- 发送方的标志；
- 接收方的标志；
- 证据生成方的标志；
- 证据请求方的标志；
- 消息的标志；
- 可信第三方的标志；
- 证据存储的时间地点等。

12.1.2　责任认定与追究的机制

现代安全信息系统中，密钥的管理和保护是一个非常关键的问题。根据密码学领域的 Kerckhoffs 原则，一个密码系统的安全应该只依赖密钥的保密，同时不可以依赖于密码算法本身的保密。这就是说，除了密钥之外，整个密码系统的一切都是可公开的。一般来说，密钥可以用来生产数字签名和执行身份认证；但是传统的安全机制都假设密钥就是人，因为实际上信息系统认证的是密钥，而不是用户本人。因此，数字签名和身份认证的结果依赖于用户密钥的安全存储。目前较为普遍采用的密钥管理和安全存储机制，是使用口令（Password）或者 USB 智能卡来保护密钥等重要用户数据。前者是在存储密钥前，先要求用户提供一个口令来对密钥加密，然后才把已加密的密钥存储；后者是把密钥存在有口令保护的智能卡硬件中。很明显，这些密钥保护方法很难让信息系统确认使用密钥的就是用户本人。因此，从责任追究的角度看，这些方法都存在着一定的安全隐患，给后期的责任认定与追究带来一定的问题。

首先，由于传统口令机制的安全性比较弱，简单的口令容易被猜中或者被暴力攻破；而复杂口令又不容易记忆，容易遗忘。在实际情况中，一是用户很可能为了方便（例如，委托他人代处理一些信息系统里的电子交易）而故意把口令交给他人，二是口令也很容易被盗窃。当然，在第一种情况下，用户必须为电子交易的后果负责，而在第二种情况下通常由系统拥有者为系统的不安全负责。但是，信息系统却无法辨别这两种情况，所以信息系统并不能确保输入口令的就是用户本人。因此，密钥跟用户本人就没有一个绑定关系，而且一般情况下，系统拥有者很难要求用户为所有交易后果负责。事实上，以电子政务信息系统安全检查工作的经验为例，安全检查中发现最大的安全问题就是人们经常会把口令写在纸条上、贴在电脑屏幕上或者藏在键盘下，这样更容易泄露。这样的安全机制所存在的密钥泄露等安全隐患，肯定会给系统带来很大的安全风险。

其次，传统的实物凭证机制也不能有效地保护密钥，不能确保密钥跟人的唯一绑定关系。一些政务信息化系统采用基于 USB 智能卡的电子签名技术来进行政务审批，将电子签名的私钥存储在 USB 智能卡里，以此来保护密钥。这时，是否拥有 USB 签名智能卡，成为审批领导的身份认定标准。但是 USB 智能卡带在身边容易遗失，不带在身边又存在可能被盗、非法复制的问题，而且智能卡很容易由于疏忽被别人拿走使用，领导也可能为了方便而把签名智能卡转交给秘书或私人助理保管等。事实上，最后可能拥有USB智能卡进行数字签名等行为的人，不一定就是审批者本人。一旦发生安全事故时责任难以明辨和追究，给审批者带来巨大的安全风险，给国家带来重大损失。这问题在电子政务以外的信息系统也常常发生。实际上，密钥管理和保护难题在企业信息化、电子商务、电子政务、金融银行等信息安全应用领域广泛存在，这是一个普遍的安全挑战。其根本问题在于：传统的安全机制都是面向"物"的，不是真正面向"人"的；只是依赖于"你知道了什么"（What you know？）或者"你拥有了什么"（What you possess？），而不是真正依赖"你是谁"（Who you are？）。因此，并没有真正落实"责任到人"的安全理念，不能真正实现责任追究的信息安全保护。

责任认定与追究机制中主要强调两点：一是发送方的不可否认机制，该机制主要解决发送方是否生成了特定消息及生成的时间等问题；二是传递的不可否认机制，主要解决的是接收方是否收到了特定的数据消息及收到的时间等问题。

数字签名是责任认定与追究机制中最普遍使用的方法。发送方首先将发送内容使用对称密钥进行加密，并使用哈希函数生成发送消息的摘要，然后将对称密钥使用接收方的公钥进行加密，确保只有接收方的私钥才能进行正确的解密；然后，把摘要用发送方的私钥进行数字签名，以确保这些内容是发送方发出的，从而保证了发送源头的验证。

接收方在收到内容后，首先使用发送方的公钥进行数字签名的验证来确认发送方的身份，然后使用自己的私钥来解密对称密钥；使用解密后的对称密钥继续解密发送的密文内容，然后使用哈希函数重新生成内容摘要，将自己生成的摘要与接收到的摘要进行比对来保证接受内容的完成性，从而完成了一次发送方到接收方的安全消息通信。

以上描述的数字签名机制是最广泛地被电子政务和电子商务信息系统采用的关键文档责任认定的方法之一。但是数字签名本身是一个公钥密码机制，它只能检验签名过程是否使用了真正的私钥，并没有考虑签名行为的过程。因此，签名虽然不会被怀疑，但是行使签名的主体却可能会受到置疑。例如，签名人的私钥是存储在智能卡当中的，但智能卡却并不在签名人手上。因此，从关键文档内容的责任追究的角度考虑，安全控制策略必须要求文档内容是由授权人进行数字签名的，同时签名过程必须是授权人本人参与的。相对于传统的不可否认性要求而言，责任追究就不仅需要证明私钥的正确性，同时还要保证私钥的拥有者在数字签名的过程中的物理存在（Physically Present）。

生物密码的使用非常自然地解决了这个责任追究的根本问题。例如，使用生物信息生成用来保护签名私钥的密钥，签署者可能仍然需要使用智能卡进行数字签名，但是签署过程需要签署人的真正参与来提供生物信息（如指纹），这就保证了此次签署人确实在签名过程存在并且同意文件内容。因此，为了在重要文档上进行数字签名，用户需要提供自己的指纹来重复生成密钥，该密钥用来解密自己的私钥，然后再用该私钥进行签名。这就保证了私钥只能被真正的用户接触而不是其他任意用户，从而，用户也不能随意说是自己的下级误用自己的智能卡进行了签名，而试图推卸责任。

12.2　生物密码技术介绍

生物密码技术的目的，是综合生物识别和密码学的特点，从用户主体的生物特征中生成密钥。生物密码技术能够很好地将用户的物理身份（生物特征）与逻辑身份（密钥）对应起来，因此，生物密码能够有效地将密钥与真实用户的生物特征绑定在一起，从而以一个更加彻底的方式解决责任追究需求的不可抵赖问题。

12.2.1　生物密码原理

生物密码的基本原理，是从用户的生物特征中模糊提取生物信息，然后以生物信息来精确生产密码系统的密钥。其挑战是如何利用模糊不确定的生物信息绑定和提取出精确的数字信息的处理过程。人体生物特征具有模糊不确定性的特点，即使是同一个手指，两次采集得到的指纹也是有差异的；而加解密的密钥信息需要精确到每一比特。因此，生物密码学技术具有两个重要的评估指标：一个是准确性，即如何克服生物特征模糊性与信息密码精确性之间的矛盾；另一个是安全性，即如何提高生物模板和生物密钥的安全强度和破解难度。

12.2.2　生物密码方法

由于人体生物特征具有生物唯一性、难以复制性等安全优势，如指纹、面相（人脸）、虹膜、声音、掌纹、手形、视网膜、耳朵特征、静脉血管、签名、心电信号等。生物密码利用这些人体固有的生物特征信息来提取和保护数字密钥，从而构建了与行为人紧密绑定的可问责安全机制。目前的典型方法主要有如下几种。

第一种是利用前端的生物识别/匹配技术，来对后端数字密钥的存储实现访问控制（参考文献[1]是这类方法中较有代表性的一种）。这一技术是把数字密钥先存在系统数据库中或者机器的存储空间里，而生物识别只作为一个前端登录认证的条件，只有当前端的生物识别验证通过后，才能从机器的存储空间里取出数字密钥，从而达到对数字密钥的保护。

该方法的主要问题是：由于生物识别和密钥存储其实是分离或非耦合的两个部分，恶意的木马程序可以绕过前端生物识别/匹配环节，直接进入机器的存储空间里取得单独存放的密钥。因此，这种方法使得数字密钥存在被窃取的较大安全风险。

第二种是模糊保险箱（Fuzzy Vault）方案（参考文献[2]是这类方法中较有代表性的一种）。Fuzzy Vault 方法的基本特点是：在真实的生物特征信息中，加入大量的干扰信息（虚假的生物特征信息），即将真实生物特征数据散布在一群随机干扰数据中，从而达到隐藏和保护真实生物特征信息的目的。此外，Fuzzy Vault 利用所要保护的数字密钥来构建多元线性函数，然后将符合这个函数的（自变量值，函数值）放在真实生物特征信息后面，将不符合这个函数的（自变量值，函数值）放在干扰生物特征信息后面，这样同时达到隐藏和保护数字密钥的目的。

该方法的主要问题是：当同一个生物特征通常可能会用于多种应用的场合，比如，大拇指指纹可能被用于若干个银行支付、若干个公文签名、审批或者门禁系统等；当攻击者拿到基于同一个生物特征的多个 Fuzzy Vault 时，就有可能从这多个 Fuzzy Vault 中排除大量的干扰数据，破解并找出真实生物特征数据和密钥。

第三种是纠错码/误差校正码方法（参考文献[3]是这类方法中较有代表性的一种）。纠错码方法的基本特点是：首先选择一种纠错码，如 Reed-solomon 编码，然后对所要保护的数字密钥进行纠错编码；其次是提取真实生物特征（如眼睛虹膜）的频域信息进行二元编码，然后将纠错编码和二元特征编码异或，公布异或信息，从而达到保护生物特征和数字密钥的目的。

该方法的主要问题是：首先，对于同一个生物特征通常可能会用于多种应用场合的问题，一旦某一个应用的密钥发生泄露（如签名、加密或者解密的时候受攻击被窃取），则攻击者容易通过逆异或而得到生物特征的二元编码，进而很容易从其他应用所公布的异或信息中，破解出其他应用的密钥。另外，不是所有的生物特征都适合用来进行二元编码，如广泛使用的指纹生物特征，由于存在着图像位移、旋转、大小变形、残缺，以及其他一些非线性的干扰噪声，而难以确保指纹生物特征的二元编码保持原来真实生物特征的可区分性，于是导致纠错码方法的准确性也不好，不能顺利地正确提取出所保护的数字密钥。

第四种是直接提取密钥方法（参考文献[4]是这类方法中较有代表性的一种）。直接提取密钥方法是每次需要密钥的时候就采集用户生物特征的一个独立采样，用生物特征独立采样生成密钥，用完后密钥即时销毁；下次需要时再重新采集生物特征来生成密钥。

该方法的主要问题是：由于生物特征具有一定的模糊性，即使是同一个生物体的两次不同采样（注册采样和验证采样），两个生物特征度量值或者生物特征图像都会存在差异和噪声，这使得从两次相似而不相同的生物特征采样中生成得到的密钥难以保证精确相同，因此在可实用性上有局限性。

第五种是基于门限原理的生物密本法（参考文献[5]是这类方法中较有代表性的一种）。它主要基于生物特征采样值来构建特征数学函数，而只发布特征数学函数的部分信息作为生物密本；密钥提取时，当再次输入的生物特征跟生物特征采样值足够接近时（足够相似，即两个生物特征来自同一个生物体），可以重构出特征数学函数，进而恢复生物特征采样值；然后，对生物特征采样值进行 hash 得到数字生物密钥。这种方法具有较高的安全性和准确性，但存在的问题是计算复杂度比较高。

在理论上，每种方法对于各类生物特征都是可以使用的，但是对于某些生物特征只有用某类方法才会有较好的适应性及性能（如指纹适用于生物密本法、虹膜适用于纠错码）。为此，表 12-1 汇总了生物特征对不同的生物密码方法的合适使用范围。表中纵向是上述的 5 种方法，横向是常见的生物特征（指纹、人脸、掌纹等），而 √ 标注则表示该方法比较实用于此类生物特征。

表 12-1　生物特征在不同的生物密码方法的合适使用范围

	指纹	人脸	掌纹	手形	耳朵特征	虹膜	心电信号	视网膜	签名	声音	静脉血管
前端生物验证法	√	√	√	√	√	√	√	√	√	√	√
模糊保险箱法	√		√	√	√						√
纠错码/误差校正码法		√				√	√	√			
直接提取密钥法							√		√	√	
生物密本法	√	√				√	√				

12.2.3　生物密码系统示例

最常用的生物特征是指纹。一个典型的方法是使用指纹上的细节结构来把密钥加密，用来加密的指纹称为"指纹模板"（Fingerprint Template），这个过程称为"生物密码的在录入阶段"（Enrolment Phase）。当需要生产密钥时，用户需要提供一个原始指纹，这原始指纹中的细节结构如果与指纹模板中的匹配，那么该指纹就可以正确地将被加密的密钥解密或重新生成，这个过程称为"查询阶段"（Query Phase）。目前，指纹特征密码系统是能够将 128 位或更长的密码进行加密的较为可行的方法之一。指纹密码系统通常将密钥存放于指纹图像中，故称这个图像为"含锁模板"（Locked Template）。生成含锁模板的指纹特征密码系统需要满足以下几个条件：

（1）如果只给定含锁模板，从含锁模板中获取原始指纹信息在计算上是不可行的；

（2）如果只给定含锁模板，从含锁模板中获取密钥信息在计算上是不可行的；

（3）如果给定含锁模板及真实用户的指纹图像，密钥可以有效地重新生成。

指纹特征密钥算法通常包括录入阶段及查询阶段。在录入阶段，用户提供一个参考指纹图像，然后使用指纹特征中的细节结构来生成并加密密钥。在查询阶段，首先生成查询指纹（也称样本指纹），如果查询指纹是来自于真正的用户，那么这个指纹就可以匹配参考指纹，也就可以重新生成密钥了。

在录入工作成功完成后，含锁指纹就生成了。只有当真实用户的指纹在查询阶段提交给密钥系统后，原始的密钥才能够从含锁指纹中重新生成出来。如果提交的并不是真实用户的指纹，那匹配结果将失败，从而密钥重新生成过程也将失败。

12.3　小结

电子取证是信息系统安全的一个重要组成部分，而责任追究技术是支持电子取证的一个有效技术手段。作为拥有和使用信息系统的各类机构，需要根据机构信息化的安全保障需求来制定相应的安全策略。由于信息系统的操作与运维都需要人员的参与，因此，在执行安全管理的规章制度的过程中，必须达到对人的有效安全管理。一般来说，机构的信息安全政策中都包括信息系统运维人员和使用者的工作守则，从而把所有跟信息系统交互的人员的行为进行规范。

责任追究的目的是为了在相关责任事件或者行为发生后，证明谁需要为该事件或行为负责。因此，责任追究需要对该事件或行为进行的证据进行收集、维护，收集的证据的特点是不可辩驳且可以被证实的，从而在后续需要认定该事件或行为的责任方的时候有效地使用该证据。所以，责任追究中一个非常重要的因素就是证据。责任追究包括证据的生成、证据的记录，以及在需要进行判别责任方的时候对于证据进行恢复与验证。

本章重点考虑用以支持电子取证与责任追究的技术，而生物密码是目前受到广泛重视的相关技术。责任追究技术主要用于认定某人员（主体对象）是否与相关的责任事件有关，通过对其行为的核查，明确其在整个事件中的责任，从而为下一步的追究处罚提供证据。由于责任追究技术在大多数情况下是关联责任到人的，因此，生物密码技术固有的生物绑定性使其成为责任追究过程中非常重要的技术手段。本章介绍了责任认定与追究的概念、原理、证据及机制，并介绍了生物密码技术的原理与方法及其在责任追究中的应用。对该领域有更多兴趣的读者，推荐以下的一些文献供参考。

（1）Biometric cryptosystems: issues and challenges. Proceedings of the IEEE, Special Issue on Multimedia Security for Digital Rights Management,92(6):948-960, Jun. 2004.

（2）A fuzzy vault scheme. Designs, Codes and Cryptography, vol. 38, no. 2, pp. 237-257, Feb. 2006.

（3）Combining Crypto with Biometrics Effectively. IEEE Transactions on Computers, vol. 55, no. 9, pp. 1081-1088, Sep. 2006.

（4）Fuzzy Extractors. Security with Noisy Data On Private Biometrics, Secure Key Storage and Anti-Counterfeiting, Part I, pp.79-99, Springer London, Oct. 2007.

（5）Biometric cryptosystems: issues and challenges. Proceedings of the IEEE, Special Issue on Multimedia Security for Digital Rights Management,92(6):948-960, Jun. 2004.

第 13 章
信息安全标准体系

本章将在一个信息系统安全标准框架内，系统地介绍与信息安全相关的标准。信息系统安全标准框架的设计，是根据涉及的不同对象和信息系统生命周期中的不同环节将标准分为基础安全标准、环境与平台标准、信息安全产品标准、信息安全管理标准，以及信息安全测评认证标准。本章还对每一部分标准的背景、作用、内容和相关的具体标准都作了简要的介绍，也介绍了信息安全管理体系的系列标准（ISO27000 系列）的结构和内容。读者如果需要更多地了解我国信息安全相关的标准和指南，可以阅读附录 A。

13.1　基础安全标准

图 13-1 中所示的信息安全标准体系框架，提供了对信息安全标准整体组成的直观图示。下面将进一步介绍各部分的具体组成，其中附有具体标号的是已经制定的标准，没有具体标号的是正在研究制定中的标准，供读者整体把握我国信息安全标准的架构和脉络。

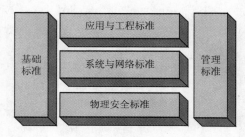

图 13-1　信息安全标准体系框架

信息安全基础标准是整个信息安全标准体系的基础部分，并向其他技术标准提供所需的服务支持，它包括以下 5 个方面的标准。

1．信息安全术语

（1）数据处理词汇 08 部分：控制、完整性和安全性（GB/T 5271.8—1993：idt ISO 2382.8—1996）

（2）军用计算机安全术语（GJB 2256—94）

2．信息安全体系结构

（1）OSI 安全体系结构（9387.2—1995 idt ISO 7498—2）

（2）TCP／IP 安全体系结构（RFC1825）

（3）通用数据安全体系（CDSA）

3．信息安全框架

（1）开放系统安全框架（ISO 1O181—1）

（2）鉴别框架（ISO 10181—2）

（3）访问控制框架（ISO1O181—3）

（4）抗抵赖框架（ISO 10181—4）

（5）完整性框架（ISO 10181—5）

（6）机密性框架（ISO 10181—6）

（7）安全审计框架（ISO 10181—7）

（8）管理框架（ISO 7498—4）

（9）安全保证框架（ISO/IEC WD 15443：1999）

4．信息安全模型

（1）高层安全模型（ISO 10745）

（2）通用高层安全（ISO/IEC 11586）

（3）低层安全模型（ISO/IEC 13594）

（4）传输层安全模型

（5）网络层安全模型

5．安全技术

（1）加密技术

● 算法注册（ISO/IEC 9979：1999）

● 64 位块加密算法操作方式（GB/T 15277 idt ISO 8372）

● n 位块加密算法操作方式（GB/T 17964 idt ISO/IEC 10116）

● 随机比特生成（ISO/IEC WD 18031：2000）

● 素数生成（ISO/IEC WD 8032：2000）

● 密钥管理第 1 部分：框架（GB17901—1：1999 idt ISO/IEC 11770.1：1996）

● 密钥管理第 2 部分：使用对称技术的机制（ISO/IEC 11770.2：1998）

● 密钥管理第 3 部分：使用非对称技术的机制（ISO/IEC 11770.3：1998）

● 分组密码算法

● 公开密钥密码算法

● 序列密码算法

（2）签名技术

● 带消息恢复的数字签名方案（GB/T 15852：1995 idt ISO/IEC 9796）

● 带附录的数字签名（GB/T 17902 idt ISO/IEC 14888）

● 散列函数（GB/T 8238 idt ISO/IEC 10118）

（3）完整性机制

● 作密码校验函数的数据完整性机制（GB 15852：1995 idt ISO/IEC 9797：1994）

● 消息鉴别码（ISO/IEC 9797）

● 校验字符系统（ISO／IEC CD 7064：1999）

（4）鉴别机制

● 实体鉴别（GB/T 15843 idt ISO/IEC 9798）

● 目录鉴别框架（ISO/IEC 9594—8：1997|ITU-T X.509）

● 消息鉴别

（5）访问控制机制

● 安全信息对象（ISO/IEC FDIS 15816：1999）

（6）抗抵赖机制

- 抗抵赖（GB/T 17903：1999 idt ISO/IEC 13888：1998）
- 时间戳服务（ISO/IEC WD 18014:2000）

（7）路由选择控制机制

（8）通信业务填充机制

- 网络层安全协议（GB/T 17963：2000 idt ISO/IEC 11577：1995）

（9）公证机制

- 可信第三方服务管理指南（ISO/IEC FDIS 14516：1999）
- 可信第三方服务规范（ISO/IEC FDIS 15945：1999）

（10）可信功能度

（11）事件检测和报警

- IT 入侵检测框架（ISO/IEC PDTR 15947：1999）
- 安全预警技术

（12）安全审计跟踪

（13）安全标记

- 用户接口安全标记
- 数据管理安全标记
- 数据交换安全标记
- 数据通信安全标记
- 操作系统安全标记

（14）安全恢复

（15）其他技术

- Public Key Infrastructure（PKI）技术
- Key Management Infrastructure（KMI）技术
- Privilege Management Infrastructure（PMI）技术

13.2　环境与平台标准

13.2.1　电磁泄漏发射技术标准

电磁泄漏发射技术是信息保密技术领域的主要内容之一，国际上称为 TEMPEST 技术。我国 TEMPEST 标准研究开始于 20 世纪 90 年代初，由国家保密局牵头组织几个相关单位研究制定了我国第一个具有 TEMPEST 性质的标准《BMB1 电话机电磁泄漏发射限值测试方法》。该标准的制定标志着我国深入研究 TEMPEST 技术的开始。近年来，我国的 TEMPEST 标准也正在逐步完善并系列化。

13.2.2　物理环境与保障标准

计算机机房安全是物理环境与保障的一个重要组成部分。在标准 GB9 361－88 中，计算机机房的安全分为 A 类、B 类和 C 类 3 个基本类别。

- A 类：对计算机机房的安全有严格的要求，有完善的计算机机房安全措施。
- B 类：对计算机机房的安全有较严格的要求，有较完善的计算机机房安全措施。
- C 类：对计算机机房的安全有基本的要求，有基本的计算机机房安全措施。

计算机机房及其他电子设备房间中铺设活动地板的技术条件见 GB 6650－86《有关计算机机房的设计》。施工方面的要求参见国家标准 GB 50174—93 和电子行业标准 SJ/T 30003－93。

计算机场地安全是物理环境与保障的另一个重要组成部分。GB 2887－2000 中定义了计算机场地的组成和各组成部分面积的计算方法。该标准规定了温度、湿度条件，并将它分成 3 级，即 A、B、C 级；规定了照明和电磁场干扰等的具体技术条件；规定了接地、供电和建筑结构条件；规定了媒体的使用和存放条件；规定了腐蚀气体的条件，以及所有规定条件的测试方法。

由于自然灾害、火灾、水灾和地震等自然灾害是威胁信息系统安全的重要因素，信息系统设计者应注意按照需要建立自己的计算机场地要求。详细内容可以参见 GB 2887－2000。

电源与备份也是物理环境与保障的一个部分。在标准 GB 2887－2000 中计算机机房的供电方式分为 3 类。在标准 GB 936188 中规定 A、B 类安全机房。有关机房的供配电、照明、静电防护和接地等电气技术方面要求可以参见国家标准 GB 50174－93 和电子行业标准 SJ/T 30003－93。

13.2.3　计算机安全等级

标准 GB17859－99 是计算机信息系统安全等级保护系列标准的核心，是实行计算机信息系统安全等级保护制度建设的重要基础。此标准将信息系统划分为 5 个安全等级，分别是用户自主保护级、系统审计保护级、安全标记保护级、结构化保护级和访问验证保护级。从第 1 级到第 5 级的水平等级逐级增高，高级别安全要求是低级别要求的超集。计算机信息系统安全保护能力随着安全保护等级的增高，逐渐增强。

13.2.4　网络平台安全标准

网络平台安全是指利用公共通信基础设施构造内联网以及与国际互联网和其他网络连接的结构安全。利用公共通信基础设施进行户外或跨地域连接的安全问题，主要解决被保护网络内的节点及子网在与外部网络连接、通信和信息交换中的访问控制、实体鉴别和传输过程中的信息机密性、完整性问题。

这一部分涉及目前被广泛使用的虚拟专用网络（Virtual Private Network，VPN）、防火墙、链路层加密和基于 IPSec 的网络加密等技术的相关标准。

13.2.5　应用平台安全标准

应用平台的安全标准主要包括以下几个方面的相关标准：

（1）数据库安全；

（2）Web 安全技术，一般应有 SHTTP/HTTP 和 SSL 两种方式；

（3）E-mail 安全技术，主要是加密技术，主要的安全协议有 S/MIME 和 PEM；

（4）文件传送系统安全技术，文件传送通常使用 FTP 文件传输协议，为加强文件传送的安全，FTP 可以建立在 SSL 之上；

（5）文件处理系统安全保密标准；

（6）目录系统安全服务标准；

（7）数据加密物理层互操作性要求，这是物理层安全的唯一标准。

13.3　信息安全产品标准

信息安全产品的标准从标准的角度描述了安全产品应符合的要求，这些标准都是产品必须达到的最低安全要求。这部分的标准主要包括以下部分：

（1）密码模块安全标准；

（2）包过滤防火墙安全标准；

（3）应用级防火墙安全标准；

（4）路由器安全标准；

（5）安全 VPN 标准；

（6）证书认证中心安全标准。

13.4　信息安全管理标准

1．信息安全管理标准体系框架

（1）信息安全管理基础标准；

（2）信息安全要素标准；

（3）信息安全管理技巧标准；

（4）工程与服务管理标准。

2．信息安全管理体系文档

（1）级别 1：安全手册，内容包括政策、范围、风险评估与适用性声明。

（2）级别 2：安全流程，内容包括流程描述。

（3）级别 3：工作说明书、表格登记、控制列表，确凿具体描述安全任务与制定行为。

（4）级别 4：记录，提供与信息系统安全管理要求目标一致的证据。

13.5　信息安全测评认证标准

随着全球信息化的发展，信息技术（IT）已经成为应用面最广、渗透性最强的战略性技术。信息技术的安全问题日益突出，信息安全产业应运而生。由于信息安全产品和信息系统固有的敏感性和特殊性，直接影响着国家的安全利益和经济利益，各国政府纷纷采取颁布标准，通过实行测评和认证制度等方式，对信息安全产品的研制、生产、销售、使用和进出口实行严格、有效地控制；从而对构成信息系统的物理网络及其有关产品进行认证，对信息系统的运行和服务进行实际测试评估，对信息系统的管理和保障体系进行评估验证。

由于信息安全有着关系到国家主权和国家安全的特殊性，信息安全测评认证系统也是不同于一般的民间第三方的认证体系，而是政府授权的第三方测评认证体系，即国家信息安全测评认证体系。

13.5.1　信息安全测评认证体系理论基础

对于一般的认证体系（如 ISO 9000 标准中产品认证的实施办法），获准认证的条件应有两个：一是产品符合指定安全标准要求，二是质量体系符合指定的质量保证要求。原因很清楚，安全标准是产品应达到的技术要求；而质量保证要求是对供方质量管理体系提出的管理方面的要求，管理要求是持续满足技术要求的必要保证。

安全产品和系统一般用于保护国家单位、企业机构和个人的信息资源不被非法窃取、篡改和破坏，它所影响的范围小到个人财产、大到国家利益。因此，对信息安全产品和系统安全性能指标是否符合国家标准，产品和系统本身的安全性、可靠性达到什么程度，产品和系统自身的缺陷有哪些等，都应当对产品进行严格的检测和对系统进行严格的评估。早在 20 世纪 80 年代，美、英、德、法等西方国家纷纷确定了本国的信息安全测评认证制度，并积极开展测评认证标准领域的合作。经过近 20 年的努力，终于在 1999 年 5 月形成了既考虑共同的技术基础，又兼顾各国信息安全主权的国际化准则。

为提高我国信息安全产品质量的总体水平，适应我国市场经济发展的要求，积极迎接入世后的挑战，我国的信息安全测评认证体系需要建立在标准 ISO 15408（即 Common Criteria，CC）这项国际通用准则的基础上。只有依据国际通用准则才能使检测和评估水平建立在较高的基础上，才能为实现信息安全领域内的产品认证多方互认奠定坚实的基础。当然，要进行依据 CC 的检测和评估，还需要按 CC 要求开发出一套完整的满足大多数消费者要求的信息安全产品和系统的技术要求（即"保护轮廓"，Protection Profile）。不仅如此，在对生产信息安全产品的企业和使用信息系统的机构提出高水平技术要求的同时，也应对之提出高水平的管理要求。据统计，安全事件有 70%出自管理漏洞；因此，申请信息安全产品评估认证的企业和申请系统评估认证的机构，应当按 ISO 9000 族标准建立完善的管理体系，保证信息安全产品和系统能够持续地满足相关标准的要求，并从管理的角度保证质量体系具有自我完善的功能，才能满足 IT 行业的发展要求。

在信息安全产品的生产质量得到控制的同时，必须认识到，信息安全产品的服务质量的控制也是保证产品有效使用的重要方法。尤其是信息系统的安全性，往往并不是由单一安全产品的安全性能所决定的，而是决定于整个系统的总体配置，是一个安全系统工程的问题。要保证工程质量和满足技术要求，应参照《信息安全工程服务规范》的标准要求。为保证信息安全工程的质量，也应对提供工程服务的企业提出质量体系的要求，但因不涉及产品设计，可按 ISO 9002 标准建立质量体系。

13.5.2　信息安全测评标准的发展

随着经济全球化和以 Internet 为代表的全球网络化、信息化的发展，大量信息技术产品（包括安全产品）进入国际市场，对信息技术而言其安全性要求多数都是标准化的，并不会因为国家不同而不同，因此国际上特别是西方发达国家希望标准化的信息技术安全性评估结果在一定程度上要相互认可，以减少各国在此方面的一些不必要的开支，从而推动全球信息化的发展。

为达到上述目的，早在 1990 年国际标准化组织（International Organization for Standardization，ISO）就开始着手编写国际通用的信息技术安全性评估准则（CC），但由于工作量巨大和世界各国意见的不统一，一直进展缓慢。

1993 年 6 月，美国标准技术研究所（National Institute of Standards and Technology，NIST）及美国国家安全局（National Security Agency，NSA）联合 Information Technology Security Evaluation Criteria（ITSEC）的起草国（英国、法国、德国、荷兰）组成 CC 工作组，将各自独立的准则集合成一系列单一的、能被广泛接受的 IT 安全准则。其目的是解决原标准中出现的概念和技术上的差异，并把结果作为对国际标准的贡献提交给 ISO。该起草工作组于 1996 年颁布了 CC 1.0 版，1998 年颁布了 CC 2.0 版。

1999 年 6 月，ISO 接纳 CC 2.0 版作为 ISO/IEC 15408 草案。在广泛征求意见并进行了一定的修改后于 1999 年 12 月正式作为国际标准颁布，对应的 CC 版本为 CC2.1 版。

1997 年，我国开始组织有关单位跟踪 CC 发展，并对 CC 1.0 版进行大量研究。在 CC 成为国际标准以后，我国即着手制定对应的国家标准，并于 2000 年年底完成全部起草工作形成报批稿，2001 年 3 月 8 日国家质量技术监督局将其作为国家标准 GB/T 18336 正式颁布，并在 2001 年 12 月 1 日正式实施。

对信息安全进行测评认证最早的国家是美国，早在 20 世纪 70 年代美国就开展了信息技术安全性评估标准研究，并于 1985 年由美国国防部正式公布了 DOD 5200.28—STD《可信计算机系统评估准则》（Trusted Computer Security Evaluation Criteria，TCSEC），也称"橘皮书"（Orange Book），这是各界公认的第一个计算机信息系统评估标准。在随后的 10 年里，欧美各国都开始积极开发建立在 TCSEC 基础上的评估准则，这些准则更灵活、更适应 IT 技术的发展。其发展概况大概分为可信计算机系统评估准则、信息技术安全性评估准则，具体情况如下。

TCSEC 作为军用标准，提出了美国在军用信息技术安全性方面的要求。由于当时技术和应用的局限性，所提出的要求主要是针对没有外部连接的多用户操作系统（Multi-User Operating Systems，MUOS）。安全要求从低到高分为 D、C、B 和 A 等 4 类，类下分为 D、C1、C2、B1、B2、B3 和 A1 共 7 个安全级别。每一级要求涵盖安全策略、责任、保证和文档 4 个方面。后来，为适应信息技术的发展又陆续颁布了一系列的解释性文件，如《可信网络解释》（Trusted Network Interpretation，TNI）和《可信数据库解释》（Trusted Database Interpretation，TDI）。NSA 先后建立了可信产品评估计划（Trusted Product Evaluation Program，TPEP）、可信技术评定计划（Trusted Technology Assessment Program，TTAP）来评定信息技术产品对 TCSEC 的符合条件，前者只针对军用信息技术产品，后者开始延伸到民用信息技术产品。

在紧随美国之后的欧洲发达国家，信息技术安全性评估准则（ITSEC）受 TCSEC 的影响和信息技术发展的需要，在 20 世纪 80 年代后期，几个欧洲国家和加拿大纷纷开始开发自己的评估准则。法国、德国、荷兰和英国等欧洲同家很快就开始联合行动，并于 1990 年提出欧共体的 ITSEC。真正成型的 ITSEC 版本 1.2 版于 1991 年由欧洲标准化委员会正式公开发表。ITSEC 作为多国安全评估标准的综合产物，适用于军队、政府和商业部门，它以超越 TCSEC 为目的，将安全性要求分为功能和保证两部分。功能指的是为满足安全需求而采取的一系列技术安全措施，如访问控制、审计、鉴别和数字签名等；保证是指确保功能正确实现及其有效件的安全措施。在 ITSEC 中还首次提出了"安全目标"（Security Target，ST）的概念，包括对被评估产品或系统安全功能的具体规定及其使用环境的描述。

ITSEC 的功能要求在测定上分为 F1～F10 共 10 级。F1～F5 级对应于 TCSEC 的 D～A。F6～F10 级加上了以下概念。

- F6：数据和程序的完整性。
- F7：系统可用性。
- F8：数据通信完整性。
- F9：数据通信机密性。
- F10：包括机密性和完整性的网络安全。

同样，ITSEC 的保证要求也分为 6 级。

- F1：测试。
- F2：配置控制和可控的分配。
- F3：能访问详细设计和源码。
- F4：详细的脆弱性分析。
- F5：设计与源码明显对应。
- F6：设计与源码在形式上一致。

在加拿大也有类似的发展，加拿大《可信计算机产品评估准则》（Canadian Trusted Computer Product Evaluation Criteria，CTCPEC）的 CTCPEC1.0 版于 1989 年公布，专为政府需求而设计，1993 年公布了 3.0 版。作为 ITSEC 和 TCSEC 的结合，CTCPEC 将安全分为功能性要求和保证性要求两部分。功能性要求分为机密性、完整性、可用性和可控性 4 个大类，在每种安全要求下又分成很多级以表示安全性上的差别，按程度不同分为 0～5 级。

另外，美国《信息技术安全联邦准则》（Federal Criteria，FC）在 20 世纪 90 年代初，为适应信息技术的发展和推动美国国内非军用信息技术产品安全性的进步，美国的 NSA 和 NIST 联合起来对 TCSEC 进行修订。首先，针对 TCSEC 的 C2 级要求提出了适用于商业组织和政府部门的最小安全功能要求（Minimum Security Function Requirement，MSFR）。后来，在 MSFR 和加拿大 CTCPEC 的基础上，美国于 1992 年年底公布了 FC 草案 1.0 版，它是结合北美和欧洲有关评估准则概念的另一标准。在此标准中引入了"保护轮廓"（Protection Profile，PP）这一重要概念，每个 PP 都包括功能部分、开发保证部分和评测部分。与 TCSEC 不同，其分级方式充分汲取了 ITSEC、CTCPEC 中的优点，主要供美国政府用、民用和商用。

　　在国际标准方面，ISO 也发展出《通用评估准则》（CC）。由于全球 IT 市场的发展，需要标准化的信息安全评估结果在一定程度上可以相互认可，以减少各国在此方面的一些不必要开支，从而推动全球信息化的发展。ISO 从 1990 年开始着手编写通用的国际标准评估准则。该任务首先分派给了第 1 联合技术委员会（Joint Technical Committee 1，JTC1）的第 27 分委员会（Sub-committe27，SC27）的第 3 工作小组（Work Group 3，WG3）。最初，由于大量的工作和多方协商的强烈需要，WG3 的进展缓慢。

　　在 1993 年 6 月，由与 CTCPEC、FC、TCSEC 和 ITSEC 有关的 6 个国家中的 7 个相关政府组织集中了他们的成果，并联合行动将各自独立的准则集合成一系列单一的、能被广泛接受的 IT 安全准则。其目的是解决原标准中出现的概念和技术上的差异，以及把结果作为对国际标准的贡献提交给 ISO。并于 1996 年颁布了 CC1.0 版，1998 年颁布了 CC2.0 版，1999 年 6 月 ISO 正式将 CC2.0 作为国际标准——ISO 15408 发布。在 CC 中充分突出 PP，也将评估过程分为"功能"和"保证"两个部分。此通用准则是目前最全面的信息技术安全评估准则。如图 13-2 所示是信息安全评测标准发展及其与 CTCPEC、FC、TCSEC 和 ITSEC 之间的关系。

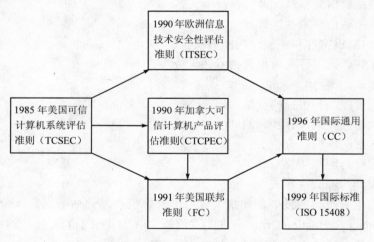

图 13-2　信息安全评测标准发展

13.5.3　我国信息技术安全性评估准则（GB/T 18336）

　　GB/ 18336—2001《信息技术安全技术信息技术安全性评估准则》（等同于 ISO/IEC 15408：1999，通常简称通用准则——CC）于 2001 年 3 月正式颁布，该标准是评估信息技术产品和系统安全性的基础准则。

　　GB/T 18336—2001 定义了评估信息技术产品和系统安全性所需的基础准则，是度量信息技术安全性的基准。该标准针对在安全性评估过程中信息技术产品和系统的安全功能及相应的保证措施提出一组通用要求，使各种相对独立的安全性评估结果具有可比性。这有助于信息技术产品和系统的开发者或用户确定所研制、生产、采购、集成的产品或系统对其应用而言是否足够安全，以及在使用中存在的安全风险是否可以容忍。

GB/T 18336—2001 主要保护的是信息的机密性、完整性和可用性 3 大特性，其次也考虑了可控性、责任可追究性及信息系统的可用性等方面。其重点考虑的是人为威胁，但也可用于非人为因素导致的威胁。该标准适用于对信息技术产品或系统的安全性进行评估，不论其实现方式是硬件、固件还是软件；还可用于指导产品或系统的开发、生产、集成、运行和维护等。然而，GB/T 18336—2001 并不包括对行政管理措施的安全性评估，不包括密码算法强度方面的评价，也不包括对信息技术在物理安全方面（如电磁辐射控制）的评估。

GB/T 18336 的作用等同采用国际标准 ISO/IEC 15408（即 CC，当今国际上公认的最科学的信息技术安全性度量准则和基础性标准），它的颁布有助于推动我国的信息化建设与发展，对我国的信息技术安全产品的开发、生产、测评、认证、采购和使用，以及信息系统的规划、建设、检测和运行等方面都具有指导意义。

此外，GB/T 18336 作为基础性标准，在对具体的产品或系统进行评估前，需要由用户、开发者及相关专业人员参与，根据产品或系统的应用环境和安全需求进一步开发制定相应的 PP 和 ST。通过制定 PP 和 ST，帮助用户分析产品或系统可能存在的安全问题，有助于提高用户安全意识并进一步采用合理的安全措施。开发者可以有针对性地开发相应的安全产品，在系统建设时合理地采取安全技术措施和安全工程。这既可以提高产品质量又可以提高生产效率，有助于提高开发者的市场竞争能力，最终促进我国信息安全产业的发展。从更高的层次上看，GB/T 18336 为与信息安全有关的行政法规、技术指导文件的制定提供了技术依据和基础，为信息安全的行政管理、行政执法创造了条件和手段。

13.6　ISO 27000 系列介绍

ISO 27001 是建立和维护信息安全管理体系的标准，它要求应该通过这样的过程来建立 ISMS 框架：首先确定体系范围，然后制定信息安全策略，明确管理职责，再通过风险评估确定控制目标和控制方式。体系一旦建立后，组织应该实施、维护和持续改进 ISMS，从而保持体系运作的有效性。此外，ISO 27001 非常强调信息安全管理过程中文件化的工作，ISMS 的文件体系应该包括安全策略、适用性声明（选择与未选择的控制目标和控制措施）、实施安全控制所需的程序文件、ISMS 管理和操作程序，以及组织围绕 ISMS 开展的所有活动的证明材料。ISO 27000 系列在 4.2 节"信息系统安全管理体系"中已有较详细的介绍，这里不再重复。

13.7　小结

本章在一个信息系统安全标准框架内，系统地介绍了信息安全相关的标准。信息系统安全标准框架根据涉及的不同对象和信息系统生命周期中的不同环节，将标准分为基础安全标准、环境与平台标准、信息安全产品标准、信息安全管理标准，以及信息安全测评认证标准。本章对每一部分标准的背景、作用、内容和相关的具体标准都进行了介绍。

第 14 章
信息安全法律法规

本章首先对国际和国内信息安全相关的法律法规的发展历程和现状进行了简要介绍。在 14.2 节着重介绍了我国现有的信息安全领域的国家法律、行政法规、部门规章及规范性文件。

14.1　信息安全法律法规概述

14.1.1　国际信息安全法律法规简介

为保护本国信息的安全，维护国家的利益，各国政府对信息安全非常重视，指定政府有关机构主管信息安全工作。从 20 世纪 80 年代开始，世界各国陆续加强了计算机安全的立法工作。

美国作为当今世界信息大国，信息技术具有国际领先水平是毋庸置疑的，其信息安全的立法活动也进行得较早。因此，与其他国家相比，美国无疑是信息安全方面的法案最多而且较为完善的国家。美国的国家信息安全机关除了人们所熟知的国家安全局（NSA）、中央情报局、联邦调查以外，1996 年成立了总统关键设施保护委员会（President's Commission on Critical Infrastructure Protection，PCCIP），1998 年成立了国家设施保护中心，以及国家计算机安全中心、设施威胁评估中心。美国早在 1987 年就再次修订了《计算机犯罪法》。该法在 20 世纪 80 年代末至 20 世纪 90 年代初被作为美国各州制定其地方法规的依据，这些地方法规确立了计算机服务盗窃罪、侵犯知识产权罪、破坏计算机设备或配置罪、计算机欺骗罪、通过欺骗获得电话或电报服务罪、计算机滥用罪、计算机错误访问罪、非授权的计算机使用罪等罪名。美国现已确立的有关信息安全的法律有信息自由法、个人隐私法、反腐败行径法、伪造访问设备和计算机欺骗滥用法、电子通信隐私法、计算机欺骗滥用法、计算机安全法和电信法等。"9.11"事件后，美国对于国家安全的重视日益增强，美国参众两院及联邦政府有关安全方面的立法力度较以往大大加强。自 2001 年下半年至今，就有近 20 个与网络信息安全相关的法案、提案送交两院审议。这些法律法规的推出为美国社会的安全保障构建了坚实的法律基础。

美国信息安全法律法规近况包括以下的相关法律：

（1）《爱国者法案》

（2）《网络安全研发法案》

（3）《国家网络安全防御小组授权法案》

（4）《2002 年联邦信息安全管理法案》

（5）《本土安全信息共享法案》

（6）《网络安全增强法案》（2002 年 8 月 11 日众议院通过）规定了黑客最高可判终身监禁

（7）《国家信息、安全产品采购政策》（NSTISSC 于 2001 年 1 月发布）规定到 2002 年 7 月 1 日，所有采购的商业化信息安全产品及类似产品都必须按照相关标准（含 CC）进行认证或确认。

欧洲共同体（European Union，EU）是一个在欧洲范围内具有较强影响力的政府间组织。为了在共同体内正常的进行信息市场运作，该组织在诸多问题上建立了一系列法律，包括竞争法、知识产权保护、保护软件、数据和多媒体产品及在线版权、数据保护、跨境电子贸易法等法律。其成员国从 20 世纪 70 年代末到 80 年代初，先后制定并颁布了各自有关数据安全的法律。

德国是欧洲信息技术最发达的国家，其电子信息和通信服务已涉及该国所有经济和生活领域。1996 年夏，德国政府颁布了《信息和通信服务规范法》（即《多媒体法》），并成立了联邦信息技术安全局，依法对网络进行管理。此外，该国政府通过了电信服务数据保护法，其内容是根据发展信息和通信服务的需要，对刑法法典、治安法、传播危害青少年文字法、著作权法和报价法作了必要的修改和补充。

法国作为欧洲的主要国家之一，Internet 的使用较晚，在意识到 Internet 的重要性后，法国政府积极制定了 Internet 相关法律。1996 年 6 月，法国邮电、电信及空间部长级代表对一部有关通信自由的法律进行补充并提出《Fillon 修正案》。该修正案根据互联网的特点，解决互联网带来的关于互联网从业人员和用户之间的问题。

在亚洲，日本通产省已经编制出一套准则《防止越权访问计算机网络》。建议计算机用户避免以出生日期和电话号码作为口令，并定期变更口令。该部门提出应像防止计算机病毒的扩散一样，防止黑客对网上数据的窃取、替换及破坏。

新加坡广播管理局（SBA）于 1996 年 7 刀 11 日宣布对互联网络实行管制，宣布实施分类许可证制度。该制度于 1996 年 7 月 15 日生效。它是一种自动取得许可证的制度，目的是鼓励正当使用互联网络，促进其在新加坡的健康发展。它依据计算机空间的最基本标准谋求保护网络用户，尤其是年轻人，免受非法和不健康的信息传播之害。

14.1.2　我国国家信息安全法律法规简介

信息化发展带来了许多新概念和管理上的新特点。同时，网上的有害信息传播、病毒入侵和网络攻击日趋严重，网络失泄密事件屡屡发生，网络犯罪呈快速上升趋势。此外，境内外敌对势力针对广播电视卫星、有线电视和地面网络的攻击破坏和利用信息网络进行的反动宣传活动日益猖獗等问题，还有待深入研究或有待执法的技术手段的进一步建立和完善。

目前，我国信息安全保障中急需解决的问题包括：网络与信息系统的防护水平不高，应急能力不强；信息安全管理和技术人才缺乏，关键技术整体上还比较落后，产业缺乏核心竞争力；信息安全法律法规和标准不完善；全社会的信息安全意识不强，信息安全管理意识薄弱。

依法治国，依法办事，遵纪守法，依法保护国家和自己的利益是国家及每一个公民必须的权利和义务，也是各行各业必须遵循的规范，信息安全保障也不例外。我国为了适应信息化的发展，国家及有关部门在国家根本大法——《宪法》之下不断地制定、颁布了一系列的相关法规，如《中华人民共和国计算机信息系统安全保护条例》、《商用密码管理条例》、《中华人民共和国电信条例》、《计算机信息系统国际联网保密管理规定》、《互联网信息服务管理办法》、《计算机信息系统安全专用产品检测和销售许可证管理办法》等，并对诸如《中华人民共和国刑法》等部分传统的法规进行了适应信息化发展的一些修订补充。

目前，我们国家有关信息化及信息安全的法规体系尚未完全配套，例如，对于发展电子商务和利用信息网络进行交易和支付的数子签名法的制定就落在了许多国家的后边。

14.2　我国现有信息安全法律法规

我国国家信息安全相关法律是从纵向的层次，即按立法机关的权限和法律的效力层次来确定的，主要分为如下 5 个层次：

（1）宪法（具有最高效力）

（2）法律

（3）行政法规

（4）行政规章

（5）地方性法规

从横向的领域由部门确定的，主要分为 6 个层次：

（1）宪法

（2）行政法

（3）民商法

（4）经济法

（5）刑法

（6）社会法。

14.2.1　我国现有国家法律

我国现有国家法律包括：

（1）《中华人民共和国保守国家秘密法》

（2）《中华人民共和国标准化法》

（3）《中华人民共和国产品质量法》

（4）《中华人民共和国反不正当竞争法》

（5）《中华人民共和国国家安全法》

（6）《中华人民共和国人民警察法》

（7）《中华人民共和国宪法》（摘录）

（8）《中华人民共和国刑法》（摘录）

（9）《中华人民共和国刑事诉讼法》

（10）《中华人民共和国行政处罚法》

（11）《中华人民共和国著作权法》

（12）《中华人民共和国专利法》

（13）《中华人民共和国海关法》

（14）《中华人民共和国商标法》

（15）《中华人民共和国刑事诉讼法》

（16）《中华人民共和国行政处罚法》

（17）《维护互联网安全的决定》。

14.2.2　我国现有行政法规

我国现有的行政法规包括：

（1）《中华人民共和国产品质量认证管理条例》

（2）国务院第 147 号令——《中华人民共和国计算机信息系统安全保护条例》

（3）国务院第 195 号令——《中华人民共和国计算机信息网络国际联网管理暂行规定》

（4）国务院第 195 号令——《中华人民共和国计算机信息网络国际联网管理暂行规定实施办法》

（5）国务院第 273 号令——《商用密码管理条例》

（6）国务院第 291 号令——《中华人民共和国电信条例》

（7）国务院第 84 号令——《计算机软件保护条例》

（8）国务院令第 292 号令——《互联网信息服务管理办法》

（9）中华人民共和国计算机信息网络国际联网管理暂行办法

（10）国务院关于修改《中华人民共和国计算机信息网络国际联网管理暂行规定》的决定（修正）。

（11）国务院关于修改《中华人民共和国计算机信息网络国际联网管理暂行规定》的决定（修正）。

14.2.3　我国现有部门规章及规范性文件

我国现有的部门规章及规范性文件包括：

1）公安部

（1）公安部第 32 号令——《计算机信息系统安全产品检测和销售许可证管理办法》

（2）公安部第 33 号令——《计算机信息网络国际联网安全保护管理办法》

（3）公安部第 51 号令——《计算机病毒防治管理办法》

（4）中华人民共和国公共安全行业标准——《计算机信息系统安全专用产品分类原则》

（5）公安部关于对《中华人民共和国计算机信息系统安全保护条例》中涉及的“有害数据”问题的批复

2）国家保密局

《计算机信息系统国际联同保密管理规定》

3）国务院新闻办公室

《互联网站从事登载新闻业务管理暂行规定》

4）中国互联网络信息中心

（1）《CNNIC——中文域名争议解决办法》

（2）《CNNIC——中文域名注册管理办法》

5）新闻出版署

（1）新闻出版署令第 11 号——《电子出版物管理规定》

（2）关于实施《电子出版物管理暂行规定》若干问题的通知

6）信息产业部

（1）信息产业部第 3 号令——《互联网电子公告服务管理规定》

（2）信息产业部第 5 号令——《软件产品管理办法》

（3）信息产业部——《电信网间互联管理暂行规定》

（4）信息产业部——《关于互联网中文域名管理的通告》

（5）信息产业部——《计算机信息系统集成资质管理办法》

（6）信息产业部——《软件企业认定标准及管理办法（试行）》

（7）信息产业部——《关于互联网中文域名管理的通告》

（8）信息产业部——《电信网间互联管理暂行规定》

（9）信息产业部——《关于处理恶意占用域名资源行为的批复》

（10）信息产业部——《互联网上网服务营业场所管理办法》

（11）信息产业部——《软件企业认定标准及管理办法（试行）》

7）邮电部

（1）邮电部——《计算机信息网络国际联网出入口信道管理办法》

（2）邮电部文——《计算机信息网络国际联网出入口信道管理办法》

（3）邮电部文件——《通信建设市场管理办法》

（4）邮电部文件——《通信行政处罚程序暂行规定》

（5）邮电部——《中国公用计算机互联网国际联网管理办法》

（6）邮电部——《中国公众多媒体通信管理办法》

（7）电子部——《中国金桥信息网公众多媒体信息服务管理办法》

8）国家密码管理委员会办公室

《国家密码管理委员会办公室公告》

9）中华人民共和国国家科学技术委员会

《科学技术保密规定》

10）最高人民法院

（1）最高人民法院"关于审理扰乱电信市场管理秩序案件具体应用法律若干问题的解释"

（2）最高人民法院"关于审理涉及计算机网络域名民事纠纷案件适用法律若干问题的解释"

（3）最高人民法院"关于审理扰乱电信市场管理秩序案件具体应用法律若干问题的解释"

11）广电总局

广电总局"关于加强通过信息网络向公众传播广播电影电视类节目管理的通告"

12）国务院信息办

（1）国务院信息办——《中国互联网络域名注册实施细则》

（2）国务院信息办——《中国互联网络域名注册暂行管理办法》

13）教育部

教育部——《教育网站和网校暂行管理办法》

14）证监会

证监会——《网上证券委托暂行管理办法》

14.3　小结

本章介绍了国际和国内信息安全相关的法律法规的发展历程和现状。在 14.2 节中着重介绍了我国现有的信息安全领域的国家法律、行政法规、部门规章及规范性文件。

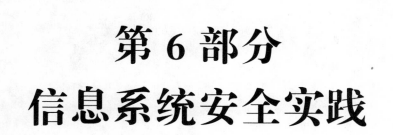

第 6 部分
信息系统安全实践

第 15 章
安全信息系统的开发

本书第 1 章已介绍了信息系统安全体系（Information Systems Security Architecture，ISSA），第 2～14 章分别从安全需求分析、安全管理、安全技术，以及安全标准规范与法律法规 4 个方面做了具体的介绍。本章将重点介绍信息系统开发生命周期的安全考虑。

第 3 章已经概述了安全信息系统的构建过程，本章将详细介绍信息系统开发生命周期的相关概念，以及各阶段的安全考虑和安全措施。作者参考了 NIST SP 800-64《信息系统开发生命周期中的安全考虑》，同时也做了稍许修改，将标准原文中针对美国联邦政府信息系统的指南文献修改为针对普通的大中型机构信息系统的开发指南。

15.1　信息系统开发生命周期概述

15.1.1　信息系统开发生命周期

信息系统开发生命周期（Information System Development Life Cycle，SDLC）是用于项目管理的一个概念模型，它描述了在信息系统开发项目中，从最初的可行性研究一直到信息系统最终处理的各个阶段。这个概念用来描述信息系统开发和维护工作不同阶段的框架。参考 NIST SP 800-18，信息系统开发生命周期定义了 5 个基本阶段（初始阶段、开发/设计阶段、实施阶段、运营/维护阶段、最终处理阶段），用于为信息技术系统开发安全计划提供指导。

15.1.2　信息系统开发生命周期与软件开发周期的区别

SDLC 是一个源于软件开发生命周期（Software Development Life Cycle）的概念，它借鉴了软件开发生命周期中的很多内容，例如，开发模式分为线形开发、瀑布型开发、原型开发、螺旋形开发等，但同时也与软件开发有所区别。

软件开发一般是针对某一具体软件，由软件公司通过成立项目小组，进行软件项目管理和过程管理等方式，在开发上较多地关注于软件自身的功能和性能，在兼容性上一般只会考虑软件与常用的操作系统、平台或数据库的兼容问题。而由于信息系统特别是企业级的信息系统，会更多地从整体系统的角度考虑相关的开发问题。信息系统要考虑与机构内其他系统之间的接口和兼容性问题，由于是企业级系统，所需成本投资巨大，因此还需考虑成本问题；一个企业级信息系统所涉业务流程众多，因此也需考虑对今后机构长期发展要出现的功能、流程相匹配。

正是由于信息系统的重要性，因此在信息系统开发生命周期中，所涉及的关键性角色不仅是软件公司，还包括机构自身的高级管理人员（如首席信息官 CIO、首席技术官 CTO等）、日常管理的管理人员和技术人员、独立的第三方专家等。这些角色将共同成立一个筹划指导委员会（Steering Committees），整合各方面的人力和物力，对信息系统生命周期的整个过程进行管理，做出决策和指导，这一点与软件开发的项目组开发模式差异较大。

15.1.3　信息系统安全开发生命周期

信息系统安全开发生命周期（Security Considerations of SDLC，SC of SDLC）是指在信息系统开发生命周期中进行每个阶段的安全考虑。参考 NIST SP 800-64，安全考虑应包括但不限于以下 5 项内容：安全策略、威胁分析、风险分析、安全责任的落实及安全相关文档记录。

15.1.4　SDLC 与 SC of SDLC 的区别

SDLC 是一个机构设计并实施其信息系统的常用技术路线，这是一种正式的基于结构化过程的解决问题的方法。该方法能够确保以严格的步骤来加大完成预期目标的可能性。而 SC of SDLC 是 SDLC 的一种变形，用于建立整体的安全状态，达到机构的预期安全目标。每个阶段都应具有至少一个指南，以实现可重复性和可回溯性，以达到责任追究的最终目标。大型机构所需的信息系统，即使是采购而来的系统，也会涉及集成安全问题，例如，采购来的系统与其他系统之间的接口连接、信息交互问题。这里所说的系统间的接口、数据流环境（Context）安全就是 SC of SDLC 中要考虑的内容。维护阶段需要不断对其安全性进行评估、测评，以做出继续运行或者更新升级，或者作废处理的决定。表 15-1 所示是 SDLC 与 SC of SDLC 的比较。

表 15-1　SDLC 和 SC of SDLC 的阶段比较

阶　　段	SDLC 和 SC of SDLC 通用步骤	SC of SDLC 特有步骤
阶段 1 调查研究	描述工程的范围、目标 估算费用 评估现有资源	从安全策略角度，定义工程的过程、目标和文档 分析可行性
阶段 2 分析阶段	评价阶段 1 制定的计划和方案 分析并提取初步的系统需求 研究新系统和已有系统的集成可行性	分析已有安全策略和措施 分析当前威胁和控制手段 检查是否合乎法律规定 进行风险分析 结论归档
阶段 3 逻辑设计阶段	评价阶段 2 所制定的当前业务需求 选择应用类型、数据支持和结构 确定工程继续设计开发，还是外包给其他公司	制定安全蓝图 设计事故响应计划 设计业务的灾难响应计划 制订多个解决方案以供选择 进行结论归档和可行性分析
阶段 4 物理设计阶段	选择技术来实现和支持阶段 3 制定的解决方案 选择最好的解决方案 决定自行设计还是采购 结论归档和可行性分析	选择支持安全蓝图的技术 设计物理安全措施以实现和支持解决方案 审查并批准工程
阶段 5 实施阶段	开发或购买软件 订购部件 系统文档化 更新可行性分析 测试系统和评审性能	购买或开发安全解决方案 在本阶段的最后，将测试结果上报管理层，以获取批准 培训用户 将系统交付给用户
阶段 6 维护阶段	为延长使用寿命提供技术支持及系统更新 为符合业务需求进行周期性测试 根据需要升级和修补	经常进行监控、测试、修改升级和维护，以便对不断变化的威胁做出反应

15.2　信息系统开发生命周期的安全考虑与措施

前一节主要介绍 SDLC 的相关概念，本节将详细介绍整个 SDLC 过程中的安全考虑与措施。

为了最有效，信息安全考虑应该在早期就纳入 SDLC 中。现有的很多方法可以用来有效地开发一个信息系统。传统的 SDLC 是所谓的线性序列模型。这种模型认为系统在生命周期临近结束时交付。另一种 SDLC 方法使用原型模型，通常用于了解系统需求，而并不真正开发出最终系统。更复杂的系统需要有更多迭代过程的开发模型，这些复杂模型包括螺旋模型，组件装配模型和并行开发模型等。

系统预期的大小和复杂性，开发的进度表和系统的生命周期会影响选择哪一种 SDLC 模型。本书把安全加入 SDLC，以线性序列模型作为例子。因为这个模型在各种模型中是最简单的，是一个较好的讨论平台。同时，这里讨论的概念对任何 SDLC 模型都适用。

15.2.1　基于 EA 的安全分析

SC of SDLC 是从时间维度出发的，在信息系统的安全考虑同时也应兼顾整体系统性的安全考虑，因此，本书采用了 EA 法来探讨相关问题。EA 概念可参见第 3 章的 3.2.2 节。

1. 总体考虑

（1）融合性。除了考虑新系统的安全问题，机构也应考虑该系统可能会直接或间接影响其他系统。一个整合周边环境问题的方法就是建立一个机构层面的安全架构。如果不从机构的角度看，新部署的系统可能是局部最优的，但有可能在一定程度上引进弱点。如果不考虑机构环境，新部署的系统就有可能损害其他的机构内部系统。由于信息系统可能与其他机构的内部系统有依赖关系，从而加剧了危害的后果。

机构所设计或实施的信息系统，在设计和实施阶段都必须考虑与现有系统的融合性问题，包括重新评估安装了新的信息系统后，现有信息系统的安全性和所面临的风险及威胁，以及现有风险控制手段的有效性，还有新的信息系统与现有系统间的数据安全传输、接口问题等。

（2）成本平衡问题。相对信息系统的安全问题而言，实施和部署信息系统的成本收益问题才是一般机构的管理层所希望关注和了解的，并且也是容易理解的问题。

一般而言，管理人员和安全专家将一起采用成本一收益分析法，将实施和部署新信息系统以及配套的其他培训等措施所需的投入作为成本，将采取了这种安全措施后所产生的对机构业务目标的支持及带来的收益和减少的风险损失等作为收益，一并进行综合考虑，以实现信息系统实施的业务和成本目标。所谓的目标应是符合成本效益的保证，来满足机构保护其信息资产的需求。无论处于何种情况，在从系统安全中得到的任务性能的收益与运行系统所产生的风险之间应该有一个平衡。

除了实施和部署信息系统需要考虑成本平衡问题外，在 SDLC 的整个过程内也需要考虑成本平衡问题。

整个生命周期的成本，包括实现成本和使用期间的管理成本，这些都必须考虑。这就存在一个平衡问题，例如，采购阶段增加了成本要在系统运行时节约成本。在安全方面的替代架构和技术也应该予以考虑。

（3）多角度分析。EA 分为 4 个层面，分别是业务、信息、解决方案和信息技术层面。EA 也是一种方法论，因此这 4 个层面也是 4 种不同的视角，利用 EA 可以分析出当前机构已有信息系统的现状及预期结果。SDLC 是对信息系统进行过程管理，利用 EA 的 4 种视角对 SDLC 中各阶段的安全考虑和措施进行深入分析和完善，将使信息系统的安全开发和风险管理更加标准规范。

2．人员安全考虑

（1）需要参与的团队和人员与履行责任考虑。在整个 SDLC 中，都在为信息安全提供资金、计划决策、实施和评估等工作。这些不仅涉及技术主管（如信息安全主管或信息安全小组的成员），在整个周期中，至少应该包括 3 个利益相关团体（Communities of Interest）：

- 信息安全管理者和专业人员；
- 信息技术管理者和专业人员；
- 非技术的业务管理者和专业人员。

这些利益团体应履行以下责任：

- 信息安全团体评估整个信息系统开发生命周期中的机构安全程度，以保护机构信息资产免受外来威胁，信息系统是否达到了机构对系统所要求的安全需求；
- 信息技术团体通过利用专业技术来开发、实施操作和维护信息系统，以支持信息系统在开发生命周期中得到了相应的安全考虑；
- 非技术业务团体负责评估信息系统的开发、实施是否符合和有助于机构的策略和目标，并在整个过程中把资源分配给其他两个团体。

（2）关键性角色和责任。根据系统的类型和范围，很多参与者都能在信息系统开发中获得一个角色。角色的名称和头衔在不同的机构中也有所不同。在一个阶段中，不是每个参与者都会参与所有的活动。对于任何开发过程来说，尽量早地让信息安全项目经理（ISPM）和信息系统安全主任（ISSO）介入非常重要，最好在启动阶段就介入。

下面是关键角色的列表，表里列出的角色对许多信息系统的设计或采购非常重要。在一些小机构中，一个人可以具有多个角色，负责多项职责。

① 首席信息官（Chief Information Officer，CIO）。首席信息官负责机构的信息系统的规划、预算、投资、性能和采购。因此，CIO 可以为高级管理人员在购买适应 EA 的最有效率和效能的信息系统时提供建议和帮助。

② 合同官（Contracting Officer），即合同管理人员或负责人。合同官有权缔结、

管理和终止合同，并做出相关的决定和裁决，在某些机构可以由一个部门来负责该项工作。

③ 合同官的技术代表（Contracting Officer's Technical Representative，COTR）。COTR是由合同官指定的技术人员，作为他们的代表管理和审核合同的技术内容与实现情况。

④ 信息技术投资委员会或相应机构（Information Technology Investment Board）。负责管理资本规划和投资控制过程。

⑤ 信息安全项目经理（Information Security Programme Manager，ISPM）。ISPM 负责制定企业的信息安全标准。他在为引入帮助机构识别，以及评估和最小化信息安全风险的适当的结构化方法中起到关键的作用。ISPM 协调和进行系统风险分析，分析风险缓解办法，为采购合适的安全解决方案建立商业案例，以有助于确保在面临真实世界中的威胁时完成任务。

⑥ 信息系统安全官（Information System Security Officer）。信息系统安全官有责任在整个信息系统生命周期中保证信息系统安全。

⑦ 项目经理（Program Manager）/项目官（Program Officer）。该角色代表开发/设计阶段的项目利益。项目经理参与初始采购阶段的战略规划，他在安全方面发挥着重要作用。在理想情况下，他能密切了解系统的功能需求。

⑧ 隐私官（Privacy Officer）。隐私官负责确保采购的服务或系统满足现有的关于信息的保护、信息共享和交流，以及信息披露的隐私政策。鉴于国内情况，该角色可以不作强制要求。

⑨ 其他参与者。一个信息系统开发的职位名单会随着采购和管理信息系统的复杂性增加而增加，所有的开发团队成员一起工作对保证成功完成开发工作至关重要。由于系统认证和授权人员在开发过程中要做出关键性的决定，他们应该尽早地加入团队。系统用户要在开发过程中帮助项目经理确定需求，完善需求，检查和接受交付的系统。参与者可能还包括信息技术代表、配置管理代表、设计和工程代表及设施团队代表。

以上角色是目前美国大型机构在信息系统开发生命周期中所涉及的人员，其中，合同官和 COTR 一般是在信息系统采购或者外包开发时所设立的，如果由机构内开发部门负责信息系统开发则不需设立这两个职位。

15.2.2　安全措施

本节介绍将一系列有助于将信息安全纳入 SDLC 的具体实现中的步骤。了解 SDLC 的每个阶段中的安全步骤，以便将技术和安全需求结合起来。

表 15-2 所示表明如何将安全考虑纳入 SDLC。本节中的安全步骤描述了需要完成的分析和过程。这些步骤为 SDLC 中的安全规划定义了一个概念性框架，此框架可作为范例参考，而并非必须遵循的规定。NIST SP 800-18 定义了 SDLC 的 5 个基本阶段（初始、开发/设计、实施、运营/维护和最终处理），用于为信息系统开发的安全计划提供指导。

表 15-2　将安全考虑纳入 SDLC

	初　始	开发/设计	实　施	运营/维护	最　终　处　理
SDLC	确定需求： ● 需求描述 ● 需求与目标、功能之间的联系 ● 评估现有资产 ● 准备投资审查和预算编制	● 需求的功能说明 ● 市场研究 ● 可行性研究 ● 需求分析 ● 可选择分析 ● 成本收益分析 ● 软件转换研究 ● 成本分析 ● 风险管理计划 ● 采购计划	● 安装 ● 检查系统 ● 验收测试 ● 初始用户培训 ● 文件归档	● 性能测定 ● 合同修改 ● 运营 ● 维护	● 进行适当的最终处理 ● 交换和出售 ● 组织内部审查 ● 转让和捐赠 ● 终止合同
SC of SDLC	● 安全需求分类 ● 初步风险评估	● 风险评估 ● 安全功能需求分析 ● 安全保障需求分析 ● 成本考虑和报告 ● 安全规划 ● 安全控制开发 ● 开发的安全测试和评估 ● 其他的组成计划	● 系统检查与验收 ● 系统集成 ● 安全认证 ● 安全评审	● 配置管理和控制 ● 持续性监视	● 信息存储 ● 媒介消毒 ● 硬件和软件的处理

　　本节所描述的步骤为信息安全规划给出了一个概念性框架，该框架可以用做指导、范例或者发展蓝图。在信息安全规划过程中，机构也可根据需要增加步骤。需要强调的是，由于安全需求是用于解决作为初步风险评估结果的安全目标问题的，因此安全需求必须完整，才可以用来应对众多的安全威胁。

1. 初始阶段

　　SDLC 的第一阶段是初始阶段，这一阶段解决确定需求的问题。

　　（1）确定需求。确定需求是对某个问题的最初定义。传统的确定需求由以下步骤组成：建立基本的系统概念，初步的需求定义，可行性评估，技术评估等。只有当机构需求确定存在后才能开始开发/设计阶段。需求可能在规划战略和策略时就已经确定了。在开发的早期阶段，安全需求的定义应该和安全分类、初步风险评估同时进行。需求确定是一个分析过程，用于评估一个机构用来满足自身现有和新的需求的资产情况。需求确定的安全方面内容将会成为所设计系统的安全控制的选择依据。

　　投资分析将产生管理层希望了解的信息，以便于他们确定最佳的整体解决方案，满足机构业务的需要。投资分析的定义是管理企业信息系统的投资组合和确定一个适当的投资策略的过程。例如，一个适当的投资策略会在预算范围内最优化任务的需求。投资分析的目的不仅在功能和性能方面定义了该机构必须满足业务的需要，而且还确定并设定实现这些功能的最佳整体解决方案和可承受成本的底线。投资分析安排把任务需要转化为高层次的性能：保证和保障的要求；进行完整的市场分析，替代分析和承受能力评估，以确定获得所需能力的最佳解决方案；量化这一解决方案的成本、进度、性能和效益底线。投资分析在功能和性能方面有助于确定机构必须满足任务需要的能力，确定并设定达到这一能力的最佳整体解决方案的基线，并提供相应的费用信息。

（2）安全需求分类。安全需求分类是基于某些发生的事件危及信息系统，对一个机构产生的潜在影响，机构通过这一信息系统来实现业务功能，保护其资产，履行其法律责任，维持其日常职能，保护个人等功能。NIST 在 FIPS -199《美国联邦政府信息系统安全分类标准》中定义了 3 个层次（低度、中度或高度）的对机构或个人违反安全（损失机密性、完整性或可用性）的潜在影响。机构可以参考该《指南》为他们的信息系统选择适当的安全控制。

（3）初步风险评估。初步的风险评估结果应该是一份对系统的基本安全需求的简短描述。在实际情况中，信息安全保护的需求体现在完整性、可用性、机密性和其他适当的安全需求（如责任追究、不可抵赖性）中。

完整性可以从几个方面检验。从用户或应用程序所有者的角度看，完整性是基于一些属性的数据质量，如准确性和完备性。从系统或操作的角度看，完整性是数据的质量，只有通过授权的方式改变或该系统/软件/程序只做它该做的。

类似于完整性，可用性也有多个定义。可用性是一种状态，即数据或系统在用户所需要的地点、在用户所需要的时间、处于用户所需要的形式。

机密性也就是隐私性，要求除非对于已授权的人，保证机密或不公开信息。

初步的风险评估应定义产品或系统将要运行的环境威胁。在评估之后，初步确定所需的安全控制，必须符合保护在环境中运行的产品/系统的需求。NIST SP800-30《信息系统风险管理指南》中定义了基于风险的信息安全管理方法，该《指南》可为机构进行风险管理时提供参考。

2．开发/设计阶段

SDLC 的第二阶段是开发/设计阶段。考虑到本书的读者更关注开发和设计，本节省略了采购相关的内容，如有这方面的阅读需求，读者可自行阅读本书附录 B《信息安全开发生命周期中的安全考虑》。

（1）需求分析。机构通过进行与规模和复杂性需求相称的需求分析，建立和记录开发/设计阶段的信息系统资源的需求。需求分析是对目的的深入研究和细化。需求分析借鉴了上一阶段的工作成果，并将进一步开展和完善。

（2）风险评估。风险评估是分析安全功能需求的第一步。通过正式的风险评估进程可以确定系统的保护需求。安全功能需求分析建立在初始阶段的初步风险评估的基础上，但会更加深入和具体。对由信息系统运行所导致的机构资产或者业务的风险，要进行定期评估。风险评估汇集了重要信息，帮助机构官员保护信息系统并生成安全计划所需的重要信息。

风险评估包括：

① 确定威胁信息系统的漏洞；

② 分析机密性、完整性或可用性的损失对机构资产或业务（包括机构使命功能、形象或声誉）产生的潜在影响或严重损害；

③ 鉴定和分析信息系统的安全控制，机构应当查阅 NIST SP 800-30，或其他指导风险评估的相关《指南》。

每个企业级信息系统应解决如下企业级范围内的安全目标：

① 一个特定的信息系统不应造成漏洞或与其他企业级系统无法兼容；

② 一个特定的信息系统不应降低其他企业系统的可用性；

③ 不能因为这一特定系统而降低整个企业级系统的安全状态；

④ 没有在机构控制下的外部域应被视为潜在的威胁，系统连接到该外部域时必须进行安全分析，并要对抗源自这些域的敌对行动；

⑤ 安全规格应适合给定的系统环境状态；

⑥ 安全规格应明确地描述期望功能和保障，便于系统的产品团队和开发人员理解；

⑦ 实施规范应充分降低企业系统和该系统所支持业务的风险。

风险评估应在信息系统的详细规划书设计之前进行并确定，安全风险评估也可以为详细规划书提供支持。安全风险评估应当考虑现有的控制手段及其有效性和适用范围。风险评估需要在系统范围内相关专家的参与和讨论（如用户、技术专家、业务专家等）。

在选择适当的保护措施或安全策略类型时，应当基于安全保证需求分析的结果。风险评估可以通过需求分析的结论，识别完整性、机密性和可用性的需求分析或安全保证需求分析的缺陷。

（3）安全功能需求分析。安全功能需求分析包括两类系统安全需求：

① 系统的安全环境（即企业的信息安全政策和企业安全架构）；

② 安全功能需求。

这一过程应包括对法律和法规的分析。这些法律和法规定义了安全需求的基本要求。法律、功能需求和其他相关的信息安全需求都应体现在具体条款中。对于复杂的系统，可能需要进行多次安全功能需求分析。

由于大多数系统至少有最基本的完整性和可用性的需求，应当明确地解决这些问题。即使系统的保密需求低，也需要满足完整性和可用性需求。

（4）安全保障需求分析。正确和有效地使用信息安全控制是信息安全管理的重要部分。保障是满足其安全目标的信任基础，保障可以使机构对安全控制将在业务环境中正常和有效地运行具有信心。

安全保障需求分析是基于法律需求和安全功能需求来判断信息系统的安全保障需要。此外，安全保障目标也应符合成本收益平衡的原则，即在任何情况下，在从系统安全中得到的性能收益与运行系统所产生的风险之间应该有一个平衡。

目前有一些通用的分析系统质量信息的方法如下：

① 通用准则（Common Criteria，CC）。CC 是通过使用安全需求，如评估保障等级 [EAL] 来提供保障的，这一保障基于对产品或信息系统评估（积极调查）后的信任程度。

② 加密模块和算法的验证测试。

③ 第三方的评估。机构评估运行在他们环境里的产品。行业和专业机构是可能的独立评估的来源。商业机构可以提供产品的保证测试和评估。当使用第三方的评估时，应该要求评估是独立客观的。

④ 系统在类似环境中运行并认证。认证要基于特定的环境和系统。由于认证要权衡风险和收益，一个产品可能在某个环境中被认可，而不适合另外一个环境。

⑤ 测试和评估要遵循开发方自身的一系列正式步骤。这是开发方自己进行的满足内部安全需求的技术评估，这种自我认证可能在公正性或独立性上有所不足，但仍可以提供一定的保障。

⑥ 在一个独立机构支持和审查下的测试和评估。这种方法可以把低成本高效率的自我认证与公正独立的审查结合起来，但是审查并不是正式的评估或测试过程。

（5）成本考虑和报告。大多数采购新系统或者开发新系统的投资项目是由机构中某个部门来进行资本规划的过程评估，这是信息系统进行管理风险和投资回报的方法。评估过程的关键内容是确定整个生命周期中的投资成本，这些费用包括硬件购买、软件开发与采购、人员成本和培训费用。

确定安全费用的过程很复杂。风险管理过程有助于使这项工作清晰简化。如前所述，第一阶段的风险评估的结果是推荐的相应控制手段，用于减轻发现的漏洞的威胁。在第二步的风险评估中，机构对推荐的控制手段进行成本收益分析，以确定它们是否符合成本效益的考虑，并分析出发生事故的可能性和潜在影响。一旦选定了控制手段，通过综合计算就可以得到总的安全成本。

在 SDLC 的初始阶段，考虑安全问题通常被视为最节省成本也最有效益的做法，主要有两个原因：

① 一般而言，在系统开发完成之后难以添加新功能；

② 与应对安全事故的成本相比，包含预防在内的安全措施成本会更低。

（6）安全规划。机构必须有信息安全规划，才能确保网络、设施、信息系统或信息系统群达到足够的安全程度。编写一份信息系统的安全规划，需要详细（Fully Documented）安全控制手段。安全规划也提供信息系统的完整描述。安全规划的附件还可以包括涉及支持该机构信息安全项目的关键文档，例如，配置管理计划，应急预案，事故响应预案，安全意识和培训计划，行为规则，风险评估，安全测试和评估结果，系统互联协议，安全授权/认证，以及行动计划和里程碑。对于安全规划的内容，机构可以参考 NIST SP800-18、NIST SP800-53 等相关资料。

（7）安全控制开发。对于新的信息系统，要设计和开发在安全计划中所记录的安全控制手段，并付诸实施。当前正在运行的信息系统的安全计划需要开发更多的安全控制手段，以弥补现有的控制手段的不足，或者修改当前不够有效的控制手段。

（8）开发的安全测试和评估。为一个新的信息系统开发的安全控制必须在系统安装部署之前进行测试和评估，以保证这些控制能正常有效地工作。某些类型的安全控制（主要是非技术性控制）要到部署安装信息系统时才能进行测试和评估——这些属于典型的管理和运作类的控制。对那些可以在部署之前测试和评估的安全控制，需要制定一份安全测试和评估计划。这份计划为安全控制的测试和评估提供指导，并给开发和系统集成人员提供重要的反馈信息。

（9）其他的组成计划。在开发/设计阶段进行的安全措施还包括以下内容。

① 其他业务部门的审查。根据系统的规模和范围，可以组建一个来自不同业务部门

（如法律、人力资源、信息安全、物理安全等）的参与者团队。即使是小系统，获得信息安全工作人员的帮助也是非常有益的。这个团队应该深入了解系统在信息安全上关于完整性、可用性、机密性和保障需求。在规划早期这个团体的参与非常重要，因为这样会降低整个生命周期的成本，并很容易在早期改变需求。例如，信息安全人员既可以说明系统的安全规划，包括符合该机构的 IT 架构的安全控制，也可以确保安全计划降低管理风险，保护隐私和机密。

② 认证授权机构（Certifier and Accreditor，C&A）的审查，又称安全评审。有些系统可能需要在特定环境中处理数据，开发这样的系统时需要根据法律或标准规定的内容，从相关机构获得批准或授权。只有当通过了 C&A 审查后，信息系统才能合法地并符合相关标准地要求进行部署安装和正常运行。审查内容一般包括应采用管理和运行的安全控制以保护系统，技术安全功能和保障安全的详细规格书必须包含在与开发方议定的合同中。

此外，C&A 审查和测试还包括由机构自身执行的管理和运行的安全控制。测试这些由机构自己实施的安全控制的有效性是 C&A 审查的一部分内容。C&A 审查过程应确认系统的安全需求是否得到实施，是否有足够安全控制把剩余风险降低到可接受的水平。

认证机构对确认系统可以接受运行风险负责，在机构确定可接受的剩余风险时需要他们的参与。认证机构可以提醒开发方，如果风险影响了最终系统的运行，就不可接受。

开发方和认证机构应该共同讨论做出决定的结论形式。这个结论可以包括系统的测试结果和其他数据。此外，进行信息系统采购的机构和认证机构应该讨论如何改变系统及其运行环境，以及对能否建立一个安全工作管理团队加以探讨。这个团队的成员可以包括用户、项目经理和项目投资方、系统管理员、数据库管理员、安保人员或专家、认证授权机构的代表，以及系统应用分析师。

③ 过程的周期性。开发/设计阶段的安全步骤需要周期性地实施。这些步骤相互关联，相互依赖。根据系统的规模和复杂性，这些步骤可能会经常进行反复以达到不断完善。

④ 评估和验收。系统评估计划和适当的验收标准是在开发/设计阶段制定的。如果采取系统采购或者外包方式时，在设计系统的招标内容中就应考虑评估和验收的内容。招标时应要求提供详细规格说明书（Specification）能方便清楚地判断实施的系统是否符合规范。一般而言，要对合同验收和 C&A（安全评审）这两个单独步骤进行安全测试评估。

合同验收通常只涉及功能测试和确保安全的详细规格说明书。C&A 测试还包括管理和机构的运行安全控制的实施。系统安全性能的验收测试是 C&A 测试的前提条件。

⑤ 征求建议。征求开发方建议使机构能够在开发方建议的基础上做出最佳的决定。征求开发方建议（Request for Proposal，RFP）便于机构和开发方谈判以达成最符合机构需要的合同。

⑥ 安全详细规格说明书和工作开发陈述。详细规格说明书和工作开发陈述（Statement of Work，SOW）是基于需求分析的目的而编写的。详细规格说明书描述了系统支持的具体功能。详细规格说明书应该独立于实现机制、策略和设计。换言之，

详细规格说明书应该指出系统要做什么而不是如何做。开发方所实现的系统要与详细规格书说明一致，而且必须经过测试。这意味着，写得好的详细规格说明书是可以测试的。

SOW 详述了在履行合同时开发方必须做的事。不属于系统的任何成果要在 SOW 里详细描述。例如，合同中所制定的文档要在 SOW 中详细描述。安全保证需求详细地描述了许多开发方要遵循的流程，并要求开发方提供保证机构实施过程正确彻底的证据。

经验表明，如果详细规格说明书、SOW 及其他文档没能全面清晰地描述系统的安全属性的话，那么系统很难达到预期的安全水平（安全保障详细规格书参考 CC）。

详细规格说明书应包括安全架构的整体性对策。这些对策包括：个人网络的解决方案（防火墙和入侵检测系统[IDS]）；安全信息管理（SIM）系统；与 SIM 集成的安全网络管理（SNM）系统。

3．实施阶段

实施是 SDLC 的第三阶段，在这一阶段中，信息系统将要安装在机构的操作环境中并对它进行评估。

（1）检查与验收。检查与验收是指机构检查、验收系统，并交割付款这一过程。在验收交付产品时，机构应该相当仔细小心。可以由机构或者独立的第三方来做检测，以判断这一系统是否满足规格要求，检测应该包括系统的安全性。

（2）系统集成。系统集成是在将要部署这一信息系统的业务现场进行的。集成和验收测试在信息系统的交付和安装后开始。安全控制的设置和开启/禁用能够按照开发方的指示提供有效的安全实施指导。

（3）安全认证。安全认证是系统开发过程中的一个步骤，应在系统最终部署安装之前实施，以此来确定安全控制已经按照安全需求实现。此外，机构必须对信息系统中安全控制进行定期测试和评估，以此来确认这些安全控制实施有效。安全认证，即对安全控制进行有效性评估，由机构或者由该机构授权的独立的第三方来进行。除了安全控制有效性以外，安全认证也描述了信息系统真实的脆弱程度。安全控制有效性和信息系统脆弱程度的判断为机构管理人员提供了基本信息，以便做出基于风险和安全认证的决断。机构可参考 NIST SP800－53A，或者其他关于安全控制持续监视的指南。

（4）安全评审。安全评审由认证授权机构基于已验证的安全控制有效性结果与机构的资产或业务（包括任务、职能、形象或声誉）确定的残余风险评估结果的判断过程，以授权机构能否开始运行信息系统和可以接受信息系统运行的残余风险。安全认证的判断要严格依赖于风险评估的结果。认证授权机构主要依赖于以下内容做出判断：

① 完整的安全规划；

② 安全测试与评估的结果；

③ 降低或者消除信息系统安全漏洞的行动计划，以决定是否授权信息系统的运作，明确地接受机构资产或业务的残留风险。

4．运营维护阶段

运行与维护是 SDLC 的第 4 阶段。在这一阶段，系统到位并开始运行，机构要对这个经开发测试过的系统进行改进或者修理，以及补充或更换硬件和软件。机构监视系统，保证它能持续地按照要求运行。机构对该系统进行周期性评估，以判断它的高效和有效的程度。只要它能有效地适应相应机构的需求，这一系统就将持续地尽量长时间地运转下去。当必须要对系统进行修改或者更换时，该系统也许会重新进入 SDLC 的其他阶段。运营维护阶段里两个关键的信息安全措施是管理系统的配置并且进行持续性监视。

（1）配置管理与控制。信息系统通常会处于某种固定状态，但硬件、软件或者固定设备的升级会改变系统周围的运行环境。改变一个信息系统或周围环境会对系统的安全性产生显著影响。信息系统改变和系统安全性的潜在影响评估，是保证系统安全的一个重要方面。因此，需要有效地配置管理和控制的策略及相关流程，这样可以确保对潜在的系统安全影响有充分考虑。潜在的系统安全影响是对该系统或者周边环境的特殊变化。配置管理和控制的流程非常关键，包括建立该信息系统的硬件、软件和固定设备构件的最初基准、后续的控制，以及维护对这个系统有任何变化的准确记录。

（2）持续性监视。对信息系统进行周期性和持续的安全控制测试和评估，以确保在信息系统的应用程序中安全控制有效。监视安全控制（如核查持续的控制有效性），并向机构管理人员报告信息系统的安全状态。对于安全控制有效性的持续监视可以以各种方式实现，包括安全复查、自我评估、安全测试与评估或者审计。机构可以参考 NIST SP800－53A 标准或者其他关于安全控制持续监视的指南。

5. 最终处理阶段

最终处理是 SDLC 的最后一个阶段，规定了系统的处置和合同结束。例如，购买的机构可能已经选择了用机构自己的工作人员来操作和维护系统，或者采用其他的信息系统。在最终处理阶段也不能忽视信息安全问题。当信息系统被转让、淘汰、或者不再使用时，必须要确认机构资源和资产已受到保护。通常，SDLC 并没有一个最终的结束点。当需求变更或者技术改进后，系统会演变或者转型到下一代。与此相应，安全计划应该伴随着系统不断改进。后续系统的安全开发仍与当前大部分的技术环境、管理方式、操作信息存在关联。

处置行动确认系统有序的终止，并储存关于系统的虚拟信息，以便于一部分或者所有的系统信息在未来可以被重新利用（如果需要的话）。特别强调的是，由这一系统所处理的数据应该提供适当的存储维护，以便于这些数据能被有效地移植到其他系统，或者按照适当的记录管理规则和政策进行存档，以便于未来可能的使用。

一般而言，系统的所有者应该对关键信息进行存档，给存储信息的媒介进行消毒，然后再处理硬/软件。

（1）信息存储。在存储信息时，机构应该考虑在未来重新读取使用这些信息的方式。过去读取记录的技术可能在未来无法很容易地获取。在处置系统时，也要考虑记录存储过程符合法律规定。

（2）媒介消毒。信息系统硬件的保护经常要求将残余信息删除、清除。因为这些残留信息以磁质或电子为主，可能会使被删除或覆盖的数据重新得以恢复，由此导致泄密等信息安全问题。从一个存储媒介中清除信息称为"消毒"。不同的消毒方式提供各种级别的保护。

　　清空信息和清除信息之间存在区别。清空信息是指从一个存储设备中移除掉敏感信息，用这种方法要保证利用一般的系统方法很难重建数据。

　　清除信息是从一个存储设备中移除掉敏感信息，用这种方法要保证数据很难重建，除非利用某些实验室新开发的技术。相对于清空而言，清除要求更高一些。利用一些商业软件工具可将信息清空或重建数据；但进行清除操作后，这些商业软件也很难重建数据，除非利用一些专业实验室新开发的技术，而这些技术一般而言都非常复杂而且昂贵。

　　消磁、覆盖及存储媒介销毁，都是清除信息的方法。消磁是消除媒介磁性的过程。覆盖是在以前写有敏感数据的存储位置上写一些非敏感数据。以下过程能直接销毁存储媒介：

　　① 在批准的金属销毁设施里进行销毁（如炼化、解体或粉碎）；

　　② 焚烧；

　　③ 用磨料打磨磁性硬盘。

　　（3）硬件和软件的处理。硬件和软件可以按照相关法规处理，如出售、转让，或者丢弃。处理软件应该遵守软件许可或者与开发商所达成的其他的协议，并遵守政府法规。一般而言，需要销毁的硬件很少，除非一些存储设备存有敏感数据，并且这些信息除了销毁之外没有其他的消毒方式。当处于这种情况时，可以将媒介进行物理销毁。如果在处理过程中有疑问，可以在处置系统前咨询信息系统安全官或信息安全专家。

15.3　小结

　　本章重点介绍了信息系统开发生命周期的安全考虑，详细介绍了信息系统开发生命周期的相关概念，以及各阶段的安全考虑和安全措施。本章参考了 NIST SP 800-64《信息系统开发生命周期中的安全考虑》，同时也做了一定修改，将原文中针对《美国联邦政府信息系统的指南文献》修改为针对《普通的大中型机构信息系统的开发指南》。

第 16 章
网上银行系统安全设计

　　本章以网上银行系统为实例，结合本书前面所介绍的内容，使读者了解在设计一个安全的网上银行系统时，应该如何分析系统的安全问题，系统应该达到什么样的安全目标，以及为了达到安全目标，在安全设计时需要采取哪些安全措施，才能从全局上保证整个系统满足预先设想的安全目标。

16.1　网上银行概述

16.1.1　网上银行系统简介

　　网上银行（Internet Banking，IB）是指银行通过互联网渠道为客户提供银行业务的服务。一般来说，网上银行服务的范围可以非常广泛，从最简单地为客户提供如查询结余、转账等传统银行服务，到较为复杂的支持客户完成网上的交易活动，如网上支付、转账或股票买卖等。因此，网上银行是推动电子商务和电子政务发展的一个重要基础。

　　先以网上支付为例。随着互联网上的各种经济活动越来越广泛，网上支付的要求也越来越迫切，同时，网上支付的需求也进一步迫使银行业务的电子化和信息化。在这样的背景下，网上银行的广泛建立和应用是一种不可避免的趋势。一般来说，网上银行的所有交易处理都是在银行的数据中心进行的，各分行机构通常起到代理的作用，负责网上银行开户、申请、下发口令或 PKI 证书等服务。然而，网上银行的一个最大的特点，是用户终端已经由银行分行柜台上的终端机变成了客户自己拥有的 PC 或笔记本计算机，因此客户可以在任何时间、任何地点使用银行服务。

　　网上银行的技术与业务特点使得网上银行交易的安全问题非常重要，不容忽视。一方面，银行服务是通过开放的互联网提供的，而用户终端是银行不能控制的客户个人 PC；另一方面，电子银行交易涉及资金的运转及客户个人信息（如登录口令）等有价值数据的传输。因此，网上银行的安全问题特别重要而又特别复杂。但是，由于计算机病毒和网络黑客等事故长期受到社会的广泛关注，相关的新闻也常有报道，这很明显地导致很多普通民众都对网上银行业务的安全程度心存疑虑。因此，网上银行的关键问题之一，就是网上交易的安全问题。对于银行而言，这个安全问题的解决，不仅可以降低财务风险和商誉风险，更能带来业务量的提高。

　　网上银行客户端虽然是由银行自己进行软件开发并发布的，但网上银行客户端软件仍是安装在客户个人的计算机上，并不属于银行的管理范围之内。网上银行的服务器和客户端在分属于银行和客户的机器上进行操作，彼此之间就可能存在身份认证结果的认可问题，从而引出了身份冒认的问题。一方面，银行服务器会怀疑操作网上银行客户端的用户并非银行客户本人，所接收的信息可能并非真实信息；另一方面，客户也会怀疑自己登录的网上银行服务器可能不是真正的银行服务器。同时，网上银行业务的交易数据是在开放的互联网上传输的，信息的机密性也需要保证，否则，交易信息会很容易地被篡改和窃听。交易数据还需要在银行的外部网络和内部网络之间来回传输，如何防止黑客对银行内部网络入侵和破坏，也是网上银行系统需要解决的问题。

16.1.2　网上银行安全的概念

进行网上银行系统的安全分析之前，需要深入理解与网上银行相关的安全概念，这些概念除了第 1 章中提到的信息安全相关概念之外，还会涉及网上银行所特有的安全概念。此外，本节还会进一步说明一些对网上银行系统安全的误解，以及风险和安全管理的关系问题。而这些问题的真正目标，是说明网上银行系统需要什么样的安全，如何定义网上银行的系统安全，所定义的系统安全是否符合管理层的安全目标，以及实现安全目标的方法是什么等核心内容。

随着技术进步，系统范围越来越大。20 年前一台计算机就是一个系统，但现在是指覆盖范围很大的分布式系统。例如，目前常见的网上银行系统，包括银行里的主机、应用服务器、网上服务器，以及用户端的浏览器等模块，这一整套组成了网上银行系统。网络将所有计算机连接起来，有些计算机在银行内部，有些在网络上，还有些在客户端，所有被网络连接起来的计算机就形成了一个系统，这个系统里面就有大量的数据流通。系统基于网络呈分布式，信息安全也可分为计算机安全和网络安全两大类。

当网上银行在 1997 年刚出现的时候，很多人错误地认为：网上银行系统的安全的问题就是单纯的网络安全问题，而网上银行系统的安全都可以通过防火墙的使用得到有效解决。这是一种犯了严重错误的观念，防火墙只是网络安全技术中的一种，而网络安全也只是信息系统安全的一部分。此外，只要银行需要让客户能通过互联网访问网上银行服务器，银行的防火墙系统就必须允许从外界进来的网络连接，也就是说，防火墙不可能为网上服务器提供百分之百的保护。从逻辑上说，由于系统需要与外界通信，只要有从外面进入系统的访问就会有受到攻击的风险。

对于信息系统安全，人们一般存在误解，认为利用了防火墙、PKI、IC 卡等技术就是很安全的。同时，不同人对安全的认识也不一样。有人认为，信息安全就是防病毒、蠕虫、黑客入侵，安装杀毒工具就可实现安全目标；而网络维护人员则认为，有防火墙、VPN、SSL、签名、加密算法就很安全。如此多的安全技术散乱地分布在信息系统安全周围，如图 16-1 所示，但却都没有完全地体现出信息安全的真正含义。

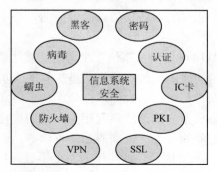

图 16-1　信息系统安全与常见的信息安全技术

正如在第 8 章所提到的，人们对信息系统安全的概念、安全技术的作用存在着误解，盲目乐观地认为，所有的安全问题都能通过信息安全技术来解决。网上银行系统安全中也存在同样的误解问题。为了纠正这种误解，系统设计人员需要从整体、系统的角度来理解安全，包括机构体系结构、业务目标、业务流程、机构资产、技术基础设施、计算机组件环境、管理手段、审计措施等各方面的因素。

　　本章所列举的网上银行系统安全管理方法仍采用在第 4 章中介绍的基于风险的信息安全管理体系（Risk-Based Information Security Management System）。正如前面所讲，信息系统安全建设的宗旨之一，就是在综合考虑成本与效益的前提下，通过恰当、足够、综合的安全措施来控制风险，使残余风险降低到可接受的程度。网上银行系统安全管理对于成本和效益的均衡问题就更为关注。因此在信息系统安全管理时，尽管强调管理是基于风险的，不能忽视保护，但也不要过度保护。此外，网上银行系统的安全管理必须综合考虑各种风险因素，找到一个合适的风险控制措施来降低风险，使得降低后的残余风险达到银行可接受的程度。

16.2　网上银行系统安全分析

16.2.1　基本安全问题

　　从数据保护的角度分析，网上银行信息系统的数据存在于网络上，或者机器上。因此，网上银行系统的基本安全问题就分为数据在网上进行交换或者传输过程安全，以及数据在存储时被访问的安全这两大类情况。

　　（1）信息交换安全，包括信息在传输过程中可能被篡改或窃听的问题，以及发送方与接收方的身份认证问题。

　　（2）数据存储安全，包括对数据资源的访问控制、对资源使用者的身份认证问题。

　　当网络还没出现时，传统的信息交换模型如图 16-2 所示。在一台计算机里有多个进程，进程间交换信息通过操作系统内核。由于没有网络连接，同时假设操作系统是安全可信的，因此，信息安全主要是指物理安全和硬件安全。所以传统的银行信息系统就更关注物理安全，相应的安全措施包括门禁系统、闭路电视等，其根本思路就是通过门禁系统、闭路电视等措施可以控制和监控进入机房操纵机器的工作人员，解决物理安全的问题。由此实现进入机房、操纵机器的人员都是可信的，不可信的人员无法进来，就达到了保障信息安全的目标。

　　如图 16-3 所示，当出现网络后信息系统安全考虑就发生了变化。当还没有网络的时候，篡改程序导致数据出错的原因一般都是机房里工作的人员造成的，通过门禁系统和监控录像等方式就能追查到相关责任人。但现在除了物理方式进入外，还可以通过网络进入，光靠以前的排查思路和方法便无法追究相关人员的责任。这就促使风险控制手段在思维上发生转变，要从之前的认为"进来的都是可信的，不可信的无法进来"的思维转变为"进来的也不一定可信"。因此，近几年的网上银行系统在安全设计时，与传统的安全设计理念就有很大不同，要求对机房里工作的人员实现严格的责任追究。

　　信息交换安全主要担心是信息在开放的网络传输过程中被篡改或窃听。图 16-4 所示是网上银行系统的一种常见网络模型。例如，银行用户通过家里的互联网服务从笔记本计算机登录网上银行系统进行股票交易，发送"购买股票"的指令到银行服务器。这个指令信息先传输到一个 ISP（Internet Service Provider，互联网服务提供商），再传输到银行的 ISP，最后传输到银行。在整个传输过程中，敏感信息可能会经过多个 ISP，而每经过一个 ISP 时又会经过很多网关，每个网关都可能有能力来篡改数据。因此，在整个过程中信息被篡改的可能性非常大。从经验知道，过去很多的网络犯罪都是在 ISP 内发生的，因此，ISP 的运作也曾经是执法部门重点关心的一个环节。例如，在 20 世纪 90 年代的中国香港，执法部门就曾在一天内查封了多家 ISP。

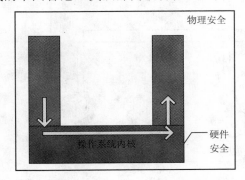

图 16-2　传统的信息交换模型

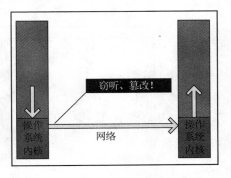

图 16-3　基于网络的信息交换模型

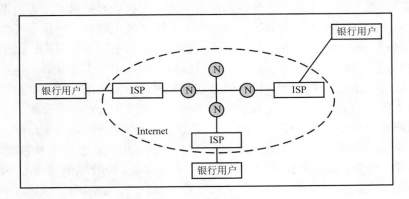

图 16-4　网上银行系统的常见网络模型

　　网络技术的改变还会引起安全需求的变化，如 VOIP（Voice Over Internet Protocol，网络电话）的应用。传统的电话银行服务是通过相对封闭的电话网络与银行连接的；由于封闭的电话网络比开放的互联网较为安全，一般来说，电话银行服务系统的安全措施都比网上银行系统的安全措施简单，可是当用户以 VOIP 方式通过互联网连接电话银行服务系统时，电话银行系统就会涉及信息被窃听的问题。由此可知，有了 VOIP 后很多银行的电话银行服务也面临更大的安全风险。

　　此外，如果银行用户是利用工作单位的 PC 进行网上银行交易的话，信息在传输过程中被窃听的问题还会发生在单位的局域网中。以图 16-5 所示的网络为例，某一用户通过局域网连接邮件服务器下载邮件，在局域网中会采取广播的方式把用户名和密码等个人信息发送到局域网内的所有机器上。当然一般非目的地的机器都不会有意识地去接收跟自己无关的网络数据包，但是无法避免在局域网里可能有其他用户故意接收并窃听这些个人信息。由此可见，网络连接方式发生改变，如从 ISP 连接变为局域网连接，也会导致安全需求的改变。

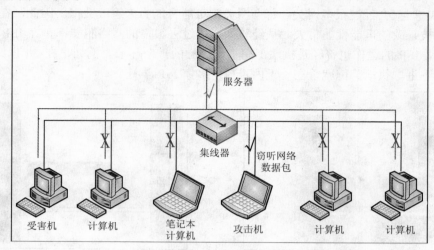

图 16-5　局域网中的数据传输与被窃听问题

除了网络连接方式发生改变之外，其他因素的变化也会对信息系统安全造成影响。例如，大约从 20 世纪 90 年代初开始，很多国家陆续开放电信业，电信业开始了从官办转为私营的进程。在这之前，人们可能不用太担心电信网络的安全问题，因为觉得电信公司是政府部门掌控的，所以是可信的。但当电信公司变成私人企业后，这种状况随即发生变化。以前的银行信息系统、政务信息系统都可能假设电信网络、电话是安全的，为了降低成本就没有必要设置太复杂的保护措施。但当电信公司私有化后，私人企业运营的电信网络就变得不太可信了，因此必须假设电话、电信网络是不安全的。可见，网络安全问题也会随着国家政策的改变而发生变化。此外，银行业也面临外包服务的趋势，把银行的非核心业务，如信息技术的运维的工作外包出去，但外包公司的可信程度如何、如何来对外包公司做安全监控，也是安全风险管理必须考虑的问题。因此，一些国外银行监管机构的银行审计标准规定，在审计银行时须要审计为其提供外包服务的所有企业，要求做宏观全面的审计来确认银行的安全程度和风险评估。

信息交换中还存在另外一个安全问题，就是交易双方的身份认证问题。以前文所举的股票买卖为例，银行客户发送"购买股票"的指令到银行服务器，银行服务器收到指令后要确认是谁发的指令，以及发指令的人是否是真正的客户。

综上述可知，由于网上银行系统必须面对复杂多变的网络环境，在进行数据信息交换的安全分析时，一要确保内容真实没有被篡改，二要确保双方的身份真实。如果传输敏感数据，还须确保信息不会被窃听。例如，通过用户名、密码方式登录的网上银行服务，如果中间有 ISP 窃听到用户名和密码，再冒认身份做交易，用户和银行就会面临很大的风险和损失。

数据存储安全是网上银行系统的另一个基本安全问题。保证数据存储安全的基本手段就是访问控制。数据保存在数据库、文档里，都要用访问控制的办法，确定什么人能做什么事（即授权）；此外，还包括身份认证。数据存储的安全也是从身份认证开始的。

16.2.2　网上银行系统的安全需求

了解网上银行系统的相关安全问题后，就可以开始对系统的安全需求进行分析了。但这涉及一个"安全需求从何而来？"的问题。仅仅从技术的角度所找到的安全工具、安全解决方案，很有可能与管理层所考虑的安全并不一样。所以在进行网上银行系统的安全设计之前，需要了解清楚，什么是网上银行系统所需要实现的安全。在了解清楚之后，才可以开始设计符合安全目标的安全策略和机制。在这方面，可以用第 3 章所介绍的机构体系结构（Enterprise Architecture，EA）这一方法来分析银行的安全目标。

网上银行服务平台，如普通账户管理、股票买卖、外汇买卖、定期存款等，每种服务都由专门的服务器来提供，对这些服务的要求是：一要高效、实时、快速；二要可靠，交易准确、真实；三要安全，信息不会被篡改、窃听，不会有虚假交易。银行信息系统需要从安全、效率和方便这三个问题上取得有效的平衡。

网上银行系统所需要的是什么样的安全？银行的核心任务就是出售信任，并以此为基础提供服务。例如存款、转账、电子商务，都是基于用户对银行的信任的。设计银行的安全系统时，必须注意安全和可信的关系。例如，企业银行服务可以给企业客户提供一个可信的交易平台，通过这个平台帮助企业之间建立起互信的关系，就是银行在企业交易中扮演的可信第三方的角色了。因此，网上银行平台要可信，银行的根本问题就是要保护信誉。除了确保平台可信外，为了保障银行自身的利益，网上银行系统还要确保整个交易过程中所有信息内容的完整与正确，以便在发生问题的时候可以对相关人员和单位追究责任。

目前，网上银行服务可以有很多基于不同技术的安全保护方法。比较普及的是用户密码 PIN、一次一用的动态口令（One-Time Password，OTP）和带有公钥证书的 IC 卡等。

从管理目标角度，网上银行的设计要平衡很多目标，包括安全、易用、成本问题。使用网上银行的一个目标就是降低成本，如果维护使用网上银行的成本很高，比人工服务的还要高，那么网上银行就没有降低成本的意义了。除了要平衡安全和成本外，管理目标还要考虑风险、运维的平衡问题。在一些实际情况里，如更换提款机密钥时，银行要派几个部门来监管提款机的密钥更换过程；银行系统的安全管理都会在凌晨 2～4 点进行，操作很不方便。在维护方面，例如，防火墙很容易出错，添加了服务器就要重新设置防火墙，维护很不方便。

很明显，安全目标的考虑并不是一个单纯的技术问题，当中还牵涉管理、财务和业务的深入分析。EA 是可以用于支持安全目标分析的机构管理工具。EA 分为 4 个层面，分别是业务、信息、解决方案和信息技术层面。EA 也是一种方法论，因此这 4 个层面也是 4 种不同的视角。要从 4 个不同的视角进行观察，然后做出整体的分析，才能获得企业管理层所想达到的安全目标。

首先是业务层面。安全与机构的主要业务和使命相互关联。不同机构的主要业务和使命不同，则有不同的安全意义。军队的使命是要保证国防安全，因此机密性就最为重要；政府是要实现良好的公共管理，保证社会的公平和效率。因此，电子政务系统除了机密性之外还会重视责任追究，希望通过责任机制来确保政务流程的顺畅和正确。如果出了问题，可以追究某个官员的责任，以此来提高政府的运作效率和公正程度。对银行而言，网上银行系统是为客户提供方便快捷的服务的，但同时要避免或减少银行的利益损失。但银行和客户之间存在着身份冒认的问题，银行除了要确保网上银行业务持续之外，更要确保与客户的业务流程不会遇到法律风险和商誉风险。通过设计安全的网上系统，银行可以规避或减少业务流程的错误带来的利益损失。因此，银行的交易过程不可抵赖性是安全最关心的问题之一。

其次是信息层面。银行里存有大量的客户账号、密码、业务金额或个人信息等重要信息。这些信息在银行系统内被处理、存储、复制、分析，并输出新的信息。信息作为"输入"而进入某个处理器，然后"输出"再作为另一个处理器的"输入"，由此形成了信息流。因此，从信息视角进行分析，银行需要评估哪些信息和信息流是最为重要和关键的资产，如果被破坏或被窃取，将带来极大的利益损失，还要评估会面临什么样的风险，需要什么样的安全策略和保护机制，目前的风险控制是否足够等。

再次是解决方案层面。解决方案层面也可理解为应用系统层面，为业务功能的具体实现提供支持。网上银行系统包括业务受理子系统、业务处理子系统和安全基础设施子系统等。从解决方案视角进行分析，银行需要了解子系统彼此之间的接口、输入/输出是否存在安全问题，如果需要提供新业务，现有的应用系统是否能保障安全而不会出现不兼容的问题。

最后是信息技术层面。信息技术层面又可理解为银行当前的技术基础设施和现状，所具备的技术环境和平台，也就是银行当前拥有的网络、操作系统、数据库、存储器、处理器、安全技术、系统运维等技术模块。银行需要分析和评估当前的技术环境和安全基础设施具有哪些功能，能否有效抵御和控制各种风险，是否需要新的资金投入购买更多技术设备以解决安全问题，各技术模块之间是否存在严重冲突甚至影响业务量。

当然，EA 这一工具不仅仅在分析安全目标、获取安全需求时使用，它在整个信息系统开发生命周期（Information System Development Life Cycle，SDLC）的各阶段中都会用到。这一点，将在稍后的章节中具体讲述。

下面通过一个常见的银行服务事例进一步阐述前面所提及的安全目标相关概念。主要介绍自动取款机（Automated Teller Machine，ATM）的例子，包括 PIN 的安全。

如图 16-6 所示，ATM 就是一台计算机，它把账户号、密码送到银行主机。但银行和用户都会担心在网络中密码被窃听，常见的一种安全措施是对账户号和密码都加密，并且在打印收据上用一些*号来替换账户号的数字。如图 16-7 所示，对账户号和密码都加密是在 ATM 的硬件里实现的，这属于硬件安全问题。

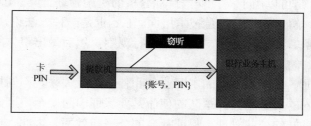

图 16-6　银行账号与 PIN 的安全问题

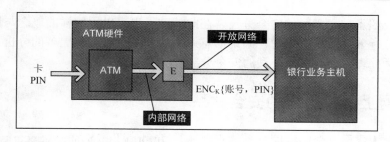

图 16-7　ATM 对银行账号与 PIN 的加密保护

　　为了有效地取得安全、成本、效率和方便的平衡，银行需要对安全需求按照其特性、影响等进行分级（如一般分为"L：低"、"M：中"、"H：高" 3 个等级），这一工作称为需求分类。本节以 ATM 系统处理的数据为例，来详细解释安全需求分类的过程。例如，一般的银行储蓄系统处理的数据都包括：银行账号、账户结余、存款记录、提款记录和客户的提款机口令等。基于 FIPS-199 的安全属性及这些属性对银行系统的安全影响，大概得出的一个安全需求情况见表 16-1 所示。

表 16-1　安全需求

	秘　密　性	完　整　性	可　用　性
银行账号	M	H	M
账户结余	M	H	M
存款记录	L	H	L
提款记录	L	H	L
提款机口令	H	H	M

　　最后，根据可能存在的风险对银行和用户的潜在影响的级别，以及信息和信息系统的安全进行分类。首先，是信息类型的安全分类。信息类型的安全分类可以同时关联用户信息和系统信息，并且包含能够被应用到电子或非电子格式的信息。建立一个合适的信息类型安全分类需要针对特定的安全类型，确定对每一个安全目标的潜在影响。例如，以下是一般性的信息类型的安全分类的表达：

　　　　　　{（机密性，影响），（完整性，影响），（可用性，影响）}

　　例 1　一个机构在它的 Web 服务器上管理公开信息。那么，对于这个公开信息类型，首先，机密性的缺失并没有什么潜在的影响，因为公开的信息没有保密的需求，机密性在公开信息类型中并不适用；其次，对于完整性的缺失是一个 Moderate（适度）的影响；最后，对可用性的缺失也是一个 Moderate 的影响。这样类型的公开信息的安全分类如下：

　　　　　　　{（机密性，NA），（完整性，M），（可用性，M）}

　　例 2　上面例 1 中的分类只适用于该实例，因为安全分类与该信息所涉及的业务有关。例如，如果公开的信息是网上证券交易系统提供的最新股票报价的话，完整性和可用性便非常重要，它们的机构与业务的影响都非常的高。这样类型的公开信息的安全分类如下：

　　　　　　　{（机密性，NA），（完整性，H），（可用性，H）}

　　以上介绍了信息类型的安全分类，在此基础上也可以用同样的概念与原则对信息系统的安全进行分类。一般来说，确定信息系统的安全分类需要更多的分析，必须考虑信息系统中所处理的所有信息类型的安全分类。

16.3　网上银行系统的安全体系

　　本书第1章已经介绍过信息系统安全体系（Information Systems Security Architecture，ISSA），它包括了信息系统安全技术体系、安全管理体系、安全标准体系和安全法律法规。第1章只是对ISSA的各体系做了简要介绍。本节将结合网上银行系统实例介绍在构建网上银行系统的安全体系时，应该包括哪些模块，以及各模块之间的关系。信息系统安全体系框架如图16-8所示。

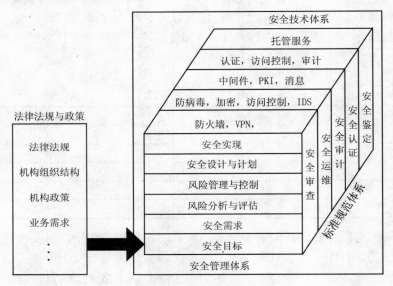

图16-8　信息系统安全体系框架

16.3.1　网上银行系统法律法规

　　首先是安全法律法规与政策。其中就包括法律法规、机构组织结构、机构政策和业务需求等内容。网上银行的关键问题是网上银行可以提供什么样的服务，即业务需求。在银行设计安全系统之前，监管部门可能对网上银行系统进行了安全评估，安全评估的过程通常会比较关心以下问题：

　　（1）网上银行系统提供什么样的服务？不同的服务会面临什么不同的风险？

　　（2）银行是否清楚网上银行服务给银行带来什么样的风险？预计网上银行服务占银行总业务的比例是多少？如果网上银行系统因某些原因而瘫痪的话，银行的正常业务将会受到多大的影响？

　　（3）银行每天的业务量是多少？每个交易的大概价值是多少？根据数据算出每天的风险量，来看银行是否能承担这个风险，即进行风险和价值的总体评估。如果银行不能承担，就会要求降低网上的交易量，或者需要提高安全保护。

（4）有什么样的保护措施？措施效能如何？出了问题由银行还是客户来承担责任？

银行需要针对以上的问题做基本的业务风险分析，以确保银行自身的健康运作和提升客户对银行的信心。设计安全系统时，要确保客户的信心不被破坏，就要确定风险是什么，出现虚假交易的时候由谁承担责任等。当这些问题存在不确定性时，客户就很可能不敢使用网上银行服务。因此，保障信心是安全银行系统的核心问题，需要通过安全措施去控制风险，提高确定性来确保客户对银行服务的信心。因此，风险管理的办法就是减少系统管理的不确定性，所以要进行风险分析和评估，也包括业务风险；然后，再进行控制风险、管理风险；最后，要确定交易双方的责任。正常情况下，银行需要确定每一方的责任，只要自己按照要求去做，就不用承担额外责任。

例如，国外一些银行监管机构对网上银行业务有相关条款规定，要求银行不能让客户承担所有网上交易风险的责任。一般来说，除非银行能证明问题是出于客户的疏忽，否则，银行便要承担网上银行所带来的损失。因此，客户并不会盲目地承担全部责任，同时，也有责任确保自己的 PIN 的安全，不能随意泄漏 PIN。为了达到这种责任追究的要求，银行对 PIN 的保护有一定的规定，通常做法是通过技术手段使银行内部人员都无法看到客户的 PIN。因此，如果有未经授权的第三方看到客户的 PIN，那就肯定是客户的疏忽。简单来说，银行通过技术手段来确保银行内部不会有人看到 PIN，由此来保护银行自己的责任；如果出现问题，银行通过各种技术手段、安全措施证明问题不属于银行的操作。这些安全措施是为了减少不确定性以提高客户信心，对银行而言，就是保护他们自己的责任和利益，以及有效地追究责任。安全银行系统设计的基本问题就是责任追究，这也是从管理角度出发得出的安全目标。

可见，整套安全体系都归结于银行的信誉问题。在设计之前要了解管理原则、管理目标，从管理角度来考虑安全目标和安全需求。客户的身份认证、交易指令、执行都很重要。总之，根本目的就是保护银行自己的利益，同时也不损害客户的信心。

总的来说，网上银行系统面临来自各个方面的安全威胁，其来源有黑客、内部人员、客户、ISP 等，这就需要从技术、业务、管理等不同角度去考虑。因此，针对不同的威胁需要有不同的安全保护，还需要一系列有效的安全保护措施，即除了一般意义的安全技术外，还有标准条款、审计、保险等。这些安全措施的目标，就是使银行和客户都有信心使用网上银行系统。本书第 14 章介绍了与信息安全相关的法律法规。表 16-2 所示是特别针对网上银行提出的我国已出台的与网上银行系统相关的一些法律法规文件。

表 16-2

法 律 法 规	部　　门	实施时间	主　要　内　容
《中华人民共和国电子签名法》	全国人大常委会	2005.4.1	• 可靠的电子签名与手写签名或者盖章具有同等的法律效力。 • 伪造、冒用、盗用他人的电子签名，构成犯罪的，依法追究刑事责任；给他人造成损失的，依法承担民事责任
《电子认证服务管理办法》	信息产业部	2005.4.1	• 电子认证服务机构应当保证提供下列服务：制作、签发、管理电子签名认证证书；确认签发的电子签名认证证书的真实性；提供电子签名认证证书目录信息查询服务；提供电子签名认证证书状态信息查询服务

续表

法 律 法 规	部　门	实施时间	主 要 内 容
《电子认证服务管理办法》	信息产业部	2005.4.1	● 电子认证服务机构应当履行下列义务：保证电子签名认证证书内容在有效期内完整、准确；保证电子签名依赖方能够证实或者了解电子签名认证证书所载内容及其他有关事项；妥善保存与电子认证服务相关的信息
《国务院办公厅关于加快电子商务发展的若干意见》	国务院	2005.8	● 推进在线支付体系建设。加强制定在线支付业务规范和技术标准，研究风险防范措施，加强业务监督和风险控制；积极研究第三方支付服务的相关法规，引导商业银行、中国银联等机构建设安全、快捷、方便的在线支付平台，大力推广使用银行卡、网上银行等在线支付工具；进一步完善在线资金清算体系，推动在线支付业务规范化、标准化并与国际接轨
《电子支付指引（征求意见稿）》	中国人民银行	待定	● 电子支付指令与纸质支付凭证可以相互转换，两者具有同等效力。 ● 由于银行和转发人保管使用不当，造成客户资料信息泄露、破坏，导致客户资金受到损害，银行和转发人应负相关责任
《电子银行业务管理办法（征求意见稿）》	银监会	待定	● 银行业金融机构根据业务发展需要，可以利用电子银行平台为企业单位和个人提供资金管理和支付服务，为电子商务经营者提供网上支付平台等。 ● 未经中国银监会批准，任何单位或者个人不得在境内开办电子银行业务或者利用公众电子网络从事银行业金融机构的业务活动
《支付清算组织管理办法（征求意见稿）》	中国人民银行	待定	● 对支付清算组织的机构性质、业务开办资质、注册资本金、审批程序等方面都做出了明确规定。 ● 境外投资者可以与中华人民共和国境内的投资者共同投资设立清算组织，投资比例不得超过50%

16.3.2　网上银行系统安全技术体系

网上银行系统也是信息系统的一种。从技术角度而言，通用的安全技术体系适用于网上银行系统所采取的安全技术体系，仍包括以下的模块：

- 信息系统硬件安全；
- 操作系统安全；
- 密码算法技术；
- 安全协议技术；
- 访问控制；
- 安全传输技术；
- 应用程序安全；
- 身份识别与权限管理技术；
- 入侵检测技术和防火墙技术等安全信息系统的构建技术。

然而，由于网上银行本身的业务特点，会对一部分的安全技术更为关注，例如，身份识别和权限管理技术、访问控制等。同时，银行也会由于自身规模、业务、安全风险、资金投资的多少采取不同的技术实现方式。

图 16-9 所示是一些常见的信息安全技术的例子，并在信息系统安全技术体系框架中标示出来，以帮助了解这些安全模块在实际构建安全信息系统时它们之间的相互关系。除了本书前面提到的一些信息安全技术外，图 16-9 中也提到一些实际系统常见的例子如下：

（1）S/MIME　安全邮件的保护与格式业界标准；

（2）PKCS#7　安全数据的保护与格式业界标准；

（3）HTTPS　Web 服务器支持的应用层安全连接标准；

（4）LDAP　目录服务器的界面标准，一般用于存储系统管理与安全协议相关的安全参数（Security Parameters）；

（5）密码机　一种提供物理保护的计算环境的计算机，一般用于敏感数据不可以加密的情况，例如，在进行数据加密时使用的密钥或需要大量查询和检索的敏感数据库；

（6）IC 卡　一般用于保护终端用户敏感数据的物理安全硬件。

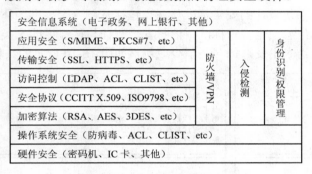

图 16-9　信息系统安全技术体系框架

16.3.3　网上银行系统安全管理体系

网上银行系统的安全管理体系也与通用的信息系统安全管理体系类似，主要包括以下内容：

- 安全目标确定；
- 安全需求获取与分类；
- 风险分析与评估；
- 风险管理与控制；
- 安全计划制定；
- 安全策略与机制实现；
- 安全措施实施。

网上银行系统的构建主要围绕银行的安全目标和风险管理进行。作为一套为银行业务提供客户服务的信息系统，在它的构建过程中，工程人员首先要考虑信息系统在安全方面需要满足哪些安全目标，然后再分析评估所面临的风险。值得一提的是，银行信息系统的安全目标通常很受监管机构的法律法规所影响；同时在信息系统实现方面，银行一般也较为倾向于跟随相关的国家与国际标准，以避免因为使用专用技术所带来的声誉风险。

16.3.4　网上银行系统安全标准体系

尽管我国的网上银行系统相关的标准发展较晚，但进展较为迅速。目前，国内的网上银行系统安全标准主要有中国人民银行颁布的《银行计算机信息系统安全技术规范》（2001 年 2 月 2 日颁布）、《网上银行业务管理暂行办法》（2001 年 7 月 9 日颁布），以及由银监会颁布的《电子银行业务管理办法》（2006 年 2 月 6 日颁布）、《电子银行安全评估指引》（2006 年 2 月 6 日颁布）、《商业银行内部控制指引》（2002 年 9 月 18 号颁布）、《银行业金融机构信息系统风险管理指引》（2006 年 11 月 1 日颁布）、《商业银行信息科技风险管理指引》（2009 年 6 月 1 日颁布）等。随着电子商务的不断发展和标准化进程的不断推进，网上银行系统安全标准将逐步完善。

一般来说，规模较大的银行机构可以按照自身需要，制定相关的信息系统安全标准。图 16-10 所示是一个典型的网上银行系统安全标准框架。与通用的信息系统安全标准体系一样，网上银行系统设计的安全标准体系也包括基础安全标准、环境与平台标准、信息安全产品标准、信息安全管理标准、信息安全测评与认证标准 5 类。从网上银行系统的业务特征和安全需求出发，每一类至少应包括如图 16-10 所示的具体标准。

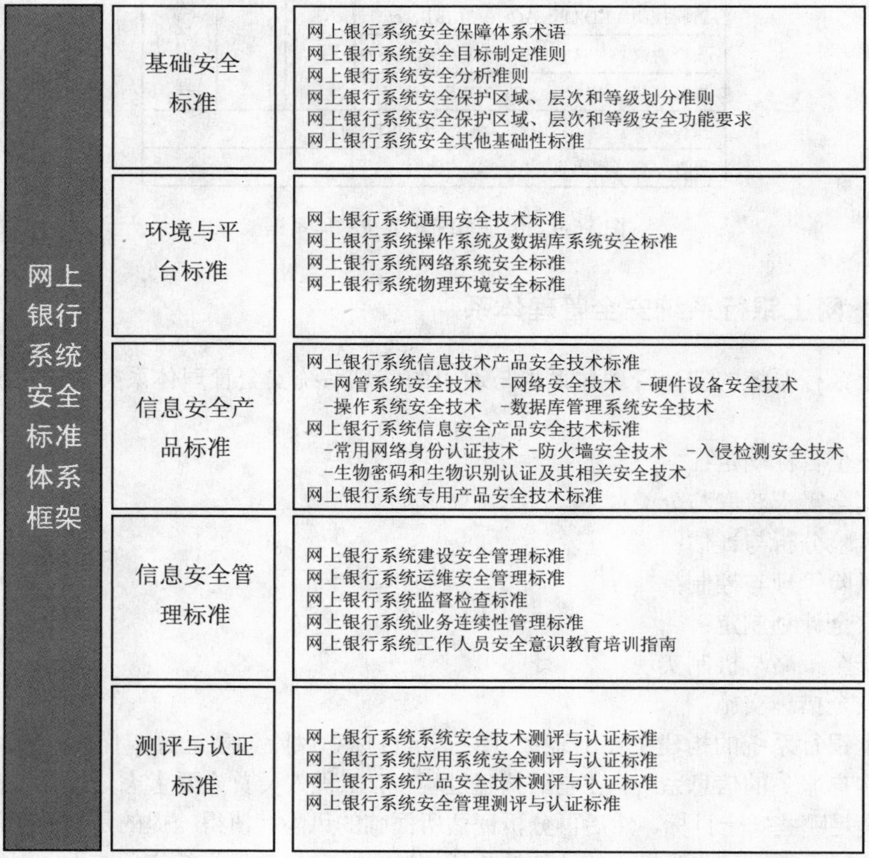

网上银行系统安全标准体系框架	基础安全标准	网上银行系统安全保障体系术语 网上银行系统安全目标制定准则 网上银行系统安全分析准则 网上银行系统安全保护区域、层次和等级划分准则 网上银行系统安全保护区域、层次和等级安全功能要求 网上银行系统安全其他基础性标准
	环境与平台标准	网上银行系统通用安全技术标准 网上银行系统操作系统及数据库系统安全标准 网上银行系统网络系统安全标准 网上银行系统物理环境安全标准
	信息安全产品标准	网上银行系统信息技术产品安全技术标准 -网管系统安全技术　-网络安全技术　-硬件设备安全技术 -操作系统安全技术　-数据库管理系统安全技术 网上银行系统信息安全产品安全技术标准 -常用网络身份认证技术 -防火墙安全技术　-入侵检测安全技术 -生物密码和生物识别认证及其相关安全技术 网上银行系统专用产品安全技术标准
	信息安全管理标准	网上银行系统建设安全管理标准 网上银行系统运维安全管理标准 网上银行系统监督检查标准 网上银行系统业务连续性管理标准 网上银行系统工作人员安全意识教育培训指南
	测评与认证标准	网上银行系统系统安全技术测评与认证标准 网上银行系统应用系统安全测评与认证标准 网上银行系统产品安全技术测评与认证标准 网上银行系统安全管理测评与认证标准

图 16-10　网上银行系统安全标准框架

在以上的标准框架的基础上，开发人员在设计网上银行系统时，需要遵循相关的安全标准进行设计和规划。在系统构建方面，可以参考安全开发生命周期的方法，对整个网上银行系统开发的过程做出全面的安全考虑。

16.4　网上银行系统安全的开发构建过程

根据前面对于网上银行系统的安全进行的比较详细的分析，下面将综合网上银行系统的业务特点和具体的安全实际需求，对网上银行系统进行系统模型的分析，从而为不同部分设计相应的构建原理和具体的安全技术。本章引入了信息系统开发生命周期（Information System Development Life Cycle，SDLC）这一概念，并详细介绍信息系统开发过程的安全考虑。本节将以网上银行系统为例，具体介绍其开发构建过程。

16.4.1　开发过程

第 15 章主要参考了国外广泛采用的 NIST SP800-64 标准《信息安全开发生命周期中的安全考虑指南》。该《指南》介绍了把安全纳入信息系统开发生命周期的所有阶段（从初始阶段到最终处理阶段）的框架。引用 NIST SP800-64 的《指南》作为参考，SDLC 基本上可分为 6 个主要阶段，各阶段的安全措施与步骤如图 16-11 所示。

相比网上银行系统的安全问题而言，实施和部署系统的成本收益问题才是银行管理层所希望关注和了解的，并且也是容易理解的问题。在考虑成本时，针对的对象包括整体过程和具体措施两部分。整体过程具体措施可以细化为每一项安全控制或者安全解决方案，通过对安全控制或者安全解决方案进行成本收益分析。

一般而言，管理人员和安全专家将一起采用成本收益分析方法，将实施和部署新系统及配套的其他培训等措施所需的投入作为成本，采取了这种安全措施后所产生的对银行业务目标的支持及带来的收益和减少的风险损失等作为收益进行综合考虑，以实现网上银行系统实施的业务和成本目标。由于对人员的安全培训是贯穿于 SDLC 始终的，因此安全培训也不仅限于某一阶段，也不能完全归类为安全控制。所谓的目标应是符合成本效益的保证，以满足机构保护其信息资产的需求。无论处于何种情况，在从系统安全中得到的任务性能的收益与运行系统所产生的风险之间应该有一个平衡。

除了实施和部署系统需要考虑成本平衡问题之外，在 SDLC 的整个过程内也需要考虑成本平衡问题。整个 SDLC 的成本，包括实现成本和使用期间的管理成本，这些都必须考虑。这存在一个平衡，例如，采购阶段增加了成本要在系统运行时节约成本。在安全方面的替代架构和技术也应该予以考虑。

安全开发包括两部分内容，分别是控制开发和安全编码。

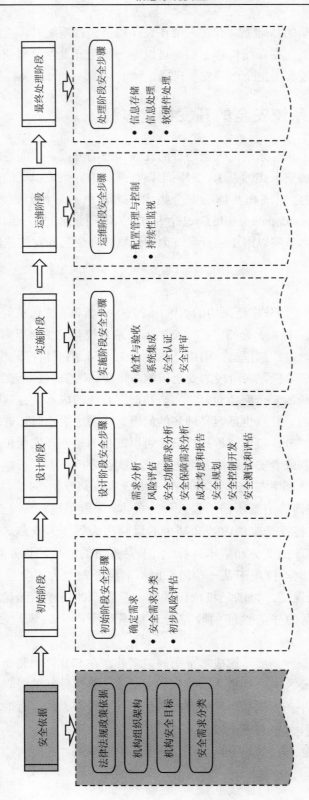

图 16-11　SDLC 的 6 个主要阶段

　　安全控制是为了应对风险。在开发安全控制中选择和使用安全技术时，也应基于"目标——策略——机制/手段"的分析顺序，先了解具体的安全需求和目标需求所应对的风险，然后选择应对风险的策略，再选择适当的安全控制手段，包括所需的具体安全技术。应对风险的策略又分为承受风险、规避风险、转移风险和限制风险 4 种。当选定了具体应对风险的策略后，再选择适当的安全控制手段，包括技术性、操作性和管理性的机制和手段来具体实施。在最终确定所选择的安全控制手段之前，还需要理解每一种控制的目标、应用领域，以及所需的配套性技术性控制、管理性措施等。在"设计阶段"的"安全控制开发"步骤中也包括了"安全解决方案"的确定和实施。在确定和实施"安全解决方案"时，要确保构成"安全解决方案"的所有安全控制彼此之间不存在严重冲突，同时也要进行成本考虑。

　　当安全规划和安全控制决定之后，就可以开始具体的系统安全编码工作了。安全编码是开发阶段里需要主要关注的环节。

　　开发一个新版本软件的过程需要有效的安全控制。安全控制必须在部署新版软件之前进行测试和评估，来保证控制系统正常和有效地工作。在网上银行系统中的所有模块都必须执行并遵守安全测试的内容，在测试结束阶段须输出各模块的安全测试执行报告。

　　实施部署是 SDLC 的第 4 阶段，在这一阶段中，网上银行系统将要安装在操作环境中并对它进行检查评估。检查与验收是指银行方对网上银行系统安装进行检查，然后对验收并交割付款这一过程做出决定。由银行或者独立的审定与核查的第三方来做检测，以判断这一系统是否满足规格要求。

　　检查和验收的主要内容包括系统安装和系统相关文档检查。这一阶段是在系统正式发布之后，由银行或者可信第三方来检查。因此，系统制造方人员并不会参与本阶段的检查验收工作，但需要把针对检查与验收的检查表提前做好准备，同时要全程记录该阶段的情况，最终输出检查与验收结果报告。

　　系统集成在将要部署网上银行系统的业务现场出现。集成和验收测试在系统的交付和安装后开始。系统集成的检查人员包括银行或可信第三方人员，以及开发方人员。

　　在最终系统部署之前，作为系统开发过程中的一部分的安全认证应该被实施，以此来确定安全控制已经按照安全需求建立了。此外，在网上银行系统中，必须对安全控制进行定期测试和评估，以此来确认这些安全控制实施是否有效。除了安全控制有效性以外，安全认证也揭露并描述了信息系统真实的脆弱程度。

　　安全认证将由银行或者可信第三方的安全专家进行，主要包括以下内容：安全功能需求认证、安全保障需求认证、安全级别认证。这一阶段是在产品进行系统集成之后，由客户或者可信第三方来检查的。因此，产品制造方人员并不会参与本阶段的认证工作，但需要把针对认证的检查表提前做好准备，同时要全程记录该阶段的情况，最终输出安全认证结果报告。

　　安全评审是在产品已基本完成且将要交付给银行方时，由安全评审团队进行的从安全和隐私等角度进行的最终评估审核活动。该环节应在产品开发、测试都已结束后进行，进行安全评审后的系统才能正式发布。

　　安全评审团队不能是项目组的技术人员和管理人员，应该由银行的安全专家和质量监督专家组成。安全评审包括以下内容：安全功能需求评审、安全保障需求评审、威胁模型评审、未修复的安全 bug 评审、残余风险评审、各阶段文档评审、评审异常处理。本步骤将输出安全评审结果报告，报告将包括上述内容。安全评审结果报告将作为产品是否能正式发布的依据之一。

运行维护是 SDLC 的第 5 阶段。在这一阶段，网上银行系统到位并开始运行，对这个已经开发或者测试过的系统进行改进或者修理，以及对硬件或软件的补充或更换。当修复或者更改被确定是必需时，网上银行系统也许会重新进入 SDLC 的下一个阶段。管理网上银行系统的配置、进行持续性监视，并提供安全响应是在这一阶段里的关键性安全步骤。

配置管理与控制一般由银行或者可信第三方人员负责，网上银行系统的制造方人员只需实时提供各种技术支持即可，因此，本步骤无需安全相关检查项目。

持续性监视一般由银行或者可信第三方人员负责，网上银行系统的制造方人员只需实时提供各种技术支持即可，因此，本步骤无需安全相关检查项目。

安全响应是指，在网上银行系统实际运行中出现漏洞时，由网上银行系统制造方人员及时提供响应等技术修复和改进的持续性活动。安全响应主要由网上银行系统项目的开发人员、测试人员、专门的客户联络代表、网上银行系统项目安全专家等组成，主要包括以下步骤：漏洞报告、漏洞分析及处理、补丁发布及更新、漏洞记录及追踪。每进行一次安全响应活动都必须输出漏洞分析及处理结果报告和漏洞记录及追踪报告。

最终处理阶段是 SDLC 的最后一个阶段，规定了系统的处理。银行方一般会选择自己的工作人员来操作和维护系统。通常，SDLC 并没有一个最终的结束点。系统演变或者转型到下一代作为需求变更或者技术改进的一个结果。一般而言，系统的所有者应该对关键信息进行存档，对存储信息的媒介进行消毒，然后再处理软硬件。

信息存储一般由银行自身负责，网上银行系统制造方人员只需实时提供各种技术支持即可。信息处理一般由银行自身负责，网上银行系统制造方人员只需实时提供各种技术支持即可。硬件和软件可以按照所规定的适用法律或法规卖掉、送出或者丢弃。软件的处理应该遵守许可的或者其他的与开发商所达成的协议，并遵守政府法规。

软件处理时，系统开发方应派出专门的安全专家与银行共同处理，以确保网上银行系统的版权获得有效保护。本步骤主要包括以下内容：软件备份检查和软件代码检查。本阶段要求输出软件处理结果报告。

16.4.2　构建模型

16.4.1 节简要介绍了网上银行系统的开发过程。但由于网上银行这一业务的特殊性，使其在开发时还需针对不同部分采取不同的安全策略和设计。

一般的信息系统的实际需求包括安全、方便、易操作、易维护和控制等，网上银行系统也不例外。在设计网上银行系统这类大型分布式系统时，通常会尽量避免过度使用基于密码的保护措施，因为使用密码难免导致数据处理速度变慢，特别是如果将所有数据都进行加密，那么将会大量增加在内容分析、负载均衡以及系统管理等方面的负担。因此，在进行系统的安全机制设计时，应该着眼于整体的角度来考虑安全，而不仅仅从密码的角度来考虑。

　　然而，以互联网作为服务渠道的网上银行系统不可避免地暴露在开放的网络环境中，因而必须面对开放环境带来的复杂、多变的安全威胁。要解决这样的问题，一般的做法是将网上银行系统分成两部分：在不可控的开放环境下运作的部分（开放式系统部分）；在可控的封闭环境下运作的部分（封闭式系统部分）。由于开放式系统部分必须面对复杂、多变的安全威胁，所以不可避免地需要采用基于密码的安全措施来达到银行交易安全。封闭式系统则通过有效的物理、系统和网络等环境控制措施来保护银行交易数据，从而避免或大幅减少密码的使用。这两部分采取不同的保护方法来实现相应的安全策略，以此来满足实际的安全需求。以数据库的保护为例，如果对数据库所有数据加密，则会导致查询速度太慢，不利于数据库的频繁操作。因此，可以将数据库放在可控的封闭环境里，在保障物理环境的安全的前提下，再使用虚拟专用网、防火墙等网络安全技术来保护内网的安全，以达到封闭环境的要求。

16.4.3　封闭式部分安全的设计

　　封闭式系统安全实现途径的特征主要有两点：一是由多个防火墙的组合来创建一个封闭的系统；二是使用入侵监测系统对封闭系统进行实时的威胁监视。

　　其中，封闭系统的多重防火墙实现的主要是进行数据包的过滤。如果外来数据包要访问不对外开放的服务器的时候，就需要对其进行过滤。但由于用户多、服务器多，设计防火墙的过滤策略是一件非常困难事情。而且随着时间的增长，用户、服务器数量继续增加，防火墙的过滤策略很容易出错，导致原来安全的系统也会变得不安全。因此，一般情况下建议每 6 个月对系统做一次安全测试。

　　防火墙相当于一台有着多个网卡的计算机，典型的防火墙结构如图 16-12 所示。一般来说，网上银行系统必须部署防火墙把信息系统分为开放部分与封闭部分。数据包从 Internet 进入外网，先经由一个网卡做策略过滤，然后再决定是否让该数据包访问进入；如果允许的话，通过另一个网卡再进入内网，否则就将该数据包拦截。

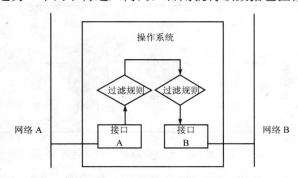

图 16-12　典型的防火墙结构

　　防火墙的设计思想和实现方式都很简单，目前最大的技术难点是如何进行数据的高速过滤。目前网络传输速度越来越快，经常要进行多媒体访问，如在线看电影等，如果过滤速度慢，那么用户将无法接受这样的视频服务质量，特别是如果集中在某一时间段视频访问人数多的话，过滤技术的优化问题将更加复杂。

在封闭式安全设计中，有一点需要注意，就是区分安全策略和机制是两个有差别的概念。防火墙属于机制；策略是指防护哪些数据，策略一般由用户设定。比较典型的方法是：通过网络结构的设计简化网络环境，所设计的策略也会变得简单。防火墙主要是允许外面的数据进入，但并不是任何数据都能进来，而是通过过滤原则来控制外来的访问。

16.4.4 开放式部分安全的设计

开放式系统的绝对安全保护很难实现，因为安全永远是有代价和有条件的。由于开放环境的复杂与多变，即使使用已知最强的密码、最好的防火墙，也不能保证绝对的安全，因为系统的不安全程度是由其最弱的部分所决定的。只要某一部分存在漏洞，系统就容易被入侵者从这个地方攻破。

系统最容易出现的是软件漏洞，这往往也是最难进行检测的。从过往的经验看，黑客一般都不会花时间去解破密码、攻击防火墙，而是找软件漏洞（如实现访问控制的软件漏洞）。软件漏洞有很多是编程者为了方便测试而留下的后门，但最后却没有删掉。系统安全很重要的一部分就是软件安全，因此，在软件开发和测试过程中需要更加仔细谨慎。

以网站入侵为例，由于网页服务器受到较少的防火墙保护，如图 16-13 所示，而且也是面向公众提供各种网上服务，因此经常成为被黑客攻击的目标。大部分用于攻击网站的黑客工具和技术都利用了网页自身及操作系统的软件漏洞，造成输入无效、缓冲区溢出、盗取数据、网站界面被篡改等严重后果。

操作系统的软件漏洞比较明显，以微软的 Windows 系统为例，就需要不断地下载补丁以弥补各种安全漏洞和隐患。Windows 系统不安全的原因之一是由于 Windows 用户数量庞大，攻击 Windows 的潜在回报非常巨大，因此容易成为黑客挑战的目标而不断地寻找出新的漏洞。

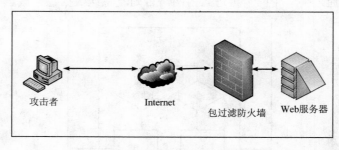

攻击者　　　　Internet　　　　包过滤防火墙　　Web服务器

图 16-13　防火墙保护允许公众从外网访问 Web 服务器

图 16-14 所示是基于开放/封闭式信息系统概念构建的一个典型的银行网络结构图。该结构利用两层以上的防火墙把银行网络分成多个子网，网络显示多层结构，过滤策略就会简单。否则，当银行所有服务器都处于同一个网络中时，如果出现了安全漏洞，则所有服务器都会有危险。两层防火墙将银行网络分成 Internet、外网、内网 3 层结构，分

别形成了用户端、Web 服务器和应用服务器 3 个系统部分的运行环境。这不仅是从软件设计角度考虑，也是从安全角度考虑而设计的结构。外网里放置的是一些提供公开服务的不敏感的服务器，如邮件服务器、网页服务器，虽然还是要对其进行保护，但即使外网防火墙被攻破，也不会使存储了敏感数据的服务器受到损害。内网中放置应用服务器，更里面一层的网络放置的是银行核心服务器，称为主机（Host System），一般使用专用编码、专用网络协议，核心数据资料都存放在这里。假设黑客先从银行网站进入银行的网页服务器，然后再进入银行的应用服务器，则必须要通过 3 层结构。黑客要攻击应用服务器甚至访问主机的话，至少要通过两个防火墙才能实现，才能接触到敏感数据。这样的结构使每个防火墙的安全策略设计难度降低，而攻击难度提高。

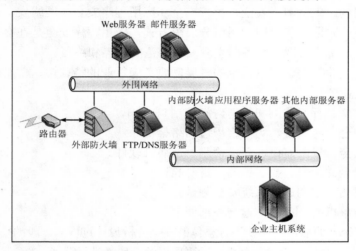

图 16-14　典型的银行网络结构图

网络结构简单化主要是为了防火墙的过滤策略简单化。过滤策略简单化，一方面提高了风险防范程度，另一方面也使安全控制容易操作。通过这些方式来创造一个可控的封闭环境，在该环境中避免使用密码，但控制却容易操作。

16.4.5　安全信息系统的实现

前面已经介绍了网上银行系统的安全设计的过程，通过分析可以看到，其中既有自身的特性，同时也具有一般信息系统的共性。下面就其中的共性方面进行归纳，得出一些安全设计可以应用在其他一般意义上的安全信息系统的实现过程中。

设计一个安全的分布式系统，需要对系统的每一个模块实施保护，需要一个综合全面的保护手段，仅仅采用密码、防火墙等局部的保护措施是不能满足要求的。一般来说，需要综合应用密码保护、网络安全、操作系统保护及编程语言系统（Programming Language Run-time System）保护这 4 种类型才能实现整个系统的安全。

同时，要实现系统的安全，也不能仅从技术角度考虑，而是需要寻找一个平衡点，根据要保护的数据信息的价值来决定其平衡点，这个平衡包括安全、速度和成本等多方面的均衡。因此，系统安全是全局的综合考虑，要熟悉各模块之间的关系。在寻找该平衡点的过程中，先要看要保护的数据的价值，以及所运行的环境的开放程度。如果运行环境比较封闭，可以少用加密技术，成本会相应降低，这些属于安全风险的分析。要寻找这一平衡点，要从以下 3 个方面进行综合考虑。

（1）风险分析。 需要在计划阶段就进行，而不是等发生事故之后再进行。分析要保护的数据的资产，处于什么样的环境，会面临什么样的攻击。有一些数据不用保密，只需确认其真实性、完整性。先找到数据的资产及相关的威胁，再确定其安全策略，安全机制才能运行。

（2）安全策略。 基于风险分析，要满足安全对象和相应的商业、操作需求及监管需求。

（3）安全架构。 包括网络安全、系统安全和应用程序安全。网络安全和系统安全主要是指在分析设计时采用防火墙、网络分层等方式，应用程序安全是在应用程序编程设计上的安全问题，不可将网页服务器当成安全防范的边界和终点。

在设计特定企业的安全信息系统的时候需要考虑行业的特殊性，一般可以从以下 6 个方面来考虑企业信息系统安全。

（1）物理安全。 行为监测和物理访问控制。

（2）网络安全。 防火墙、VPN、周边网络架构。

（3）主机安全。 权限监控、入侵检测、反病毒软件。

（4）数据安全。 加密、数字签名、身份验证。

（5）独立评估。 定期进行系统安全测试。

（6）安全应急机制。 内部沟通与外部通信。

考虑以上几个方面后，就需要进行整体的安全分析设计过程，一般的安全分析设计的过程是：先进行基于风险的评估，分析以后再根据综合环境进行管理，决定安全策略，再设计安全系统（包括网络安全和系统安全、应用逻辑安全）。最初的设计过程结束后，还要进行安全测试及定期监测。通过各项技术一层一层地实现系统安全框架，把管理做到可控。

16.5　小结

本章首先介绍网上银行的基本情况，接着分析网上银行的安全问题，分析过程从安全的概念入手，并针对常见的信息安全的误解进行了阐述。然后，讲述了网上银行安全需求的获取过程，并结合信息交换安全、数据存储安全，以及网络传输安全这几个网上银行系统中的典型安全问题进行具体说明，从而最终对网上银行的安全需求进行分类。再后，本章又介绍了网上银行系统的安全体系。在 16.4 节中，详细描述了如何进行网上银行的安全设计与开发，还讲述了网上银行系统的安全构件模型，以及其中封闭式部分和开放式部分的具体设计。最后，从网上银行的安全实践中总结了实现一般意义上的安全信息系统的所需要考虑的一些方面。

附录 A
信息系统安全
相关国内标准和指南

我国的信息安全技术标准体系包括基础标准、技术与机制标准、管理标准和测评标准等四大类。每一类包括的主要内容如下。

- 基础标准类包括安全术语、体系与模型、保密技术、密码技术。
- 技术与机制标准类包括标识与鉴别、授权与访问、管理技术、物理安全。
- 管理标准类包括管理基础、管理要素、管理技巧、工程与服务。
- 测评标准类包括评估基础、产品评估、系统评估。

1999—2009 年这 10 年中，我国在信息安全领域发布了一系列的信息安全相关的标准和指南。整体的发布情况如下：

- 1999 年发布了 10 项；
- 2000 年发布了 8 项；
- 2001 年发布了 5 项；
- 2002 年发布了 4 项；
- 2003 年发布了 6 项；
- 2004 年（无）；
- 2005 年发布了 14 项；
- 2006 年发布了 16 项；
- 2007 年发布了 3 项；
- 2008 年 10 月底为止发布了 24 项；
- 目前有效标准共 72 项，正在制定的还有几十项。

下面是过去 10 年中所发布的信息安全相关的标准和指南的名称。

1999 年发布的信息安全国家标准

- GB/T 15843.1—1999 信息技术 安全技术 实体鉴别 第 1 部分：概述
- GB/T 15843.4—1999 信息技术 安全技术 实体鉴别 第 4 部分：采用密码校验函数的机制
- GB 17859—1999 计算机信息系统 安全保护等级划分准则
- GB/T 17901.1—1999 信息技术 安全技术 密钥管理 第 1 部分：框架
- GB/T 17902.1—1999 信息技术 安全技术 带附录的数字签名 第 1 部分：框架
- GB/T 17903.1—1999 信息技术 安全技术 抗抵赖 第 1 部分：框架
- GB/T 17903.2—1999 信息技术 安全技术 抗抵赖 第 2 部分：使用对称技术的机制
- GB/T 17903.3—1999 信息技术 安全技术 抗抵赖 第 3 部分：使用非对称技术的机制
- GB/T 18019—1999 信息技术 包过滤防火墙安全技术要求
- GB/T 18020—1999 信息技术 应用级防火墙安全技术要求

2000 年发布的信息安全国家标准

- GB/T 17963—2000 信息技术 开放系统互连 网络层安全协议

- GB/T 17964—2000　信息技术　安全技术　n 位块密码算法的操作方式
- GB/T 17965—2000　信息技术　开放系统互连　高层安全模型
- GB/T 18231—2000　信息技术　低层安全模型
- GB/T 18237.1—2000　信息技术　开放系统互连　通用高层安全　第 1 部分：概述、模型和记法
- GB/T 18237.2—2000　信息技术　开放系统互连　通用高层安全　第 2 部分：安全交换服务元素（SESE）服务定义
- GB/T 18237.3—2000　信息技术　开放系统互连　通用高层安全　第 3 部分：安全交换服务元素（SESE）协议规范
- GB/T 18238.1—2000　信息技术　安全技术　散列函数　第 1 部分：概述

2001 年发布的信息安全国家标准

- GB/T 18336.1　信息技术　安全技术　信息技术安全性评估准则　第 1 部分：简介和一般模型
- GB/T 18336.2　信息技术　安全技术　信息技术安全性评估准则　第 2 部分：安全功能要求
- GB/T 18336.3　信息技术　安全技术　信息技术安全性评估准则　第 3 部分：安全保证要求
- GB 4943—2001　信息技术设备的安全
- GB/T 5271.8　信息技术　词汇　第 8 部分：安全

2002 年发布的信息安全国家标准

- GB/T 18238.2—2002　信息技术　安全技术　散列函数　第 2 部分：采用 n 位块密码的散列函数
- GB/T 18238.3—2002　信息技术　安全技术　散列函数　第 3 部分：专用散列函数
- GB/T 18794.1—2002　信息技术　开放系统互连　开放系统安全框架　第 1 部分：概述
- GB/T 18794.2—2002　信息技术　开放系统互连　开放系统安全框架　第 2 部分：鉴别框架

2003 年发布的信息安全国家标准

- GB/T 18237.4—2003　信息技术　开放系统互连　通用高层安全　第 4 部分：保护传送语法规范
- GB/T 18794.3—2003　信息技术　开放系统互连　开放系统安全框架　第 3 部分：访问控制框架
- GB/T 18794.4—2003　信息技术　开放系统互连　开放系统安全框架　第 4 部分：抗抵赖框架
- GB/T 18794.5—2003　信息技术　开放系统互连　开放系统安全框架　第 5 部分：机

密性框架

- GB/T 18794.6—2003 信息技术 开放系统互连 开放系统安全框架 第 6 部分：完整性框架
- GB/T 18794.7—2003 信息技术 开放系统互连 开放系统安全框架 第 7 部分：安全审计和报警框架

2005 年发布的信息安全国家标准

- GB/T 15843.5—2005 信息技术 安全技术 实体鉴别 第 5 部分：使用零知识技术的机制
- GB/T 16264.8—2005 信息技术 开放系统互连 目录 第 8 部分：公钥和属性证书框架
- GB/T 17902.2—2005 信息技术 安全技术 带附录的数字签名 第 2 部分：基于身份的机制
- GB/T 17902.3—2005 信息技术 安全技术 带附录的数字签名 第 3 部分：基于证书的机制
- GB/T 19713—2005 信息技术 安全技术 公钥基础设施 在线证书状态协议
- GB/T 19714—2005 信息技术 安全技术 公钥基础设施 证书管理协议
- GB/T 19715.1—2005 信息技术 信息技术安全管理指南 第 1 部分：信息技术安全概念和模型
- GB/T 19715.2—2005 信息技术 信息技术安全管理指南 第 2 部分：管理和规划信息技术安全
- GB/T 19716—2005 信息技术 信息安全管理实用规则
- GB/T 19771—2005 信息技术 安全技术 公钥基础设施 PKI 组件最小互操作规范
- GB/T 20008—2005 信息安全技术 操作系统安全评估准则
- GB/T 20009—2005 信息安全技术 数据库管理系统安全评估准则
- GB/T 20010—2005 信息安全技术 路由器安全评估准则
- GB/T 20011—2005 信息安全技术 包过滤防火墙评估准则

2006 年发布的信息安全国家标准

- GB/T 20261—2006 信息技术 系统安全工程 能力成熟度模型
- GB/T 20269—2006 信息安全技术 信息系统安全管理要求
- GB/T 20270—2006 信息安全技术 网络安全基础技术要求
- GB/T 20271—2006 信息安全技术 信息系统安全通用技术要求
- GB/T 20272—2006 信息安全技术 操作系统安全技术要求
- GB/T 20273—2006 信息安全技术 数据库管理系统安全技术要求
- GB/T 20274.1—2006
  - ➢ 信息技术 安全技术 信息系统安全保障评估框架 第一部分：简介和一般模型

➤ 信息技术 安全技术 信息系统安全保障评估框架 第二部分：技术保障
➤ 信息技术 安全技术 信息系统安全保障评估框架 第三部分：管理保障
➤ 信息技术 安全技术 信息系统安全保障评估框架 第四部分：工程保障

- GB/T 20275—2006 信息安全技术 入侵检测系统技术要求和测试评价方法
- GB/T 20276—2006 信息技术 安全技术_智能卡嵌入式软件安全技术要求（EAL4增强级）
- GB/T 20277—2006 信息安全技术 网络和端设备隔离部件测评方法
- GB/T 20278—2006 信息安全技术 网络脆弱性扫描产品技术要求
- GB/T 20279—2006 信息安全技术 网络和端设备隔离部件技术要求
- GB/T 20280—2006 信息安全技术 网络脆弱性扫描产品测试评价方法
- GB/T 20281—2006 信息安全技术 防火墙技术要求和测试评价方法
- GB/T 20282—2006 信息安全技术 信息系统安全工程管理要求
- GB/Z 20283—2006 信息技术 安全技术 保护轮廓和安全目标的产生指南

2007 年发布的信息安全国家标准

- GB/T 20518—2006 信息安全技术 公钥基础设施 数字证书格式
- GB/T 20519—2006 信息安全技术 公钥基础设施 特定权限管理中心技术规范
- GB/T 20520—2006 信息安全技术 公钥基础设施 时间戳规范

2008 年发布的信息安全国家标准

- GB/T 20945—2007 审计产品技术要求和测评方法
- GB/T 20979—2007 虹膜识别技术要求
- GB/T 20983—2007 网上银行评估准则
- GB/T 20984—2007 风险评估规范
- GB/T 20987—2007 网上证券保障评估
- GB/T 21028—2007 服务器安全技术要求
- GB/T 21050—2007 网络交换机技术要求（EAL3）
- GB/T 21052—2007 物理安全技术要求
- （现行）1GB/T 17964—2008 信息安全技术 分组密码算法的工作模式（Information technology - Security Techniques - Modes of operation for a block cipher）
- （现行）2GB/T 22080—2008 信息技术 安全技术 信息安全管理体系 要求（Information technology - Security techniques - Information security management systems – Requirements）
- （现行）3GB/T 22081—2008 信息技术 安全技术 信息安全管理实用规则（Information technology - Security techniques - Code of practice for information security management）
- （现行）4GB/T 22186—2008 信息安全技术 具有中央处理器的集成电路（IC）卡

芯片安全技术要求（评估保证级 4 增强级）（Information Security techniques Security technical requirements for IC card chip with CPU(EAL4+)）

- （现行）5GB/T 22239—2008 信息安全技术 信息系统安全等级保护基本要求（Information security technology - Baseline for classified protection of information system security）
- （现行）6GB/T 22240—2008 信息安全技术 信息系统安全等级保护定级指南（Information security technology - Classification guide for classified protection of information system security）
- （现行）7GB/T 15843.1—2008 信息技术 安全技术 实体鉴别 第 1 部分：概述（Information technology - Security techniques - Entity authentication - Part 1: General）
- （现行）8GB/T 15843.2—2008 信息技术 安全技术 实体鉴别 第 2 部分：采用对称加密算法的机制（Information technology - Security techniques - Entity authentication - Part 2:Mechanisms using symmetric encipherment algorithm）
- （现行）9GB/T 15843.3—2008 信息技术 安全技术 实体鉴别 第 3 部分：采用数字签名技术的机制（Information technology - Security techniques - Entity authentication - Part 3:Mechanisms using digital signature techniques）
- （现行）10GB/T 15843.4—2008 信息技术 安全技术 实体鉴别 第 4 部分：采用密码校验函数的机制（Information technology - Security techniques - Entity authentication - Part 4:Mechanisms using a cryptographic check function）
- （现行）11GB/T 15852.1—2008 信息技术 安全技术 消息鉴别码 第 1 部分：采用分组密码的机制（Information technology - Security techniques - Message Authentication Codes(MACs) - Part 1：Mechanisms using a block cipher）
- （现行）12GB/T 17903.1—2008 信息技术 安全技术 抗抵赖 第 1 部分：概述（Information technilogy - Security techniques - Non-repudiation - Part 1: General）
- （现行）13GB/T 17903.2—2008 信息技术 安全技术 抗抵赖 第 2 部分：采用对称技术的机制（Information technology - Security techniques - Non-repudiation - Part 2: Mechanisms using symmetric techniques）
- （现行）14GB/T 17903.3—2008 信息技术 安全技术 抗抵赖 第 3 部分：采用非对称技术的机制（Information technology - Security techniques - Non-repudiation - Part 3: Mechanisms using asymmetric techniques）
- （现行）15GB/T 18336.1—2008 信息技术 安全技术 信息技术安全性评估准则 第 1 部分：简介和一般模型（Information technology - Security techniques - Evaluation criteria for IT security - Part 1: Introduction and general model）
- （现行）16GB/T 18336.2—2008 信息技术 安全技术 信息技术安全性评估准则 第 2 部分：安全功能要求（Information technology - Security techniques - Evaluation criteria for IT security - Part 2: Security functional requirements）
- （现行）17GB/T 18336.3—2008 信息技术 安全技术 信息技术安全性评估准则 第

3 部分：安全保证要求（Information Technology - Security Techniques - Evaluation criteria for IT security - Part 3: Security assurance requirements）

2009 年批报和研制的信息安全国家标准

- 信息技术 安全技术 公钥基础设施 安全支撑平台技术框架
- 信息技术 安全技术 公钥基础设施 证书策略与认证业务声明框架
- 信息技术 安全技术 公钥基础设施 CA 认证机构建设和运营管理规范
- 证书载体应用程序接口
- CA 密码设备应用程序接口
- 信息技术 安全技术 公钥基础设施 PKI 应用支撑平台
- 分组算法应用接口规范
- PCI 密码卡技术规范
- 杂凑算法应用接口规范
- ECC 算法应用接口规范
- 证书认证系统密码及相关安全技术规范
- 简明在线证书状态协议 SOCSP
- 电子签名卡应用接口规范
- X509 证书应用接口规范
- XML 数字签名语法与处理规范
- PKI 系统安全等级保护评估准则
- PKI 系统安全等级保护技术要求
- 信息安全等级保护实施指南
- 信息安全等级保护 信息系统物理安全技术要求
- 信息安全等级保护 信息系统测评准则
- 信息安全事件管理指南
- 信息安全事件分类指南
- 信息系统灾难恢复规范
- 信息安全风险评估规范
- 信息技术 系统安全工程 能力成熟度模型（SSE-CMM），ISO/IEC 21827:2002
- 银行信息安全管理规范

附录 B
信息系统安全开发生命周期中的安全考虑

信息安全开发生命周期中的安全考虑
（NIST SP800—64 中文译本）

1　概述

1.1　版权

美国国家标准技术研究院（NIST）制定了本文档，在 2002 年出台的联邦信息安全管理法案（FISMA，公法 107—347）指导下，以促进其法定责任。

NIST 负责制定标准和指导以及最低要求，规定如何给所有机构的运转和财产提供充分信息安全。但是这些标准和指导并不适用于国家安全系统。这份标准与管理和预算办公室（OMB）的需求——通告 A—130，8b（3）部分是一致的。在 A—130 的附录 4 中分析了保护机构的信息系统，有关密钥的分析部分在附录 3。

联邦机构已经准备使用本指导。也许非政府组织会在自愿的基础上使用，因为是由 NIST 设计，所以没有版权限制。

本文档的任何内容都不应与联邦机构有强制性和约束性的标准和指导相矛盾，这些标准是由有法定权限的商务部长制定的。本指导也不能取代现有的商务部长、OMB 主任以及任何其他的联邦机构的权限。

1.2　目的

从刚开始使用计算机的时候开始，就提出了保护联邦信息系统的需求。国会通过了一些和信息系统安全相关的法案，包括联邦信息安全管理法案（FISMA ）和信息技术改革法案（ITRA），也就是众所周知的 1996 年的 Clinger-Cohen 法案。OMB 制定了与现有法律和行政命令一致的有关信息系统安全的执行机构的政策。联邦信息系统安全的政策包含在 OMB 的 A—130 通告的附录 3 中。OMB 的公告 A—130 和联邦采购条例（FAR）规定了信息系统采购的安全条例。为满足这些政策和法律规定，联邦机构必须在所有的信息系统管理阶段考虑信息系统安全问题，包括采购阶段。

在一个信息系统采购阶段考虑信息系统安全问题，通常比在系统完成时考虑安全问题成本更低，安全性上也更有效。本指南介绍了一个把安全纳入到信息系统开发生命周期（SDLC）的所有阶段的框架，从初始阶段到最终处理阶段。

1.3　范围

本文档是一份指导书，通过介绍如何在 SDLC 中加入信息系统安全需求，来帮助机构选择和采购有性价比的安全方案。本文档不能取代组织的采购或安全方面的法规，政策和指导。本文应该和这些文档以及其他的 NITS 文档配合使用。要想更多地了解信息系统安全，可以参阅 NIST SP800—12《计算机安全介绍：NIST 手册》。

本文档分为两个部分。第一部分，也就是第 2 章，讲述了把信息安全集成到 SDLC。附录 A 和附录 B 包含了可用于系统采购阶段的资料。附录 A 提供了投标申请书的标准格式，附录 B 包括信息系统收购在内的关于信息安全的具体措施的规格和合同术语。

NIST 编写了以下文档来解决信息系统安全服务问题：NIST SP 800-35《信息技术安全服务指南》。在许多情况下，基于性能签订合同被认为是首选采购服务的方式。下面的网站提供了一个对基于性能签约过程的全面概述：http://oamweb.osec.doc.gov/pbsc/ index.html。

适当的安全控制的数量和类型在一个特定的 SDLC 和采购周期中会不同。一个组织的安全架构的相对成熟度可能影响安全控制的类型。安全控制和组织的任务以及系统如何帮助组织完成任务相关联。一种理想的结合了管理、操作和技术的安全控制方法伴随着风险管理过程。NIST 准备了下列文档来解决这些问题：NIST SP 800-30《信息技术系统的风险管理指南》。

本文档不区分供应方、开发方、制造商和承包人。这些词都指的是在开发一个系统不同阶段的一个商业实体。具体使用哪个名称是由在 SDLC 中的阶段和被开发的系统的类型决定的。

1.4　读者

本文档适用于采购发起人（如用户、项目经理或合同官的技术代表（COTR））、合同官和信息系统安全官员。

2　将安全纳入信息系统开发生命周期

为了最有效，信息安全应该在早期纳入 SDLC。本文侧重于 SDLC 的信息安全组成部分。首先，对在开发大多数信息系统时所需的关键性安全角色和责任进行描述说明。其次，提供了充足的关于 SDLC 的资料，可以让一个对 SDLC 不熟悉的人理解信息安全和 SDLC 的关系。

然而，本文并没有详细地描述开发和采购阶段。（如果需要详细的信息系统采购信息，可以参考联邦采购条例（FAR）、具体组织政策以及信息系统采购信息的详细步骤）

有很多现有的方法可以被用来有效地开发一个信息系统。传统的 SDLC 是所谓的线性序列模型。这种模型认为系统在生命周期临近结束时交付。另一种 SDLC 方法使用原型模型，通常被用于了解系统需求，而并不真正地开发出最终系统。更复杂的系统需要有更多迭代过程的开发模型。更复杂的模型已经开发，并成功用于解决在设计先进的、比较大的信息系统时碰到的不断变化的复杂情况。这些复杂模型的例子有：螺旋模型、组件装配模型和并行开发模型。

系统预期的大小和复杂性、开发的进度表和系统的生命周期会影响到选择哪一种 SDLC 模型。在大多数情况下，SDLC 模型的选择是由组织的采购政策决定的。

本指南把安全加入 SDLC，以线性序列模型作为例子。因为这个模型在各种模型中是最简单的，是一个较好的讨论平台。不过，这里讨论的概念对任何 SDLC 模型都适用。

2.1　开发初始阶段的关键性角色和责任

根据系统的类型和范围，很多参与者都能在信息系统开发中获得一个角色。角色的名称和头衔在各个组织中也不同。在一个阶段中，不是每个参与者都参与所有的活动。

在每个阶段确定咨询哪位参与者对组织者来说就像开发一样是唯一的。对于任何开发过程来说，尽量早的让信息安全项目经理（ISPM）和信息系统安全主任（ISSO）投入非常重要，最好是在启动阶段。

2.1.1　关键角色

下面给出了关键角色的列表。表里列出的角色对许多信息系统的采购非常重要。在一些小的组织中，一个人可以具有多个角色。

（1）首席信息官（CIO）。首席信息官负责组织的信息系统的规划、预算、投资、性能和采购。因此，CIO 可以为高级组织人员在购买适应企业组织架构的最有效率和效能的信息系统时提供建议和帮助。

（2）合同官。合同官有权缔结、管理和终止合同，并做出相关的决定和裁决。

（3）合同官的技术代表（COTR）。COTR 是一个合同官指定的合格的雇员，作为他们的代表管理一个合同的技术方面。

（4）信息技术投资委员会（或相应机构）。信息技术投资委员会，或其相应机构负责管理根据 1996 年的 Clinger-Cohen 法案第 5 部分规定的资本规划和投资控制过程。

（5）信息安全项目经理（ISPM）。ISPM 负责制定企业的信息安全标准。他在为引入帮助组织识别、评估和最小化信息安全风险的适当的结构化方法中起到了关键的作用。ISPM 协调和进行系统风险分析，分析风险缓解办法，为采购合适的安全解决方案建立商业案例，以助于确保在面临真实世界中的威胁时完成任务。他们还支持高级管理人员，确保安全管理活动的进行，以满足组织的需要。

（6）信息系统安全官。信息系统安全官有责任在整个信息系统生命周期中保证信息系统安全。

（7）项目经理（数据所有者）/采购发起人/项目官。这些人代表采购阶段的项目利益。项目经理参与了初始采购阶段的战略规划，他在安全方面发挥着重要作用。在理想情况下，他能密切了解系统的功能需求。

（8）隐私官。隐私官负责确保采购的服务或系统满足现有的关于保护、传播（信息共享和交流）和信息披露的隐私政策。

（9）法律顾问/合同律师。他的负责在采购阶段给团队提供法律方面的建议。

2.1.2　其他参与者

一个信息系统开发的职位名单会随着采购和管理信息系统的复杂性增加而增加。所有的开发团队成员一起工作对保证成功完成开发工作至关重要。由于系统认证和授权人员在开发过程中要做出关键性的决定，他们应该尽早地加入团队。系统用户要在开发过程中帮助项目经理确定需求，完善需求，检查和接受交付的系统。参与者可能还包括信息技术代表、配置管理代表、设计和工程代表以及设施团队代表。

2.2　安全性能的表述

构建所期望的系统安全性的关键是把安全整合到 SDLC 中。当组织决定了系统的安全性能，这种安全性能就被称为"安全需求"。

根据下面的解释，SDLC 的第一阶段是初始阶段。在这一阶段，一个组织确定其信息安全需求。通常，需求是通过不断改进完成的。需求的关键是从高层次的抽象开始，往往集中在系统的安全目标上。组织的高级别安全需求包括信息安全政策和企业的安全架构。

高层次的需求是更多详细功能需求的基础，然后才把额外的需求添加到高层次的安全需求中。

有很多方式来表述高层次的安全需求。一种方式是用在信息技术通用准则安全评估（ISO15408）中所描述的概念来表达这种需求，这个通用准则被称为 CC。CC 为表述系统的安全需求提供了标准的术语和格式。CC 中一个产品安全需求的具体文件是保护简介（PP）。虽然 CC 的原意是用 PP 来表述产品的安全需求，这些概念也可以用来表述系统的安全需求。CC 的扩展给大型系统开发带来了希望。这篇文档中，我们扩展了 CC 的概念来举例说明如何建立系统安全需求，但是 CC 只是用来开发和表述安全需求和规格的很多方法中的一种。一个组织应该采用一种对自身有用的过程来表述安全需求。

如果组织的需求在采购/开发阶段确定，那么这个关于系统性能的需求就被称为"详细规划书"。由于 CC 并不区分详细规划书和需求的细微差别，我们需要做一些改动。

一些大型系统的开发使用更加复杂的采购策略是基于这样一种假设，使用经典的线性策略的大型系统采购（在本文档中讨论）不能得到令人满意的结果。例如，螺旋模型这种策略有时被用来应对这一挑战。根据组织的需要，安全方面的采购和系统开发都可以遵循类似的模式、策略和过程。

因为 SDLC 可以持续 20 年或更长的时间，不同的项目人员和服务提供商将在这个过程中扮演各自的角色。系统的安全特性将会在整个生命周期中随着其他大部分系统特性演变。系统需求文档应该作为整个系统文档的一部分，在整个生命周期中不断演变。

2.3 SDLC 中的 IT 安全

这一部分介绍了一系列步骤，这些将有助于将 IT 安全集成到 SDLC 中。本节介绍在 SDLC 的每个阶段中的 IT 安全步骤，将技术和安全需求结合在一起。表 A-1 显示了如何将安全纳入 SDLC。本节中的安全步骤描述了需要完成的分析和过程。这些步骤为 SDLC 中的安全规划定义了一个概念性框架。此框架应该仅仅被作为一个例子，而不是一个确定的方法。这个框架包含了一组核心的规划方面考虑因素的描述，这些因素将有助于制定信息安全采购详细计划书。组织可以使用其他方法或者修改这里所提出的方法。重点要注意的是，得到信息系统的组织也许会采取某些关键的安全活动。比如，认证和认可（C&A）是组织实施的将信息系统集成到它的运营环境中的活动。这些活动可以发生在 SDLC 范围之外。此外，最初的信息安全计划可以独立于采购过程。其他的非安全活动包括验收测试和安装。

NIST SP 800—18 定义了 SDLC 5 个基本阶段，用于指导为信息技术系统开发安全计划：

- 初始；
- 开发/设计；
- 实施；
- 运营/维护；
- 最终处理。

表A-1 SDLC中的IT安全

SDLC	Initiation	Acquisition/Development	Implementation	Operations/Maintenance	Disposition
SDLC	- Needs	- Functional Statement of Need	- Installation	- Performance measurement	- Appropriateness of disposal
	Determination:	- Market Research	- Inspection	- Contract modifications	- Exchange and sale
	Perception of a Need	- Feasibility Study	- Acceptance Testing	- Operations	- Internal organization screening
	Linkage of Need to Mission and Performance Objectives	- Requirements Analysis	- Initial user training	- Maintenance	- Transfer and donation
	• Assessment of Alternatives to Capital Assets	- Alternatives Analysis	- Documentation		- Contract closeout
	• Preparing for investment review and budgeting	- Cost-Benefit Analysis			
		- Software Conversion Study			
		- Cost Analysis			
		- Risk Management Plan			
		- Acquisition Planning			
SECURITY CONSIDERATIONS	- Security Categorization	- Risk Assessment	- Inspection and Acceptance	- Configuration Management and Control	- Information Preservation
	- Preliminary Risk Assessment	- Security Functional Requirements Analysis	- System Integration Security	- Continuous Monitoring	- Media Sanitization
		- Security Assurance Requirements Analysis	- Certification		- Hardware and Software Disposal
		- Cost Considerations and Reporting	- Security Accreditation		
		- Security Planning			
		- Security Control Development			
		- Developmental Security Test and Evaluation			
		- Other Planning Components			

表 A-2 是用来帮助系统开发人员更好地理解采购周期和 SDLC 的 5 个基本步骤的关系。NIST 的 SP 800-18 给出了 IT 系统安全规划的更加详细的描述。

表 A-2　采购和 IT 系统开发各个阶段的关系

Acquisition Cycle Phases				
Mission and Business Planning	Acquisition Planning	Acquisition	Contract Performance	Disposal and Contract Closeout
Initiation	Acquisition/Development	Implementation	Operation/Maintenance	Disposition
SDLC Phases				

在本指南中所描述的步骤为信息安全规划给出了一个概念性框架，该框架可以被用作指导、范例或者发展蓝图。在信息安全规划过程中，组织需要的步骤的其他方法也是可以接受的。应该选择安全需求来解决作为初步风险评估结果的安全目标问题。因此，一份完整的安全需求可以被用来对付众多的安全威胁。

2.3.1　初始阶段

SDLC 的第一阶段是初始阶段。这一阶段解决确定需求的问题。

1. 确定需求

确定需求是对一个问题的最初定义，这一问题可以通过自动化解决。传统的确定需求由以下部分组成：建立一个基本的系统概念，初步的需求定义，可行性评估，技术评估和一些公认的进一步探讨问题的方法。

开发/设计阶段只有在一个组织需求确定存在后才能开始。需求可能在规划战略和策略时就已经确定了。就功能性而言，需求确定阶段处于相当高的程度了。这里没有定义系统的具体特性，仅仅是探讨一个新的或者大大改善的系统的想法和这个想法的可行性。在这个开发的早期阶段，安全需求的定义应该和安全分类以及初步风险评估一起开始。

需求确定是一个分析活动，用于评估一个组织用来满足自身现有和新的需求的资产情况。需求确定的安全部分将导致对所议系统的安全控制和保证需求的高水准描述。这些材料被用来估算整个生命周期的成本。整个生命周期的成本，包括实现成本和使用期间的管理成本，这些都必须考虑。这存在一个平衡，例如，采购阶段增加了成本要在系统运行时节约成本。在安全方面的替代架构和技术也应该予以考虑。

和需求确定相关的一些考虑包括安全和采购敏感性，这些都需要适当的保障。例如，威胁分析和对策的有效性应该得到保障。另外，某些企业的用于多节点架构的安全架构和流程细节也应该得到保障。

投资分析产生所需的信息，以确定最佳的整体解决方案，满足任务的需要。投资分析的定义是管理企业信息系统的投资组合和确定一个适当的投资策略的过程。例如，一个适当的投资策略会在预算范围内最优化任务的需求。投资分析的目的不仅在功能和性能方面定义该机构必须满足任务的需要，而且还确定并设定实现这些功能的最佳整体解决方案和相关费用的基线。

投资分析安排把任务需求转化为高层次的性能、保证和保障的要求；进行完整的市场分析，替代分析和承受能力评估，以确定获得所需能力的最佳解决方案；量化这一解决方案的成本、进度、性能和效益底线。投资分析在功能和性能方面有助于确定机构必须满足任务需要的能力，确定并设定达到这一能力的最佳整体解决方案的基线，并提供相应的费用信息。信息安全需求应处理适当程度的保证，因为这是一个重要的成本动因。

2．安全分类

联邦信息处理标准的 199 号刊物（FIPS Publication 199）《联邦信息和信息系统的安全分类标准》，为建立一个组织的信息和信息系统的安全分类提供了一个标准化的方法。安全分类是基于某些所发生的事件危及信息系统，对一个组织产生的潜在影响，组织需要这一信息系统来完成所指派的任务，保护其资产，履行其法律责任，维持其日常职能及保护个人等功能。安全分类和评估组织运行信息系统的风险中的脆弱和威胁信息共同使用。FIPS 刊物 199 定义了三个层次（即低度、中度或高度）的对组织或个人违反安全（损失机密性、完整性或可用性）的潜在影响。安全分类标准协助组织为他们的信息系统选择适当的安全控制。

3．初步风险评估

初步的风险评估结果应该是一份简短的对系统的基本安全需求的初步描述。在实际情况中，信息安全保护的需求体现在完整性、可用性、机密性和其他适当的安全需求（如问责制、不可抵赖性）。完整性可以从几个方面检验。从用户或应用程序所有者的角度看，完整性是基于一些属性的数据质量，如准确性和完备性；从系统或操作的角度看，完整性是数据的质量，只有通过授权的方式改变或该系统/软件/程序只做该做的，仅此而已。类似于完整性，可用性也有多个定义。可用性是一种状态，即数据或系统在用户所需要的地点、在用户所需要的时间，处于用户所需要的形式。机密性是隐私、机密或不公开信息，除非对于已授权的人。

初步的风险评估应定义产品或系统将要运行的环境威胁。在评估之后，初步确定所需的安全控制，必须符合保护在环境中运行的产品/系统的需求。NIST SP 800-30《信息技术系统的风险管理指南》中定义了基于风险的信息安全方法。所需安全控制的资料来源是将来的 NIST SP 800-53《向联邦信息系统推荐的安全控制》。这一步并不需要详细的评估计划。

2.3.2　开发/设计阶段

SDLC 的第二阶段是开发/设计阶段。本节讨论一个具体的 SDLC 的组成部分（需求分析）和属于第二阶段的安全考虑。

虽然本节用自上而下的顺序方式介绍了信息安全的需求分析部分，但结束的顺序不一定是固定的，任何可以收购的时间点都可以认为成功结束。复杂系统的安全分析需要迭代，直到达到一致性和完整性的目的。

1．需求分析

机构通过进行与规模和复杂性需求相称的需求分析来建立和记录开发/设计阶段的信息系统资源的需求。需求分析是对目的的深入研究。需求分析借鉴并进一步开展在初始阶段进行的工作。

2．风险评估

分析安全功能需求的第一步，是通过一个正式的风险评估进程来确定系统的保护需求。分析建立在初始阶段进行的初步风险评估的基础上，但会更加深入和具体。

对由信息系统运行所导致的机构资产或者业务的风险进行定期评估，这是 FISMA 所要求的一项重要活动。风险评估汇集了重要的信息，帮助机构官员保护信息系统并生成安全计划所需的重要信息。风险评估包括：

（1）确定威胁信息系统的漏洞；

（2）机密性、完整性或可用性的损失对机构资产或业务（包括使命、功能、形象或声誉）产生的潜在影响或严重损害，应该有一种识别脆弱性的威胁探测方法；

（3）鉴定和分析信息系统的安全控制。

机构应当查阅 NIST SP 800-30《信息技术系统的风险管理指南》，或其他的指南进行风险评估的类似出版物。

除了考虑到购买的系统的安全问题，组织也应考虑该系统可能会直接或间接影响其他系统。一个整合周边环境问题的方法就是建立一个企业安全架构。如果不从企业的角度看，采购可能是局部最优的，但这甚至在一定程度上引进了弱点。如果不考虑企业环境，所采购的系统就有可能损害其他企业系统。所采购的系统可能与其他的企业系统有信任关系，从而加剧了危害的后果。

每个企业系统应解决几个企业范围的安全目标：

（1）一个特定的企业系统不应造成漏洞或与其他企业系统无意的相互依存。

（2）一个特定的企业系统不应降低其他企业系统的可用性。

（3）不能因为这一特定企业系统而降低整个企业系统的安全态势。

（4）没有在企业控制下的外部域应被视为潜在的敌对实体。系统连接到该外部域必须进行分析，并尝试对抗源自这些域的敌对行动。

（5）安全规格应适合给定的系统环境的状态。

（6）安全规格应明确地把期望的功能和保障转达给企业系统的产品团队和开发人员。

（7）实施规范应充分降低企业系统和该系统所支持的任务的风险。

安全风险评估应在详细规划书设计之前批准。此外，安全风险评估可以为详细规划书提供支持。这种风险评估并不一定是一个庞大而复杂的文档。这种安全风险评估应当考虑到现有的控制手段及其有效性。这种安全风险评估将需要在系统范围内知识渊博的人员的参与（如用户、技术专家、业务专家等）。

在选择适当的保护或对策类型时，应当考虑安全保证需求分析的结果。安全风险评估进而可以通过证明分析的逻辑结论，来识别出完整性、机密性和可用性的需求分析，或安全保证需求分析的缺陷。分析过程应该不断迭代，直到取得一致的结果。

3. 安全功能需求分析

安全功能需求分析可以包括两类系统安全需求：① 系统的安全环境（即企业的信息安全政策和企业安全架构）；② 安全功能需求。

这一过程应包括对法律和法规的分析，诸如隐私法、FISMA、OMB 公告、机构授权法、NIST SP、FIPS，以及其他法律和联邦法规。这些法律和法规定义了安全需求的基准。经过对所授权需求的审查，机构应考虑功能和其他安全要求。

法律、功能和其他 IT 安全的需求都应该在具体的条款中。对于复杂的系统，可能需要不止一次迭代的需求分析。

由于大多数系统至少有最基本的完整性和可用性的需求，应当注意明确地解决这些问题。信息安全不仅是保密，即使系统的保密需求低，也需要满足完整性和可用性的需求。

4．安全保障需求分析

正确和有效使用信息安全控制是信息安全的一项基本构建模块。保障是满足其安全目标的信任基础。保障支持了这样的信心，即采购的安全控制将在业务环境中正常和有效地运行。

这一分析应该处理开发中所需要的活动，以及在产生所需的让信息安全会正确和有效地运行的保证。该分析基于法律和安全功能需求，将会被用来确定有多少和需要什么样的保证的基础。至于其他方面的安全目标应符合成本效益的保证，来满足组织保护其信息资产的需求。在每种情况下，在从系统安全中得到的任务性能的收益与运行系统所产生的风险之间应该有一个平衡。

一些通过测试和评估来获得系统质量信息的方法，包括以下内容：

（1）通用准则。使用安全需求，如评估保障等级[EAL]来提供保障，这一保障基于对产品或信息系统评估（积极调查）后对其信任。保障需求在 CC 的第三部分可以找到。在那部分中规定了具体的开发者的行动、内容、表述和评估行动。

国家信息安全保障合作组织（NIAP）CC 评估与认证方案（CCEVS）评估商用线上服务（COTS）产品的安全特征和保障。NIAP CCEVS 利用一个被称为 CC 检测实验室（CCTL）的私营部门的网络在一些关键的技术类领域，使用非 CC 独立地评估一系列商业产品。这些产品包括操作系统、数据库系统、防火墙、智能卡、生物识别设备、路由器、网关、浏览器、中间件、虚拟专用网（VPN），以及公钥基础设施（PKI）组件。这些产品是用国际标准化组织/国际电工委员会（ISO／IEC）15408《IT 安全性评价通用准则》的安全需求和说明来评价的。

CC 互认协定（CCRA）的会员国已经同意承认在所有的会员国中进行的评估结果和他们各自许可产品名单（VPL）中的政府认可的 IT 产品和 PPs。

- http://niap.nist.gov
- http://commoncriteria.org

（2）加密模块和算法的验证测试。NIST 加密模块的验证项目（CMVP）使用独立的、已获认可的、私营部门的实验室，按照联邦信息处理标准（FIPS）140-2《加密模块的安全需求》，以及相关的联邦加密算法标准来进行加密模块的一致性测试。NIST 委派这些实验室来确保安全标准得到正确和一贯的应用。就加密模块来说，当机构确定了通过加密的方法来保护信息的需求时，他们只能选择 CMVP 验证加密模块。

（3）第三方的评估。政府机构评估运行在他们环境里的产品。这些评估可能公布也可能不公布，通常也不被机构认可。行业和专业组织是可能的独立评估的来源。商业组织可以提供产品的保证测试和评估。当使用第三方的评估时，应该考虑评估的独立性和客观性。要求提供与提案有关的评估信息。

（4）系统在类似环境中运行的认证。这些认证通常是不公布的。要求提供认证结果是很重要的。这些结果，甚至评估，通常都不被认可。认证是基于特定的环境和系统。由于认证要权衡风险和收益，一个产品可能在一个环境中被认可，而不适合另外一个环境。

（5）测试和评估遵循一个正式的步骤。厂商的自我认证不依赖于一个公正的或独立的审核。这是厂商的一次如何满足内部安全需求的技术评估。尽管这种方法并没有提供一个公正的审查，它仍然可以提供一定的保障。从认证报告可以看出是否定义了安全需求，以及是否进行了有意义的审查。

（6）在一个独立组织支持和审查下的测试和评估。这种方法可以把低成本高效率的自我认证与公正独立的审查结合起来。但是审查并不是正式的评估或测试过程。

（7）保障的概念在 NIST SP800-23《联邦机构安全保障和采购指南/使用可信/已评估的产品》，做了进一步的叙述。

5．成本考虑和报告

大多数新的采购是通过一个部门或机构的资本规划过程评估的。这是一个系统的管理风险和 IT 投资回报的方法。这个过程的关键组成部分是确定在整个生命周期中的采购成本。这些费用包括硬件、软件、人员和培训。另一个经常忽视的关键领域是安全。

确定安全费用的工作是复杂的，风险管理过程有助于这项工作。如前所述，第一阶段的风险评估的结果是所推荐的控制手段，用来减轻发现的漏洞。在第二步的风险缓解中，组织对推荐的控制手段进行成本收益分析，以确定它们是否符合成本效益的考虑，给出发生事故的可能性和潜在影响。一旦选定了控制手段，通过计算就可以得到总的安全成本。

为了确保对安全足够的重视，OMB 已经把它作为一个具体项目包含在几个独立的预算报告中。第一份报告是固定资产计划（Exhibit 300）。在 OMB 公告 A-11 的第 3 部分"规划，预算编制，购置固定资产"中，描述了这份报告，在组织进行重大资产收购时也需要该报告。信息安全是这份文档的关键部分，实际上用了一整节来说明怎样充分地考虑安全和隐私。具体的年度安全预算必须包含在提交的 Exhibit 300 中。报告中提供了确定项目是否需要提交 Exhibit 300 的标准。

相关联的 Exhibit 53"机构信息技术投资组合"，提供了资金信息。关于安全成本的信息必须以占资金总额的一定比例的形式提供。

最后，安全费用汇总到机构的年度 FISMA 报告中，该报告每年秋季与预算报告一同提交。

在 SDLC 的初始阶段，考虑安全问题通常被视为最具成本效益的做法有两个原因：

（1）通常，在系统开发完成之后更难以添加功能；

（2）与应付安全事故的成本相比，包含预防在内的措施往往不是太贵的。关于这一主题的更多信息可以查看 OMB 备忘录 00-07"信息系统投资的安全整合和预算"。

6．安全规划

FISMA 要求机构有信息安全计划，以确保网络、设施、信息系统，或信息系统群足够的信息安全。编写一份信息系统的安全计划需要详细记录安全控制（计划的或现有的）。

安全计划也提供信息系统的完整描述。附件中可能包括涉及支持该机构信息安全项目的关键文档（如配置管理计划、应急预案、事故响应预案、安全意识和培训计划、行为规则、风险评估、安全测试和评估结果、系统互联协议、安全授权/认证，以及行动计划和里程碑）。机构应当咨询 NIST SP800—18《IT 系统安全计划开发指南》，或其他类似的创建安全计划的指导出版物。机构也应咨询 NIST SP800—53《联邦信息系统推荐安全控制》（首次公开发表的草案，2003 年秋）和类似的指导选择安全控制的出版物。

7．安全控制开发

对于新的信息系统，在各自的安全计划中所描述的安全控制手段被设计、开发并付诸实施。目前正在运行的信息系统的安全计划需要开发更多的安全控制手段来弥补现有的控制手段，或者修改被认为不够有效的控制手段。

8．开发的安全测试和评价

为一个新的信息系统开发的安全控制必须在部署之前进行测试和评估，来保证控制正常和有效地工作。有一些类型的安全控制（主要是非技术性的控制）直至信息系统被部署时才能进行测试和评估——这些都是典型的管理和运作水平的控制。对那些可以在部署之前评估的安全控制，制定一份安全测试和评估计划。这份计划对安全控制的测试和评估提供指导，并给开发和集成人员提供重要的反馈信息。

9．其他的组成计划

开发/设计阶段有助于 IT 安全的其他几个部分。

（1）合同的类型。合同的种类（如公司确定的价格、时间和材料、成本和固定费用等）有重大的安全问题。IT 安全技术专家进行详细设计，合同官应该和技术专家一起工作，来选择对组织最有利的合同类型。

（2）其他功能组的审查。根据系统的规模和范围，一个来自不同功能组（如法律、人力资源、信息安全、物理安全等）的参与者团队可能是有用的。即使是小系统，获得信息安全工作人员的帮助也是有益的。这些功能组应该深入了解完整性、可用性、机密性和保证需求。在规划的早期这些团体的投入非常重要，因为这样会降低整个生命周期的成本，并很容易在早期改变需求。信息安全人员可以：

——说明系统的安全规划，包括符合该机构的 IT 架构的安全控制；

——确保安全计划可以管理风险，保护隐私和机密，并解释与 NIST 安全指南的差异。

（3）认证方和认可方的审查。OMB 公告 A—130 的附录三，要求在特定环境中处理数据的系统需要获得批准或授权。应采用管理和运行的安全控制以保护系统。此外，技术安全功能和保障安全的详细规格书必须包含在与开发者的合同中。这些安全控制必须在开发技术详细规格书时考虑到。认可方可以在决定用足够安全控制把剩余风险降低到可接受的水平时考虑这些假设。

管理和运行的安全控制有时会在合同的范围之外。特别是开发者明显不能对这些安全控制的实现负责时。

相反，C&A 测试还包括由组织执行的管理和运行的安全控制。测定这些由组织实施的安全控制的有效性是 C&A 测试的一部分。C&A 过程应确认系统的安全需求已经实施的假设，并有足够安全控制把剩余风险降低到可接受的水平。承包开发系统的安全性验收测试是把安全性测试作为 C&A 过程一部分的先决条件。

因为认可方对接受系统运行风险负责，认可方可以建议开发团队，如果风险与最终系统的运行有关，似乎是不可接受的。如果不知道可接受的剩余风险，详细规格书就会强加过多的负担和费用。在确定可接受的剩余风险时需要认可方的参与。在系统采购的规划阶段比在招标过程中选择提供者或合同管理阶段更容易改变需求。

开发团队和认可方应该讨论用来作决定的证据的形式。这个证据可能包括系统的测试结果和其他数据。此外，收购发起者和认可方应该讨论如何改变系统及其环境，对能否建立一个安全工作组应加以探讨。这个团队的成员可能包括用户、项目经理和项目赞助商；系统、安全、或数据库管理员、安保人员或专家，其中包括 C&A 代表，以及系统或应用分析师。在 3.6 节中，合同的履行和终结给团队提供了规范。

如需 C&A 的更多信息，请查阅 NIST SP800—37《联邦信息系统安全认证和认可指南》。

（4）过程的周期性。开发/设计阶段的安全步骤需要周期性的解决。这些步骤相互关联，相互依赖。根据系统的规模和复杂性，这些步骤可能会经常进行完善。

（5）评估和验收。系统评估计划和适当的验收标准是在开发/设计阶段制定的。招标的设计应考虑评估，其中包括测试和分析。详细规格书应该方便清楚地判断实施的系统是否符合规范。一般来说，两个单独的活动需要安全测试——接受合同和 C&A。

接受合同通常只涉及功能和与开发者合同中包含的确保安全的详细规格书。C&A 测试还包括管理和组织的运行安全控制的实施。开发者假定控制的存在和正确运行也包含在系统的安全需求中，恰当地确定一个组织的安全控制也是 C&A 测试的一部分。系统安全性能的验收测试是在 C&A 过程中安全测试的前提。

（6）建议征求。建议征求使政府能够在提供方建议的基础上做出最佳的决定。对建议征求的加强，促使了政府和提供方谈判达成一项最符合政府需要的合同。

政府可以通过很多方式找出所需的安全特征、程序和保证。RFP 是一份灵活的文档。应该可以从组织的采购官或者合同官那里得到替代采购的指南。

（7）安全详细规格书和工作开发陈述。详细规格书和工作开发陈述是基于需求分析的。详细规格书提供了系统具体支持的功能。详细规格书应该独立于实现机制、策略和设计。换言之，详细规格书应该指出系统要做什么而不是如何做。

在一个基于 CC 的系统 PP 中，安全功能需求是安全详细规格书的一个很好的例子。在 PP 中选择"功能要求"这个词不应该混淆；对于签约目的，这是实际意义的详细规格书。

开发者实现的系统要与详细规格书一致，而且必须经过测试。这意味着，每一个好的详细规格书都可以用做测试系统的依据。

SOW 详述了在履行合同时开发者必须做的事。不属于系统的任何成果要在 SOW 里详细描述。例如，在合同下制定的文档是在 SOW 中详细描述的。在基于 CC 的系统 PP 中安全功能需求是 SOW 任务的很好的例子。安全保证需求详细地描述了许多开发者要遵循的过程和要提供的保证组织实施的过程是正确和彻底的证据。不属于系统的任何成果列表被称为合同数据需求列表（CDRL）。在详细说明中必须包含的成果被称为数据项目说明（DID）。重要的是 SOW 中的安全详细说明在相应的 CDRL 和 DID 中有示例。

在安全功能需求的一般规则与安全详细描述对应时有一个例外。选择实现安全功能的机制可能发生在系统运行的生命周期中，而不是在提案准备阶段。这样的决定可能与系统运行生命周期中对技术或安全环境的变化做出响应不同。例如，身份认证机制可能在生命周期中从记忆可重用的密码变为生物技术密码。采购组织可能在 SOW 中让开发者进行研究来提出一种机制或相结合机制，选择处理的机制在系统运行生命周期中实现安全功能。机制的选择或结合仍然是采购组织的功能。

在可能的情况下，组织应该通过指定在适当的水平符合开放标准的机制来支持互操作性。

经验表明，如果详细规划书、SOW、CDRL 和 DID 没有完全和毫不含糊地描述系统的安全属性的话，那么系统可能不能达到预期的安全水平。

下面的部分描述了信息安全详细描述的两个资料来源：一般详细规格书和联邦政府规定的详细规格书。采购发起人应该关注于需求是什么，与合同官一起工作以确定最佳的寻求方式。

① 一般详细规格书

许多一般信息安全详细规格书的资料来源是可用的，包括 NIST 中的指导文档，以及来自于其他联邦机构、商业渠道和贸易组织的指南。

一般信息安全详细规格书在应用到系统中时应该对其进行审查。这些详细规格书里可能提供被忽略的信息。它们还可以节省时间，因为它们提供可以直接使用的术语。然而，在从这些来源里选择功能、过程和保证时，应当注意：这些项目可能基于相互依存关系成组地出现在文档中。有必要在分别描述它们前先理解功能、过程和保证。

每一份详细规格书必须根据需求分析进行验证，特别是要从风险评估方面进行验证。一般来源中的保障建议应该被考虑，但是如果风险评估不支持它们，RFP 中就不应该包括这些建议内容。

② 联邦政府规定的详细规格书

如法律所要求的那样，机构还必须包括在 RFP 中的其他详细规格书，这些通常被称为"定向详细规格书"。所有的联邦机构要保证系统符合 FIPS 刊物的应用。机构必须遵从 OMB 公告 A—130。机构可能需要定向详细规格书，这是在法律和采购官员同意下的官方政策。

如果采购的系统满足标准，定向详细规格书必须包含在 RFP 中或其他的应用采购文档中。了解定向详细规格书是非常重要的。

在 RFP 中包含适用的法律、法规和政策是采购机构的责任。除了以授权来影响整个行政部门外，每个部门和独立机构都有自己的一套指示、命令和标准。

仅仅从技术详细规格书中引用需求已被证明是不够的。让开发承包人来解释政策也行不通。相反，有关政策和指导方针应该在安全技术详细规格书中解释，或至少引用到。

FIPS 刊物可在 NIST 的计算机安全资源中心（http://csrc.nist.gov）找到。应用 OMB 公告、备忘录和政策文件可在 http://www.whitehouse.gov/omb 上找到。

当采购一种单一产品时，RFP 会包含一份 PP。然而，当需要产品集成时，仅仅列举这些 PP 是不够的。附加的详细规格书在处理系统集成的安全问题时是必需的。

1995 年的国家技术转移促进法（公法[P.L].104—113）指示联邦政府部门和机构使用基于自愿协商的技术的行业标准。知道联邦政府规定的适用于系统采购的详细说明是必需的。许多人错误地认为，合同官要对这些负责。但由于这些都是技术问题，应该是采购发起人的责任。

（8）提案评价。提案评估过程要确定合同是否满足 RFP 中描述的最低需求，并评估发起人圆满完成预期合同的能力，这包括对提案优点的技术分析。作为开发/设计阶段的一部分，采购发起人和合同官一起制订评估计划，以确定评价的根据和如何进行评价。评价是在采购的资料来源选择阶段进行的。信息安全应该在评价标准中提出，来引起政府对安全重要性的注意。提供方研究 RFP（特别是 L 和 M 部分）以了解哪些是政府认为最重要的。

（9）制订一个评估计划。在评估信息安全功能时，估计合同是否满足最低需求或者是否可以成功地完成预期合同是非常困难的。因此，供应方应该向政府提供保证，保证系统的硬件和软件的信息安全特征是真实的，以及供应方可以提供建议的服务。因为信息安全和计算机系统的其他方面一样，是一个复杂而重要的课题，供应方的说法可能无法提供足够的保障。如果系统中使用的产品已经在 NIAP 或 CC 认可方法下评估了，就可以容易地确定供应商产品的安全特征是否满足采购文档中提出的需求。此外，在第 3.4 节"安全文档"里提供了文档说明，这一说明可以在评估阶段用做保证，如供应方的安全策略。

提供什么样的保障决定了政府恰当地评估他们的能力。SOW 指定了政府的系统开发需求，包括保障需求。保证详细规格书包括将由政府进行验证的文档。这些成果在 CDRL 中确定。文件的形式在 DID 中指定。如果政府决定需要更多的保障，则需要更多的资金来进一步开发系统。

在开发评估计划时，应考虑并确定供应方需要提供什么样的保障。这项计划可以作为 RFP 说明如何评价和选择供应方。

作为这一过程的一部分，要确定安全验收测试。重要的是和 C&A 一样，把 ST&E 作为认可的一部分，以有效地管理政府在这方面的工作。

一定数量的测试和评估可能作为提案评估的一部分。可以采用性能测试和功能示范。性能测试包括压力测试（如响应时间、吞吐量），这与一些安全测试相似。选择测试的广度和深度是一个商业决定。无论是作为买方的政府还是供应方都会产生成本费用。任何一方都可以决定成本的高低。有可能通过构造建议评价来限制接受来自于 ST&E 密集的提议的数量。例如，所有供应方都需要进行安全功能演示，而保障测试和渗透测试可能只应用于有明显优势的入选者。

在现有产品的 ST&E，要开发的系统和服务之间有明显的区别。组织对要开发的系统和服务有一些不确定性。一个方法是考虑将已提议的安全功能、保证和服务不能交付的情况，作为违反合同的各种法律补救办法存在。政府可以构造功能演示，以便他们为评估提供有意义的和一致的结果。

重要的是，对安全的威胁和组织的安全政策承诺是明确结合的，而且所建议的安全措施足以满足他们的目的。保证应该基于对要信任的产品或信息系统的评估（主动调查）。文档的有效性和由此产生的 IT 产品或系统应该由专家来评估，重点是范围、深度和严格程度。

保证详细规格书可以从 CC 得到，或用符合 CC 例子的格式写，并且要作为 SOW 的一部分。一份写得好的详细规格书可以用来进行评估。

架构和设计对脆弱性和测试产生重大影响。可测试性也是判断设计好坏的一个准则。为把 ST&E 的成本降低，架构和设计应尽量避免采用未知安全属性的系统和服务的安全影响，如没有完成 CCEVS 评估的产品。安全架构和设计应采用技术（如封装和隔离）和机制（如隔离区和防火墙），以减轻脆弱性和风险及 ST&E 成本。

应该考虑安全架构的整体对策。这些对策包括：个人网络的解决方案（防火墙和入侵检测系统[IDS]）；安全信息管理（SIM）系统；与 SIM 集成的安全网络管理（SNM）系统。

（10）在评估计划中考虑的问题。本节余下的部分提出了帮助制订信息安全部分评估计划的想法。评估计划的一个重要方面是选择评估小组成员。在 3.2.3 节"选择资料来源"中讨论了一些评估小组的角色和职责。

当制订了评价计划后，替代方案可能相互冲突，例如，提供信息安全功能可能与易于使用矛盾。政府应该明确知道供应方提出的不同配置和解决矛盾的选择及权衡方案。然而，应注意篇幅不宜太大以便于审查，并尽量减少准备提案的成本。

测试是一种确定提出的系统和服务是否满足信息安全需求的方法。根据不同系统的性质，测试可以是提议评估的一部分，采用现场测试或性能测试的形式；或者可以作为后来验收测试的一部分。在评估过程中，测试可以根据成本、技术和收购完整性的考虑，在不同时间段里采用。昂贵的测试应保持在最低限度，有助于控制供应方的提案准备费用。昂贵的提议不仅限制了竞争力，而且使成本最终转嫁到政府，产生更高的合同费用。关于替代测试的指导可以从合同官那里得到。使用通过了 CMVP、NIAP 或 CCRA 评估的产品可以减少某些特定提案需要的安全测试的成本。

信息系统测试，尤其是性能测试，应该在信息安全功能启用时进行测试。采购发起人对市场了解的更多，就更容易制定评估计划。然而，提议不能用做市场研究。评估计划在收到提案后就不能再改变，来自其他提案的更多信息不能用来修改评估计划。这些替代办法可以用来确保制订反映政府真正优先事项的评估方案，值得对这些办法进行研究。

（11）特别合同要求。RFP 中的一些内容是和信息安全相关的，但是没有包含在 SOW或评价标准中。这些内容通常包括处理权限、责任和分配给合同各方的补救办法。一般而言，这种义务存在于合同实际的实施阶段（POP），因此，这些内容是通过具体的合同条款和需求确定的。在合同期间，要求对自动获取的信息保密就是一个例子。

第 4 章解决条款和 SOW 问题，采购发起人应该和合同官一起确定要加入到 RFP 中的条款。

2.3.3　实施

实施是 SDLC 的第三阶段，在这一阶段中，信息系统将要安装在这个组织的操作环境中并对它进行评估。

1．检查与验收

检查与验收是指政府对检查、验收并交割付款这一过程做出决定。在验收交付产品时，政府应该相当地仔细小心。由政府或者独立的审定与核查的承包商来做检测，以判断这一系统是否满足规格要求，这样的做法非常有效。检测应该包括系统的安全性。

[备注：政府认可方的验收和批准授权处理（认证）有一定联系，但包括不同的内容。政府正式地接收了满足合同要求的交付产品。授权处理的批准是一个在操作环境中已经安装了的系统，基于这个系统的风险和优势而做出的单独判断。将批准授权处理当成验收标准之一是错误的，因为许多因素并不受供应商的控制。]

2．系统集成

系统集成在将要部署这一信息系统的业务现场出现。集成和验收测试在信息系统的交付和安装后开始。安全控制设置和开关能够按照制造商的指示提供有效的安全实施指导。

3．安全认证

在最终系统部署之前，作为系统开发过程中的一部分的安全认证应该被实施，以此来确定安全控制已经按照安全需求建立了。此外，在一个信息系统中，必须对安全控制进行定期测试和评估，以此来确认这些安全控制实施有效性。这一复杂的安全控制有效性的评估，通过建立核查技术与程序（也称为安全认证）——这是一个至关重要的活动——由这一机构政府或者独立的代表政府机构的第三方来进行，这能够获得机构官员的信任，即合适的保障措施和对策恰到好处地保护了这一机构的信息系统。除了安全控制有效性以外，安全认证也揭露并描述了信息系统真实的脆弱程度。安全控制有效性和信息系统脆弱程度的判断为授权官员们提供了基本信息，以便做出可靠的、基于风险的、安全认证的决断。机构应该参考 NIST SP800—53A《在联邦信息系统中核查安全控制有效性的技术与程序》（草案首次公开发表预计在 2003 年冬至 2004 年），或者其他相近的安全控制评估指南类的出版物。

4．安全评审

OMB 的公告 A—130，要求了一个信息系统的安全授权的过程、存储或者传递信息。授权（也称为安全评审）由机构的一位高级官员授予，是基于已验证的安全控制有效性来已商定的保障，与一个机构的资产或业务（包括任务、职能、形象或者声誉）确定的残余风险。安全认证是一个极依赖于风险管理的决定，这个决定主要是基于安全测试的评估的结果。授权认可方主要依赖于：① 完整的安全计划；② 安全测试与评估的结果；③ 降低或者消除信息系统安全漏洞的行动计划和里程碑，以决定是否批准信息系统的运作，以及明确地接受机构资产或业务的残余风险。

2.3.4　运行与维护

运行与维护是 SDLC 的第四阶段。在这一阶段，系统到位并开始运行，对这个已经开发或者测试过的系统进行改进和/或者修理，以及硬件和/或软件的补充或更换。这一系统被监视用于持续的按照用户要求的运行，并需要系统的修改是纳入其中的。这个运行的系统是周期性的被评估以判断这一系统能更高效有效的程度。只要它能有效地适应响应组织的需求，这一系统就将持续地尽量长地运转下去。当修改或者更改被确定是必需时，这个系统也许会重新进入 SDLC 的另一个阶段。管理这个系统的配置并且提供一个持续的监视过程是在这一阶段里两个关键的信息安全步骤。

1．配置管理与控制

信息系统通常将处于一种固定的状态，即硬件、软件或者固定设备的升级，以及对于系统周围环境的修改。对一个信息系统作改变会对系统的安全性产生显著影响。在持续的基础上，文件信息系统改变和系统安全性的潜在影响的评估，是维护安全认证的一个重要方面。一个有效的机构配置管理和控制的政策和相关程序是必要的，确保对潜在的系统安全影响有充分考虑，这一影响是对该系统或者周边环境的特殊变化。配置管理和配置控制程序的关键，是来建立这一信息系统的硬件、软件和固定设备构件的最初的基线和随后的控制，以及维护对这个系统造成任何变化的准确记录。

2．持续的监视

FISMA 要求在信息系统中进行周期性和持续的安全控制测试和评估，以确保在其应用程序中安全控制是有效的。安全控制监视（如核查持续的控制有效性），并报告信息系统的安全状态以适应机构官员们，是一个复杂的信息安全程序的必要的活动。对于安全控制有效性的持续监视可以以各种方式实现，包括安全复查、自我评估、安全测试与评估，或者审计。机构应该参考 NIST SP800—53A《在联邦信息系统中核查安全控制有效性的技术与程序》（初版草案），或者其他关于安全控制的持续监视指南类的出版物。

2.3.5　（最终）处理

处理是 SDLC 的最后一个阶段，规定了系统的处置和合同结束，或者合同到位。一般而言，在系统的生命结束后可能会有一个以上的合同依然存在。例如，购买的组织可能已经选择了用它自己的工作人员来操作和维护系统，或者采用其他合同。与此相似，处置可能会涉及某一个独立合同。

与处置和合同结束相关的信息安全问题应该明确地处理。当信息系统被转让、淘汰，或者不再使用时，确认政府资源和资产已受到保护这一点非常重要。

通常，SDLC 并没有一个最终的结束点。系统演变或者转型到下一代作为需求变更或者技术改进的一个结果。安全计划应该伴随着系统不断地演变。在关于后续系统的安全计划开发时，大部分的环境、管理、操作信息依然有关联、有用处。

处置行动确认系统有序的终止，并存储关于系统的虚拟信息，以便于一部分或者所有的系统信息在未来可以重新利用（如果需要的话）。应特别强调的是，由这一系统所处理的数据应该提供适当的存储维护，以便于这些数据能被有效地移植到其他系统，或者按照适当的记录管理规则和政策进行存档以便于未来可能的使用。

一般而言，系统的所有者应该对关键信息进行存档，给存储信息的媒质进行消毒，然后再处理硬件/软件。

1．信息存储

当存储信息时，组织应该考虑在未来会重新读取使用这些信息的方式。过去读取记录的技术可能在未来无法很容易地获取。在处置系统时，也要考虑记录存储的法律需求。

2．媒质消毒

信息系统硬件的保护经常要求残余的以磁或者电子为主要载体的数据被删除、清除，或者被覆盖了，还要求任何有着非易失性内存的系统构件都被清除了。这些残留的信息可能会使数据被重新构建，并向未经授权的个人提供访问敏感信息的方法。从一个存储媒质中清除信息称为"消毒"。不同的消毒方式提供各种级别的保护。

清空信息和清除信息之间有区别。清空信息是在一个处理时期结束时从一个存储设备里移除敏感信息。用这样一种方法，即是保证对照于数据的敏感性，利用一般的系统方法也许不能重建数据。

清除是在一个处理时期结束时从一个存储设备里移除敏感信息，用这样一种方法，即是保证对照于数据的敏感性，数据也许不能重建（除非利用开放性实验室技术）。一些商业性可用软件工具可用从信息系统里清空并删除信息，因此以后无法重建信息（除非利用非常复杂而且昂贵的实验室技术）。

消磁、覆盖，以及存储媒质销毁，是清除信息的一些方法。消磁是消除媒质磁性的过程。覆盖是在以前写有敏感数据的存储位置上再写一些非敏感数据。以下过程将能销毁存储媒质：

- 在批准的金属销毁设施里进行销毁（如炼化、解体，或者粉碎）。
- 焚烧。
- 用磨料打磨磁性硬盘。

3．硬件和软件的处置

硬件和软件可以按照所规定的适用法律或法规卖掉、送出，或者丢弃。软件的处理应该遵守许可或者其他的与开发商所达成的协议，并遵守政府法规。很少有需要销毁的硬件，除非一些存储设备存有敏感数据并且这些信息除了销毁外没有其他的消毒方式。当处于存储媒质没有被适当的消毒情况时，移除并物理销毁媒质也许是可行的，然后余下的硬件才能被卖或者送出。一些系统也许会保留敏感数据在存储媒介被移走之后，如果对于敏感数据是否还保留在系统中有疑问的话，可以在处置系统前咨询信息系统安全官员。

缩　略　语

CC	Common Criteria	通用准则
CCEVS	CC Evaluation and Validation Scheme	CC 评估与认证方案
CCRA	CC Recognition Arrangement	CC 互认协定
CCTL	CC Testing Laboratories	CC 检测实验室
CDRL	Contract Data Requirements List	合同数据需求列表
CIO	Chief Information Officer	首席信息官
CMVP	Cryptographic Module Validation Program	加密模块的验证项目
COTR	Contracting Officer's Technical Representative	合同官的技术代表
COTS	Commercial off-the-Shelf	商用线上服务
C&A	Certification and Accreditation	认证和认可
DID	Data Item Description	数据项目说明
EAL	Evaluation Assurance Levels	评估保障等级
FAR	Federal Acquisition Regulation	联邦采购条例
FIPS	Federal Information Processing Standard	联邦信息处理标准
FISMA	Federal Information Security Management Act	联邦信息安全管理法案
IDS	Intrusion Detection Systems	入侵检测系统
ISPM	Information Security Program Manager	信息安全项目经理
ISSO	Information System Security Officer	信息系统安全主任
ITRA	Information Technology Reform Act	信息技术改革法案
NIAP	National Information Assurance Partnership	国家信息安全保障合作组织
NIST	National Institute of Standards and Technology	美国国家标准技术研究院
OMB	Office of Management and Budget	管理和预算办公室
PKI	Public Key Infrastructure	公钥基础设施
POP	Period of Performance	实施阶段
PP	Protection Profile	保护简介
RFP	Request for Proposal	征求建议书
SDLC	Information System Development Life Cycle	信息系统开发生命周期
SIM	Security Information Management	安全信息管理
SNM	SIM Integration with a Secure Network Management	SIM 集成的安全网络管理
SOW	Statement of Work Development	工作开发陈述
SP	Special Publication	专业刊物
ST&E	Security Testing and Evalution	安全测评
VPL	Validated Products Lists	许可产品名单
VPN	Virtual Private Networks	虚拟专用网

参 考 文 献

[1] NIST Special Publications 800-64, Security Considerations in the System Development Life Cycle, June 2004.

[2] Michael E.Whitman and Herbert J.Mattord.Management of Information Security. Thomson Learning , 2004.